普通高等教育“十四五”系列教材

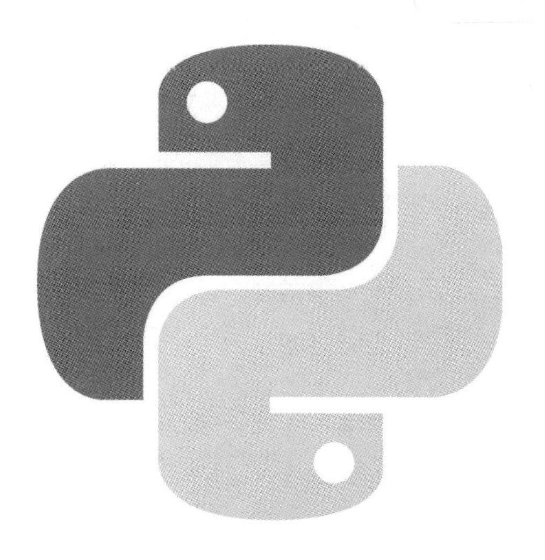

Python
程序设计基础教程

罗剑 ◎ 编著

華中科技大學出版社
http://www.hustp.com
中国·武汉

内 容 简 介

本书基于Python 3.7版本，使用PyCharm开发工具进行程序开发，内容由浅入深，理论与实践相结合。本书全面讲解了Python的语法、Python面向过程编程和面向对象编程思想与规范、Python中的常用数据结构与算法、使用Python进行文件操作、Python常见的第三方模块、数据分析与可视化基础、网络爬虫基础等内容。本书所有的知识点都配有编程案例和视频讲解，读者可以扫描二维码进行观看。

为了方便教学，本书还配有电子课件等相关教学资源包，电子课件可以在"我们爱读书"网（www.ibook4us.com）浏览，同时任课教师还可以发邮件至hustpeiit@163.com索取。

本书既可以作为高等院校本、专科层次计算机相关专业以及其他工科专业的Python编程教材，也可以作为编程自学者、软件开发培训班的参考用书。

图书在版编目(CIP)数据

Python程序设计基础教程/罗剑编著. —武汉：华中科技大学出版社，2020.7（2024.8重印）
ISBN 978-7-5680-6019-6

Ⅰ.①P… Ⅱ.①罗… Ⅲ.①软件工具-程序设计 Ⅳ.①TP311.561

中国版本图书馆CIP数据核字(2020)第024509号

Python程序设计基础教程
Python Chengxu Sheji Jichu Jiaocheng

罗 剑 编著

策划编辑：康 序
责任编辑：康 序
封面设计：孢 子
责任监印：朱 玢

出版发行：华中科技大学出版社（中国·武汉） 电话：(027)81321913
武汉市东湖新技术开发区华工科技园 邮编：430223

录 排：武汉三月禾文化传播有限公司
印 刷：武汉科源印刷设计有限公司
开 本：787mm×1092mm 1/16
印 张：16.5
字 数：432千字
版 次：2024年8月第1版第4次印刷
定 价：58.00元

前言

PREFACE

Python是一种面向对象的、解释性的计算机程序设计语言，也是一种功能强大而完善的通用型语言，它已经有二十多年的发展历史，因此已经非常成熟和稳定。它有丰富的第三方模块的支持，可以应用于Web和Internet开发、科学计算和统计、人工智能、教育、桌面界面开发、软件开发、后端开发、网络爬虫等领域。它拥有非常简洁而清晰的语法特点，几乎可以在所有的操作系统中运行，能够支持绝大多数应用系统的构建。它作为一种功能强大且通用的编程语言受到广大开发者的好评，其语法清晰且适用于多种操作系统。

由于Python的语法简洁，易于阅读和编码，因此目前很多高校都开设了Python编程相关的课程。程序设计思想与动手实践能力是编程最重要的两个方面，因此书中每章都分为理论与实践两个部分，每章的知识点都配有编程案例与视频，每章的最后一节为实践部分，读者应根据需求说明完成相关的编程任务，从而达到学以致用的目的。

本书在Windows操作系统下基于Python 3.7版本，使用PyCharm工具开发Python程序，讲解相关的知识点。全书分为13章，主要内容如下。

第1章主要讲解Python的特点、搭建Python的开发环境，并使用PyCharm IDE开发第一个Python程序。

第2章主要讲解变量及其使用、常用的数据类型、Python中的运算符和表达式，以及字符串的操作。

第3章主要讲解了程序的流程结构，包括选择结构、循环结构、跳转语句等内容。选择结构可以通过if、if-else语句实现。循环结构使用while、for语句实现。跳转语句使用break、continue关键字实现。

第4章主要讲解了如何定义函数和模块、如何调用不同类型的函数，以及Lambda函数的使用，最后介绍了利用一些常用的第三方模块。

第5章主要讲解了列表、元组、字典、集合等四种常用的数据结构以及算法基础，包括常用的各种查找、排序算法的实现方法。

第6章主要讲解了PyCharm中的程序调试、异常与异常处理，最后还介绍了Turtle模块绘图的方法。

第7～8章主要讲解了面向对象编程的知识，包括类和对象基础，以及面向对象编程中的封装、继承、多态等内容。

第9章主要讲解了Python中各种不同类型文件的处理方法，包括文本和二进制文件的处理、文件编码及其他一些相关内容，以及如何进行各种文件读写。最后介绍了利用jieba

模块实现中文分词。

第 10 章主要讲解了使用 NumPy 模块进行科学计算、使用 matplotlib 模块绘制图表，以及使用 pandas 模块处理数据。

第 11 章主要讲解了最主要的两个模块 requests 和 beautifulsoup4，通过它们来实现抓取网页数据和解析网页数据。

第 12 章主要讲解了多线程编程，包括通过 Thread 创建线程以及如何实现线程同步。

第 13 章主要讲解了网络编程，介绍了计算机网络的基础知识和讲解基于 Socket 的网络编程技术。

Python 的应用很广泛，还有很多知识本书未涉及，希望读者在学习的过程中举一反三，不断拓宽自己的学习领域。在学习中既要注重基础，也要注重最新的库的使用，在编程时先思考如何设计程序，不断重构，以提升编程能力。

本书在教学和编写过程中，学习和参考了很多 Python 编程的优秀教材，这些书都给了编者很大的帮助，在此表示感谢，还要感谢华中科技大学出版社和帮助过编者的各位专家和同事，和他们交流讨论使编者受益匪浅。

为了方便教学，本书还配有电子课件等相关教学资源包，电子课件可以在“我们爱读书”网(www. ibook4us. com)浏览，同时任课教师还可以发邮件至 hustpeiit@163. com 索取。

由于编者水平有限，书中难免会有不妥之处，欢迎各位专家和读者朋友们来信给出宝贵的建议，在此表示感谢。

罗剑

2020 年 4 月于武汉

目录

CONTENTS

第1章 初识Python

本章简介

随着计算科学及大数据技术的发展，在行业应用和学术研究中采用Python进行科学计算的趋势越来越强烈。而在众多解释型语言中，Python最大的特点是拥有一个广泛而活跃的科学计算社区，从而为解决Python的各类问题提供了有力的保障。Python目前被广泛应用于Web开发、运维自动化、测试自动化、数据挖掘，甚至机器人、计算机动画等多个行业和领域。本章将介绍Python的特点，搭建Python的开发环境，并使用PyCharm IDE开发第一个Python程序。

本章目标

(1)了解Python语言的特点。

(2)了解Python的版本差异。

(3)掌握搭建Python的开发环境。

(4)掌握PyCharm IDE的使用。

(5)理解程序的注释。

实践任务

(1)输出游戏菜单。

(2)输出游戏角色信息。

1.1 Python 介绍

Python 是一种面向对象的、解释性的计算机程序设计语言，也是一种功能强大而完善的通用型语言，它已经有二十多年的发展历史，因此已经非常成熟和稳定。它具有脚本语言中最丰富和强大的类库，同时也借鉴了简单脚本和解释语言的易用性。它拥有非常简洁而清晰的语法特点，几乎可以在所有的操作系统中运行，能够支持绝大多数应用系统的构建。它作为一种功能强大且通用的编程语言而广受好评，其语法特点非常清晰并且适用于多种操作系统。Python 在软件质量控制、提升开发效率、可移植性、组件集成、丰富的库支持等各个方面均处于领先地位。许多大公司都在使用 Python 完成各种各样的任务。

1.1.1 Python 是什么

1. Python 是一门语言

Python 是一门语言，与中文、英文等语言的功能类似，人与人之间可以使用语言进行沟通交流，人与计算机之间就需要使用计算机程序语言进行沟通。Python 是为了方便人与计算机“对话”而设计的，使用 Python 可以简洁地告诉计算机执行什么操作，使得计算机按照程序员编写的指令执行相应的操作。

2. Python 是一种工具

工具是指工作时所使用的器具，能更加简单高效地完成某件特定的工作，如中性笔可以让书写更加简单，鼠标可以让计算机操作更加高效。Python 也是一种工具，它可以帮助我们完成计算机日常操作中繁杂重复的工作，如把文件批量按照特定需求重命名，再比如去掉手机通讯录中重复的联系人，或者把工作中的数据进行统计与计算等，这些复杂的工作都可以使用 Python 这个工具，Python 可以把我们从重复的操作中解放出来。

3. Python 是一瓶胶水

胶水是用于粘接两种物质的中间体，但是胶水本身并不关注这两种物质是什么。Python 具有丰富和强大的库，其常被称为胶水语言，这是因为它能够将用其他语言制作的各种模块（尤其是 C/C++语言）很轻松地连接在一起。常见的一种应用情形是，使用 Python 快速生成程序的原型，然后对其中有特别要求的部分，用更合适的语言改写，而后封装为 Python 可以调用的扩展类库。

1.1.2 Python 的语言特点

Python 语言被广泛使用，是因为它具有以下几个显著的特点。

1. 简单易学

Python 是一种代表简单思想的语言。Python 的关键字少、结构简单、语法清晰，有大量的各种支持库，使学习者可以在相对较短的时间内轻松上手。

2. 易于阅读

Python 代码定义得非常清晰，它没有使用其他语言通常用来访问变量、定义代码块和进行模式匹配的命令式符号，而是采用强制缩进的编码方式，去除了“{ }”等语法符号，从而

◀Python 介绍

看起来十分规范和优雅，具有极佳的可读性。

3. 开源免费

Python 是 FLOSS(自由开放源码软件)之一。使用 Python 是免费的，开发者可以自由地发布这个软件的副本，阅读源代码，甚至对它进行改动。“免费”并不代表“无支持”，恰恰相反，Python 的在线社区对用户需求的响应和商业软件一样快。而且，由于 Python 完全开放源代码，提高了开发者的实力，并产生了强大的专家团队。Python 的开发是由社区驱动的，是 Internet 大范围的协同合作努力的结果。

4. 高级语言

伴随着每一代编程语言的产生，软件开发都会达到一个新的高度。汇编语言解放了那些挣扎在烦琐的机器代码中的程序员，后来随着 C 和 FORTRAN 等语言的出现，将编程语言的开发效率提升到了新的高度，同时出现了软件开发行业。伴随着 C 语言又诞生了更多的像 C++、Java 这样的现代程序设计语言，也有了像 Python 这样的解释型脚本语言，在使用 Python 编程时，无须再去考虑诸如管理程序内存等底层的细节，只需要集中精力关注程序的主要逻辑即可。

5. 可移植性

由于 Python 的开源本质，它可以被移植到许多平台上，在各种不同的系统上都可以看到 Python 的身影。在当今的计算机领域，Python 的应用范围持续快速增长。因为 Python 是用 C 语言写的，由于 C 语言的可移植性，使得 Python 可以运行在任何带有 ANSIC 编译器的平台上。

6. 面向对象

Python 既支持面向过程编程，也支持面向对象编程。在“面向过程”的语言中，程序是由过程或仅仅是可重用代码的函数构建起来的。在“面向对象”的语言中，程序是由数据和功能组合而成的对象构建起来的，与其他的面向对象语言相比，Python 以非常强大又简单的方式实现了面向对象编程。

7. 解释型

Python 是一种解释型语言，这意味着开发过程中没有了编译环节，一般来说，由于不是以本地机器码运行，纯粹的解释型语言通常比编译型语言运行得慢。然而，类似于 Java，Python 实际上是字节编译的，其结果就是可以生成一种近似于机器语言的中间形式，这不仅改善了 Python 的性能，同时使它保持了解释型语言的优点。

8. 粘接性

Python 程序能够以多种方式轻易地与其他语言编写的组件“粘接”在一起。例如，Python 的 C 语言 API 可以帮助 Python 程序灵活地调用 C 程序。这意味着可以根据需要给 Python 程序添加功能，或者在其他环境系统中使用 Python。例如，将 Python 与 C 或者 C++写成的库文件混合起来，使 Python 成为一个前端语言和定制工具，这使得 Python 成为一个很好的快速原型工具。出于开发速度的考虑，系统可以先使用 Python 实现，之后转移至 C，根据不同时期性能的需要逐步实现系统。

1.1.3 Python 的应用场景

由于 Python 具有很多优点，因此其在很多领域都有应用。下面简单介绍一下 Python

的主要应用场景。

1. 常规软件开发

Python 支持函数式编程和面向对象编程，能够承担任何种类软件的开发工作，因此常规的软件开发、脚本编写、网络编程等都属于其标配能力。

2. 科学计算

Python 被广泛应用于科学和数字计算中，如 NumPy、SciPy、Biopython、Sunny 等 Python 扩展工具，经常被应用于生物信息学、物理、建筑、地理信息系统、图像可视化分析、生命科学等领域。随着 NumPy、SciPy、Biopython 等众多科学计算库的开发，Python 越来越适合用于科学计算、绘制高质量的 2D 和 3D 图像。与科学计算领域最流行的商业软件 MATLAB 相比，Python 作为一门通用的程序设计语言，比 MATLAB 采用的脚本语言的应用范围更广泛，也有更多的程序库支持。

3. 系统管理与自动化运维

Python 提供了许多有用的 API，能方便地进行系统的维护和管理。作为 Linux 操作系统中的标志性程序设计语言之一，Python 是很多系统管理员理想的编程工具。同时，Python 也是运维工程师的首选语言，在自动化运维方面已经深入人心。例如，SaltStack 和 Ansible 都是大名鼎鼎的自动化运维管理工具。

4. 云计算

开源云计算解决方案 OpenStack 就是基于 Python 开发的。

5. Web 开发

基于 Python 的 Web 开发框架非常多，如 Django、Tornado、Flask 等。其中，Django 架构的应用范围非常广，开发速度非常快，能够快速地搭建起可用的 Web 服务。例如，著名的视频网站 YouTube 就是采用的 Python 来开发的。

6. 游戏

很多游戏使用 C++编写图形显示等高性能模块，使用 Python 编写游戏的实现逻辑。

7. 网络爬虫

网络爬虫是大数据行业获取数据的核心工具，许多大数据公司都在使用网络爬虫获取数据。其中，能够编写网络爬虫的编程语言很多，Python 绝对是其中的主流之一，其 Scrapy 爬虫框架的应用非常广泛。

8. 数据分析

在大量数据的基础上，结合科学计算、机器学习等技术，对数据进行清洗、去重、标准化和有针对性的分析是大数据行业的基石。Python 也是目前用于数据分析的主流编程语言之一。

9. 人工智能

Python 在人工智能领域内的机器学习、神经网络、深度学习等方面都是主流的编程语言，得到了广泛的支持和应用。例如，著名的深度学习框架 TensorFlow、PyTorch 等都对 Python 有非常好的支持。

1.1.4 Python 语言的版本

本书中的绝大部分范例代码都遵循 Python 3. x 的语法。Python 2. x 和 Python 3. x 都处在 Python 社区的积极维护之中。但是 Python 2. x 已经不再进行功能开发，只进行 bug 修复、安全增强以及移植等工作，以便开发者能顺利地从 Python 2. x 迁移到 Python 3. x。Python 3. x 经常会添加新功能来提供改进，而这些新功能与改进不会出现在 Python 2. x 中。现在 Python 3. x 已经可以兼容大部分 Python 开源代码了，所以强烈建议大家使用 Python 3. x 来开发自己的 Python 项目。

Python 2. x 和 Python 3. x 的兼容性都很好，支持很多主流的操作系统，这一点二者 不分上下。除了兼容性，Python 2. x 和 Python 3. x 还是有很大的区别。Python 是一门追求完美的语言，所以 Python 3. x 是随着时代的发展而发展的。Python 2. x 的历史比 Python 3. x 更为悠久，所以支持库比较多，这是它的优点，但随着时间的推移，Python 3. x 的支持库也会越来越多，Python 2. x 的优势就会消失。二者还有一个最大的不同点，那就是语法。例如，最简单的 print()。如果在 Python 3. x 中输入 print(' hello python!')，会成功打印。但是如果用 Python 2. x 的 print()语法来打印，就会报错。

Python 2. x 和 Python 3. x 版本的主要区别如下。

(1) Python 3. x 对 Unicode 字符原生支持，从而可以更好地支持中文和其他非英文字符，而 Python 2. x 中默认使用 ASCII，Unicode 字符是单独支持的。

(2) Python 3. x 采用绝对路径方式进行导入，这样可以很好地避免与标准库导入产生冲突。

(3) Python 3. x 采用更加严格的缩进机制，Tab 键缩进与空格键缩进不能混合使用。

(4) print 语句被废弃，在 Python 3. x 中统一使用 print()函数。

(5) exec 语句被废弃，在 Python 3. x 中统一使用 exec()函数。

(6) 不相等操作符“〈〉”被废弃，在 Python 3. x 中统一使用“！ ＝”。

(7) long 整数类型被废弃，在 Python 3. x 中统一使用 int。

(8) xrange()函数被废弃，在 Python 3. x 中统一使用 range()函数。

(9) raw_ input()函数被废弃，在 Python 3. x 中统一使用 input()函数。

(10) 修改了异常处理的方式。

(11) 在 Python 3. x 的除法运算中，“/”代表小数除法，在 Python 3. x 中运算时不会舍去小数点，而在 Python 2. x 中其代表整除法。

1.2 Python 开发环境

由于 Python 是开源的，所以已经被移植到许多平台上，例如，Windows、macOS、Linux 等主流操作系统，可以根据需要为这些操作系统安装 Python。在 macOS 和 Linux 操作系统中，已经默认安装了 Python。如果需要安装其他版本的 Python，可以登录 Python 官网，找到相应操作系统的 Python 安装文件进行安装。在本节中，将会详细介绍在 Windows 操作系统中安装、配置 Python 开发环境的方法。

在 Windows 操作系统中，安装 Python 开发环境的方法也不止一种，其中最受欢迎的有

Python 开发环境▶

两种：第一种是通过 Python 官网下载对应系统版本的 Python 安装程来安装，第二种则是通过 Anaconda 安装。下面分别进行介绍。

1.2.1 通过 Python 安装程序来安装

访问 Python 官网，选择 Windows 操作系统的安装包下载，如图 1.1 所示。

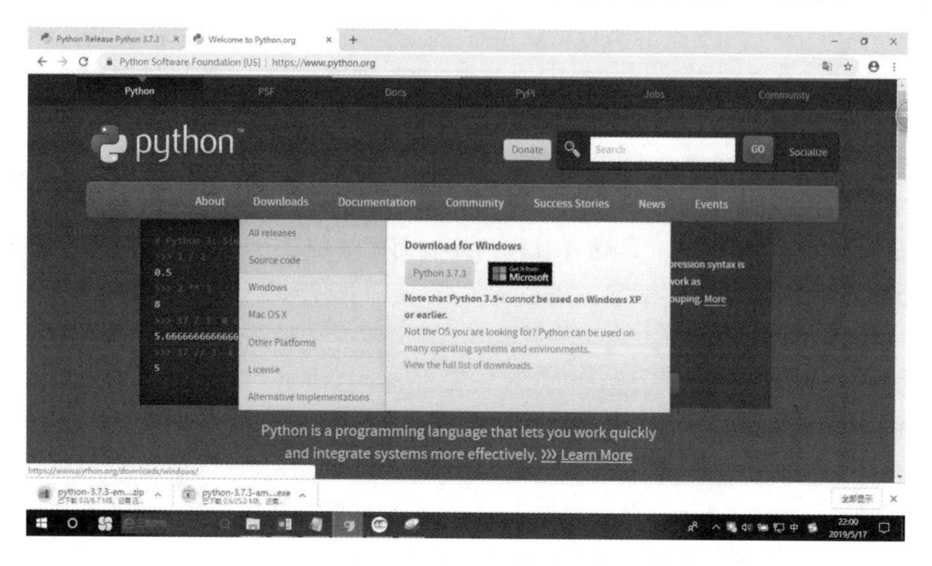

图 1.1 从 Python 官网下载 Python

进入 Windows 界面，选择安装包文件进行下载，本书选择的是 Python-3.7.3-amd64 版本，下载完成后便开始安装，安装界面如图 1.2 所示。

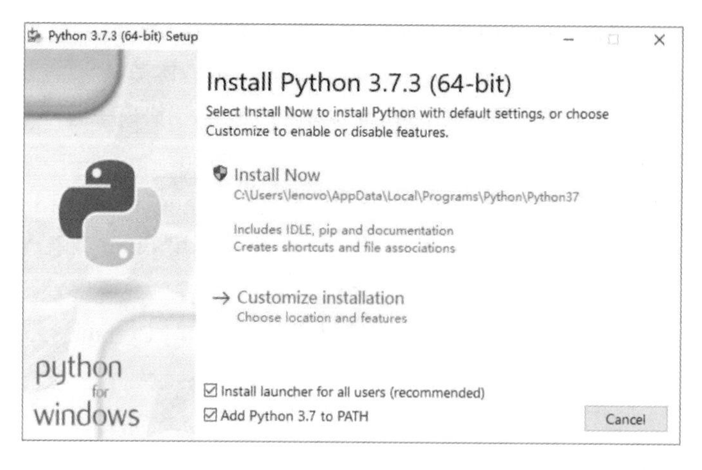

图 1.2 Python 安装界面

在图 1.2 所示的界面中，选择第一种安装方式，并且勾选【Add Python 3.7 to PATH】复选框，让安装程序自动将 Python 配置到环境变量中，不再需要手动添加环境变量。

安装完成后，需要验证 Python 是否已经安装成功。打开命令提示符界面，输入“Python”，在命令提示符界面将会输出 Python 的版本信息等，则说明 Python 已经安装成功，如图 1.3 所示。

```
C:\WINDOWS\system32\cmd.exe - python
Microsoft Windows [版本 10.0.17134.765]
(c) 2018 Microsoft Corporation。保留所有权利。

C:\Users\lenovo>python
Python 3.7.3 (v3.7.3:ef4ec6ed12, Mar 25 2019, 22:22:05) [MSC v.1916 64 bit (AMD64)] on win32
Type "help", "copyright", "credits" or "license" for more information.
>>>
```

图 1.3 验证 Python 是否安装成功

1.2.2 安装 Anaconda

Anaconda 是专注于数据分析的 Python 发行版本，包含了 Conda、Python 等一大批科学包及其依赖项。在安装 Anaconda 时就预先集成了 NumPy、SciPy、pandas、scikit-learn 等数据分析中常用的包，在 Anaconda 中可以建立多个虚拟环境，用于隔离不同项目所需的不同版本的工具包，以防止版本上的冲突，如果仅直接安装 Python 是体会不到这些优点的。

使用 Anaconda 的优点具体如下。

(1) 省时省心。

在普通 Python 环境中，经常会遇到安装工具包时出现关于版本或者依赖包的一些错误提示。但是在 Anaconda 中，这种问题极少存在。Anaconda 通过管理工具包、开发环境和 Python 版本，大大简化了工作流程，不仅可以方便地安装、更新、卸载工具包，而且安装时还可以自动安装相应的依赖包。

(2) 分析利器。

Anaconda 是适用于企业级大数据的 Python 工具，其包含了众多与数据科学相关的开源包，涉及数据可视化、机器学习和深度学习等多个方面。

Anaconda 的具体安装步骤如下。

(1) 访问 Anaconda 官网，选择适合自己的版本下载。例如，选择下载 macOS 操作系统的 Python 3.7 版本，如图 1.4 所示。

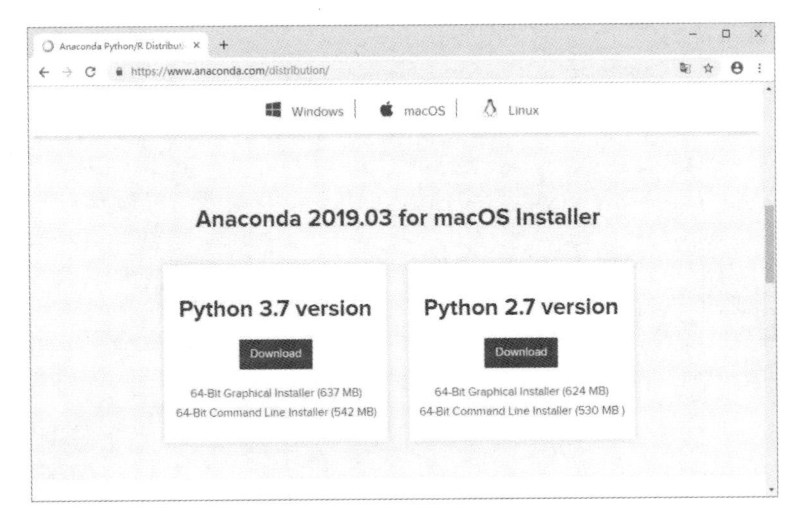

图 1.4 下载 Anaconda

(2) 下载完成后,根据提示安装 Anaconda,在安装过程中勾选【Add Anaconda to my PATH environment variable】复选框,如图 1.5 所示。

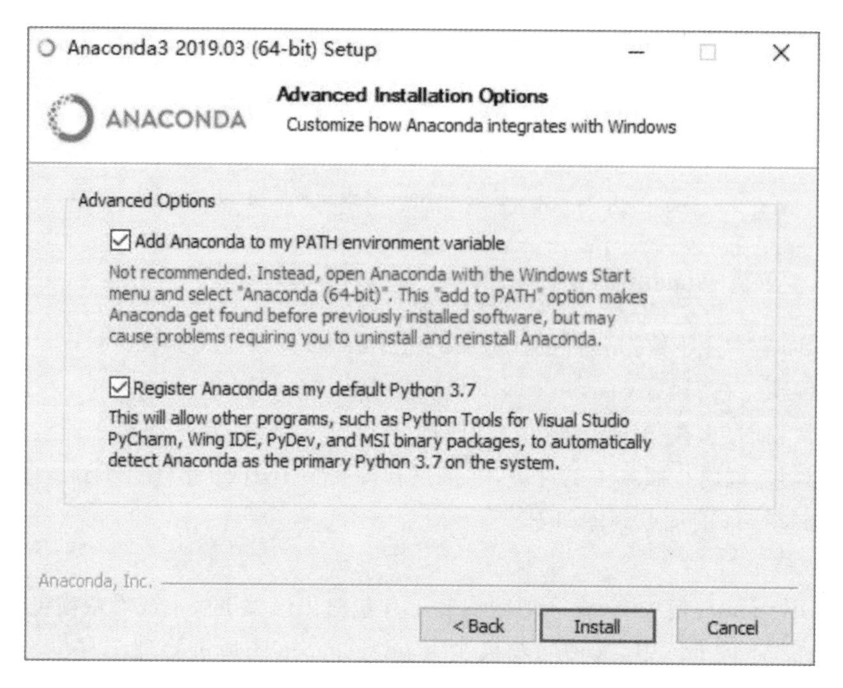

图 1.5 将 Anaconda 添加到 PATH 环境变量中

安装成功后可以查看用户变量中的 PATH,其方法为:右击【此电脑】,在弹出的右键快捷菜单中选择【属性(R)】,进入【高级系统设置】界面,在其中点击【环境变量(N)…】按钮,双击【Path】项,可以看到 Anaconda 的环境变量值设置成功,如图 1.6 所示。

图 1.6 查看 PATH 中 Anaconda 环境变量的值

(3) 完成安装和设置后，打开命令提示符，输入"python↙"，可以看到 Python 的版本信息和 Anaconda 的字样，说明 Anaconda 安装成功，如图 1.7 所示。

```
C:\WINDOWS\system32\cmd.exe - python
Microsoft Windows [版本 10.0.17134.765]
(c) 2018 Microsoft Corporation。保留所有权利。

C:\Users\lenovo>python
Python 3.7.3 (default, Mar 27 2019, 17:13:21) [MSC v.1915 64 bit (AMD64)] :: Anaconda, Inc. on win32

Warning:
This Python interpreter is in a conda environment, but the environment has
not been activated.  Libraries may fail to load.  To activate this environment
please see https://conda.io/activation

Type "help", "copyright", "credits" or "license" for more information.
>>>
```

图 1.7　验证 Anaconda 安装

Anaconda 安装成功之后，Python 的开发环境就搭建完毕，接下来就可以开发 Python 程序了。

1.3 Python 程序开发

1.3.1 在命令行中开发 Python 程序

打开命令提示符，输入"python↙"进入 Python 环境，在"〉〉〉"后面输入如下的 Python 代码：

```
print('hello python')
```

按回车键运行，程序运行后输出"hello python"，具体如图 1.8 所示。

```
C:\WINDOWS\system32\cmd.exe - python
Microsoft Windows [版本 10.0.17134.765]
(c) 2018 Microsoft Corporation。保留所有权利。

C:\Users\lenovo>python
Python 3.7.3 (default, Mar 27 2019, 17:13:21) [MSC v.1915 64 bit (AMD64)] :: Anaconda, Inc. on win32

Warning:
This Python interpreter is in a conda environment, but the environment has
not been activated.  Libraries may fail to load.  To activate this environment
please see https://conda.io/activation

Type "help", "copyright", "credits" or "license" for more information.
>>> print('hello python')
hello python
>>>
```

图 1.8　命令行程序输出结果

在图 1.8 中，print()是 Python 3.x 中的一个内置函数，它接收字符串作为输入参数，并打印输出这些字符。例如：运行 print('hello python')就会在控制台打印出"hello python"，在 Python 中，函数调用的格式是函数名加括号，括号中是函数的参数，在后面的章节中会具体介绍函数。

1.3.2 使用文本编辑器开发 Python 程序

用命令行编写 Python 程序，每次只能执行一行代码。用文本编辑器编写 Python 程序，

可以实现一次运行多行代码，用文本编辑器编写代码之后，以后缀名为“.py”的文件保存，并在命令行中运行这个文件。

示例 1.1 在文件中编写 Python 代码输出个人信息。

实现思路

（1）在路径“D:\”下新建文本文件 Python.txt。

（2）在 Python.txt 中写入以下内容。

```
print('name:Jack')
print('age:18')
print('major:computer')
```

（3）保存文件，并将文件的后缀名改为 Python.py。

（4）打开命令提示符界面，输入“D:↙”命令进入路径，之后输入“python Python.py↙”，用 Python 命令执行这个文件输出结果，如图 1.9 所示。

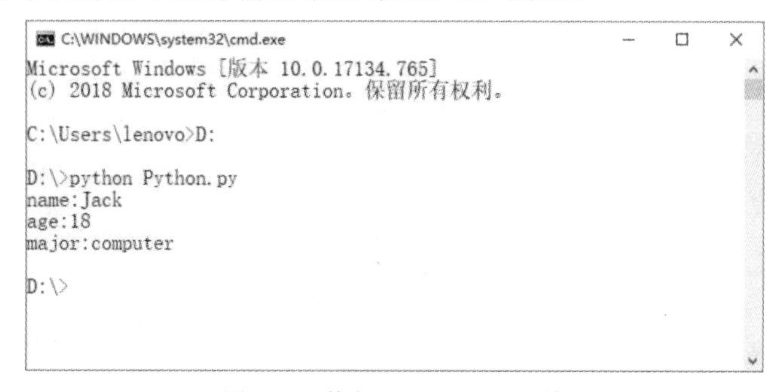

图 1.9 执行 Python.py 文件

在实际工作中，直接在命令行和文本编辑器中编写代码的情况非常少。绝大多数情况下，开发人员都是在集成开发环境(integrated development environment，IDE)中开发程序。

1.3.3 PyCharm 集成开发环境

集成开发环境具有很多便于开发和写代码的功能，如调试、语法高亮、项目管理智能提示等。

1. Python 集成开发环境

在 Python 开发领域中，最常用的两种集成开发环境是 Jupyter Notebook 和 PyCharm。

1）Jupyter Notebook

Jupyter Notebook 是一个交互式笔记本，支持 40 多种编程语言。其本质是一个 Web 应用程序，便于创建和共享文字化程序文档，支持实时代码、数学方程、可视化和 Markdown，包含自动补全、自动缩进，支持 bash shell 命令等。其主要用途包括数据清理和转换、数值模拟、统计建模、机器学习等。

2）PyCharm

PyCharm 是 JetBrains 公司开发的 Python 集成开发环境。PyCharm 的功能十分强大，包括调试、项目管理、代码跳转、智能提示、自动补充、单元测试、版本控制等。PyCharm 对编程有非常大的辅助作用，十分适合开发较大型的项目，也非常适合初学者。

本书使用的集成开发环境是 PyCharm，本节将重点介绍 PyCharm。

2. 安装配 PyCharm 成开发环境

访问 PyCharm 官网，进入下载页面，选择相应的系统平台和版本进行下载。不同的系统平台都提供有两个版本的 PyCharm 供下载，分别是专业版(professional)和社区版(community)，如图 1.10 所示。

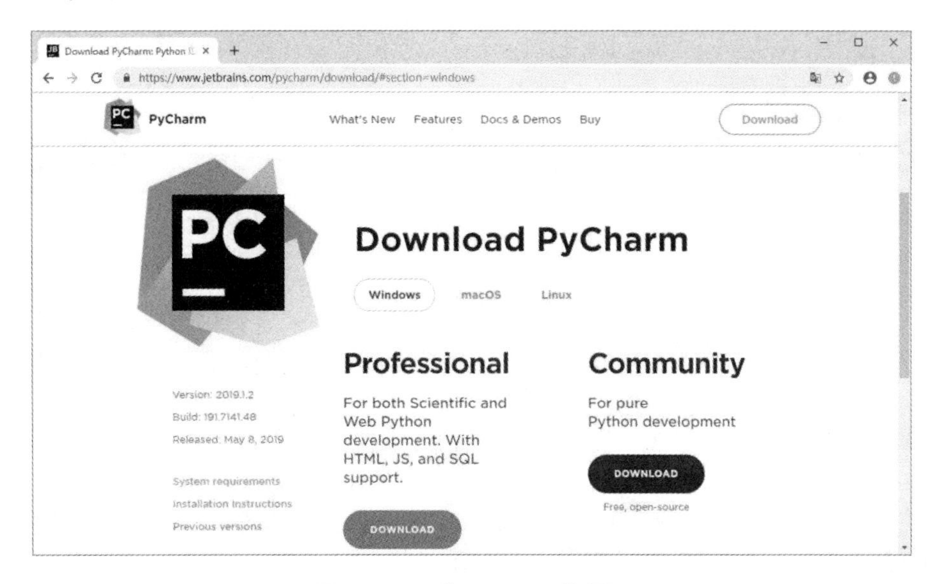

图 1.10　下载 PyCharm 的界面

由于下载专业版会收费，而社区版足以满足初学者几乎所有的需求，因此本书推荐下载社区版。安装成功后，进入 PyCharm 创建项目的界面，如图 1.11 所示。

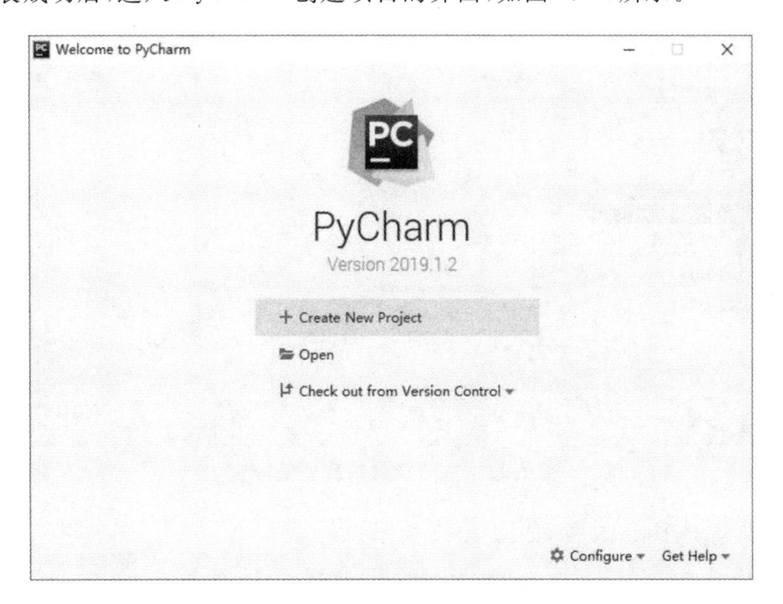

图 1.11　创建项目界面

3. 创建 Python 项目

创建 Python 项目，选择项目路径和配置 Python 解释器，并且将其与 Anaconda 关联，如图 1.12 所示。

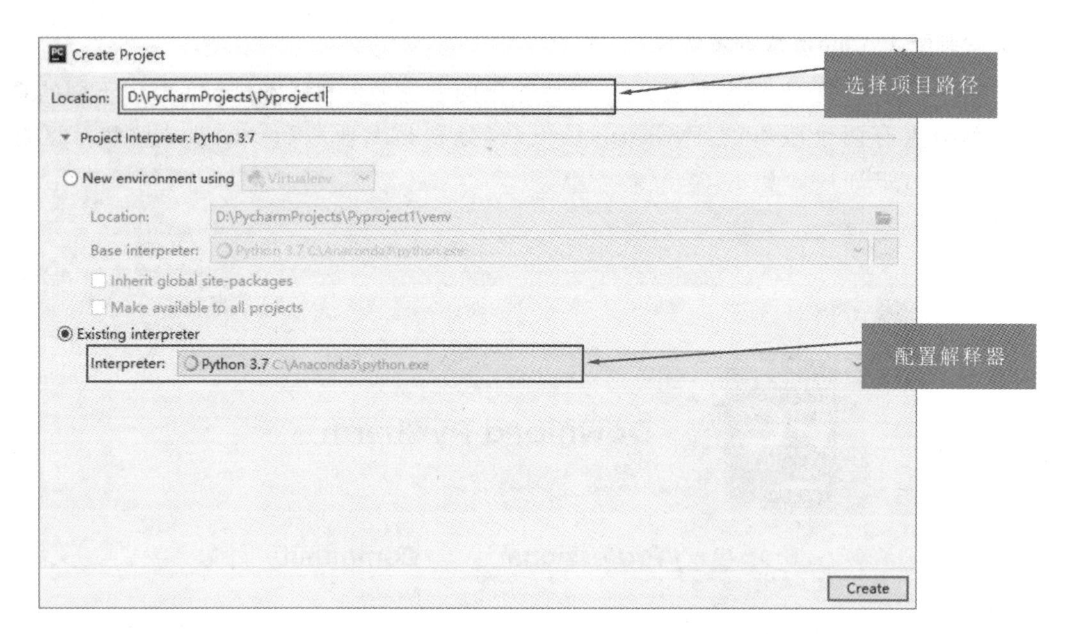

图 1.12 选择项目路径与配置解释器

创建好项目后，查看 Python 解释器的配置是否与 Anaconda 关联，选择【File】/【Settings】，弹出【Settings】界面，如图 1.13 所示。

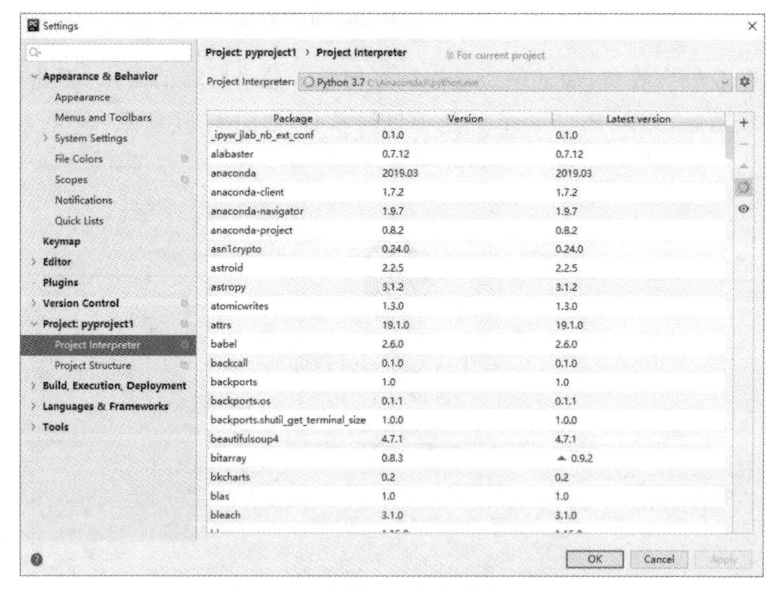

图 1.13 查看项目解释器的配置

在项目中新建 Python 文件，如图 1.14 所示。

在新建的 Python 文件中，输入 Python 程序，如图 1.15 所示。

在 hellopython.py 文件的空白区域右击，选择【Run 'hellopython'】命令执行代码，如图 1.16 所示。

运行程序后，在 PyCharm 下方的控制台可以看到输出结果，如图 1.17 所示。

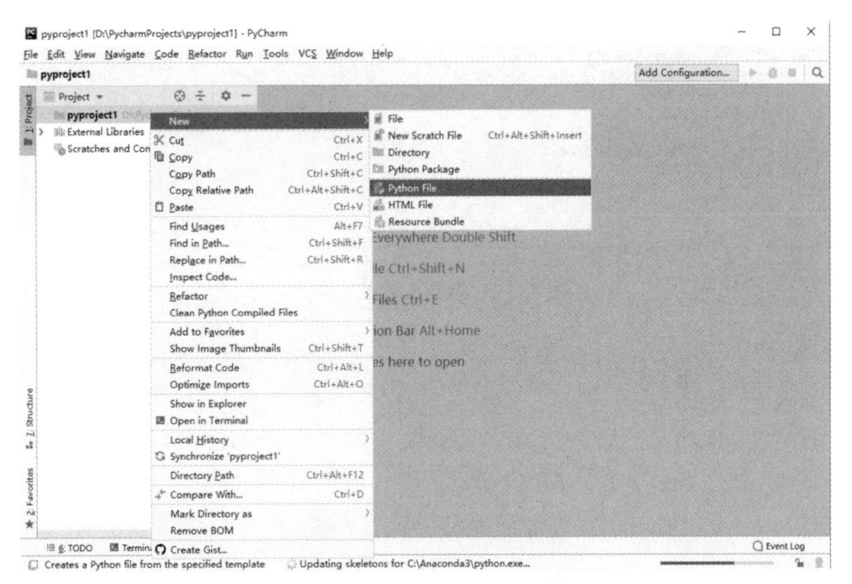

图 1.14　新建 Python 文件

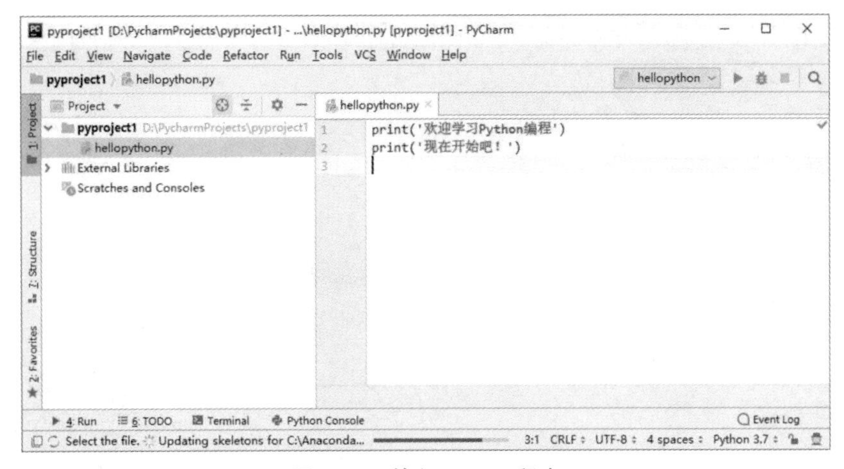

图 1.15　输入 Python 程序

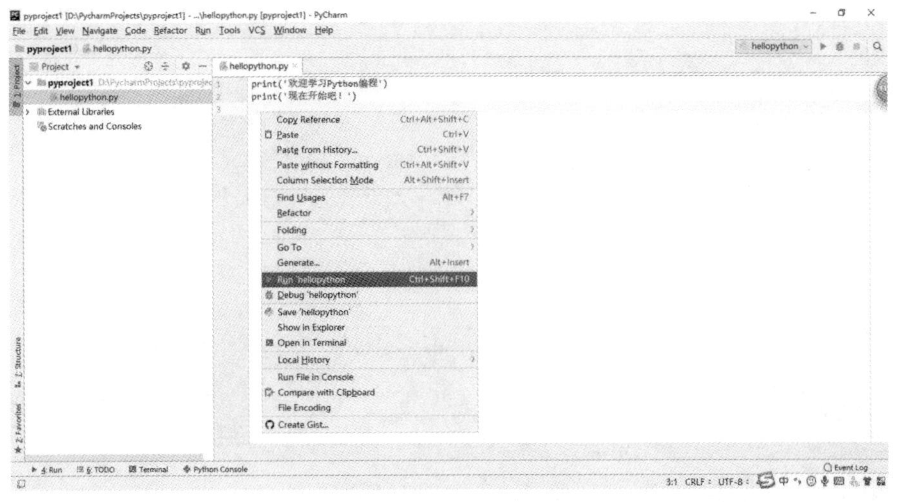

图 1.16　运行 Python 程序

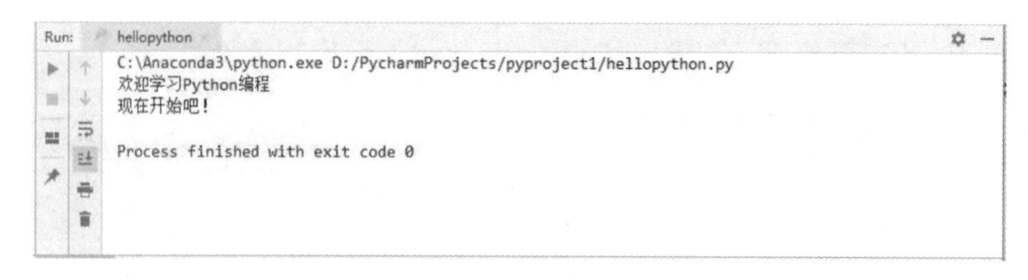

图 1.17 控制台输出的结果

1.3.4 Python 的注释

在编程过程中，程序员经常会为某一行或某一段代码添加注释，进行解释或提示，以提高程序的可读性，方便自己和他人能够清晰看懂代码的具体作用。注释部分的文字或者代码将不会被执行。在 Python 中，添加注释的方式有两种，即单行注释和多行注释。

语法

(1) 单行注释：以“#”开始，后面是代码的说明内容。例如：# 输出个人信息。

(2) 多行注释：以“""""”开始，以“""""”结束，说明内容分布在多行。例如：

```
""""
输出的信息如下：
1.姓名
2.年龄
3.专业
""""
```

示例 1.2 为 Python 程序添加注释。

具体代码如下。

```
# 输出学生信息
""""
学生的信息如下：
1.姓名：马晓云
2.年龄：20
3.专业：计算机网络
""""
print('姓名：马晓云')
print('年龄：20')
print('专业：计算机网络')
```

程序输出结果如图 1.18 所示。

经验：

在 PyCharm 中，快速注释的组合健是“Ctrl+/”。

具体操作是：选中需要注释的代码或文字，按组合键“Ctrl+/”即可快速添加注释，这个组合键在日后学习和开发过程中将经常用到。

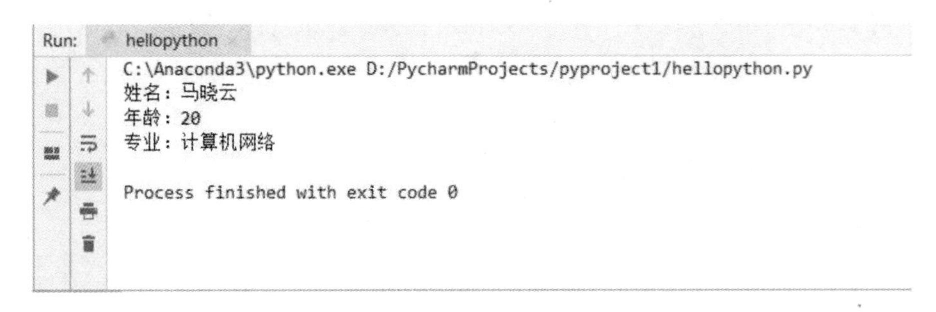

图 1.18 示例 1.2 的运行结果

1.3.5 Python 中的转义字符

在 Python 中我们使用 print()函数输出，需要将文字信息放在一对英文的单引号“''”或英文的双引号“""”之间，如果输出的字符信息包含“''”或“""”时，我们就需要使用转义字符，转义字符及其含义见表 1.1。

表 1.1 转义字符

转义字符	描述
\(在行尾时)	续行符
\\	反斜杠符号
\'	单引号
\"	双引号
\a	响铃
\b	退格(backspace)
\e	转义
\000	空
\n	换行
\v	纵向制表符
\t	横向制表符
\r	回车
\f	换页
\oyy	八进制数，yy 代表字符，例如：\o12 代表换行
\xyy	十六进制数，yy 代表字符，例如：\x0a 代表换行

示例 1.3 在 Python 中使用转义字符。

```
print("----优秀学生\"琅琊榜\"----\n")
print('姓名\t 年龄\t 班级')
print('艾边城\t18\t 软件 1901')
print('马晓云\t19\t 软件 1902')
print('高超\t18\t 软件 1903')
```

在示例 1.3 中使用了转义字符“\"”表示输出双引号，“\n”表示换行，“\t”是横向制表符将输出字符对齐。运行结果如图 1.19 所示。

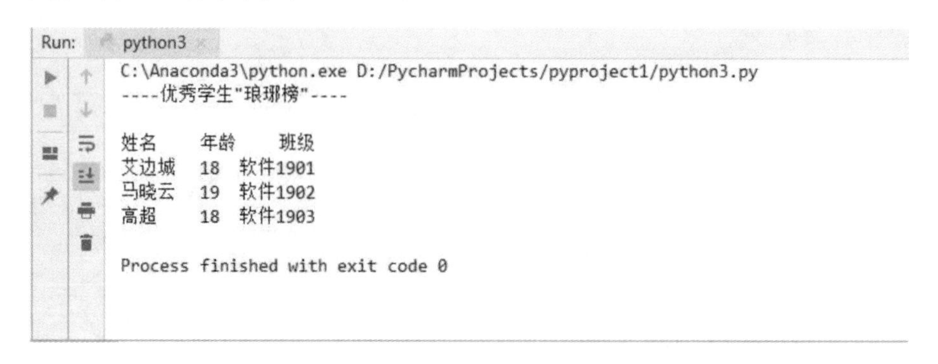

图 1.19　使用转义字符的运行结果

1.4 项目实践

本课程配有“西游记”游戏项目贯穿始终，协助读者掌握相关知识点。该游戏项目被分解到每一章中。通过完成所有章节的项目任务，最终完成“西游记”游戏的编码。在游戏中，玩家可以选择一个西游记的角色来扮演。每个角色有自己的初始体力、防御力和攻击力。玩家可以控制角色的行为，包括：与 NPC（游戏内系统角色）对话、与怪物战斗等。玩家可以在战斗中提升自己的等级，获取装备。

该游戏分为：登录、游戏角色选择、使用装备、斩妖除魔、购买装备和升级修炼等模块。

1.4.1　输出游戏菜单

任务需求

游戏开始后，输出如下游戏菜单：

```
欢迎进入西游记游戏
1.选择游戏角色
2.游戏帮助手册
3.退出游戏
请选择游戏菜单：
```

参考代码

```
print("************游戏介绍************\n")
print("大唐连年征战，百姓四处逃难，各方妖怪作乱，为保大唐盛世，唐僧师徒 4 人去西方取经。\n 路途遥远，需要经历九九八十一难，斩妖除魔，才能取得真经，修成正果！\n")
print("----------------游戏菜单--------------\n")
print("1.选择游戏角色\n")
print("2.游戏帮助手册\n")
print("3.退出游戏\n")
print("请选择游戏菜单：\n")
```

1.4.2 输出游戏角色信息

任务需求

输出西游记游戏中的角色信息,信息如表 1.2 所示。

表 1.2 西游记游戏中的角色信息

角色名称	攻击力	防御力	装备	生命值
唐僧	100	600	锦襕袈裟,九环锡杖	500
孙悟空	800	300	如意金箍棒	900
猪八戒	500	400	九齿钉耙	600
沙和尚	300	500	降妖宝杖	500

参考代码

```
print("----------------角色介绍--------------\n")
print("编号\t角色名称\t攻击力\t防御力\t装备\t生命值\n")
print("1\t唐僧\t100\t600\t九环锡杖\t500\n")
print("2\t孙悟空\t800\t300\t如意金箍棒\t900\n")
print("3\t猪八戒\t500\t400\t九齿钉耙\t600\n")
print("4\t沙和尚\t300\t500\t降妖宝杖\t500\n")
```

本章总结

1. Python 的应用非常广泛,适合数据分析、运维、Web 应用等。
2. 建议通过安装 Anaconda 来搭建 Python 开发环境。
3. 推荐使用集成开发环境运行 Python 程序,集成开发环境对提高开发效率会有很大帮助。
4. PyCharm 是推荐使用的集成开发环境,其功能十分强大。
5. Python 有单行注释和多行注释两种注释方法。

本章作业

一、选择题

1. 以下选项中不是 Python 语言的关键字的是(　　)。

A. except　　B. do　　C. pass　　D. while

2. 关于 Python 语言的注释,以下选项中描述错误的是(　　)。

A. Python 语言的单行注释以#开头

B. Python 语言的单行注释以单引号'开头

C. Python 语言的多行注释以'''(三个单引号)开头和结尾

D. Python 语言有两种注释方式:单行注释和多行注释

3. 以下选项中不是 Python 数据分析的第三方库的是（　　）。

A. NumPy　　B. SciPy　　C. pandas　　D. requests

二、简答题

1. 简述 Python 的特点。

2. 简述 Python 的应用领域。

3. 如何在 Python 程序中使用注释。

三、编程题

1. 编写 Python 程序输出个人的信息。

2. 用三行 print()函数，完成以下信息的输出显示。

```
====================================
        欢迎进入身份认证系统
1.登录
2.退出
3.认证
4.修改密码
====================================
```

3. 阅读和体会The Zen of Python（Python 之禅），在 Python 环境下输入 import this，显示如下内容并翻译。

```
>>>import this
The Zen of Python,by Tim Peters

Beautiful is better than ugly.
Explicit is better than implicit.
Simple is better than complex.
Complex is better than complicated.
Flat is better than nested.
Sparse is better than dense.
Readability counts.
Special cases aren't special enough to break the rules.
Although practicality beats purity.
Errors should never pass silently.
Unless explicitly silenced.
In the face of ambiguity,refuse the temptation to guess.
There should be one--and preferably only one--obvious way to do it.
Although that way may not be obvious at first unless you're Dutch.
Now is better than never.
Although never is often better than*right*now.
If the implementation is hard to explain,it's a bad idea.
If the implementation is easy to explain,it may be a good idea.
Namespaces are one honking great idea—let's do more of those!
```

第2章 变量与数据类型

本章简介

在 Python 程序中使用变量存储数据,然后对数据进行处理。本章将学习以下内容:数据类型、标识符和变量的使用;使用变量存储程序中的各种数据;使用各种运算符对数据进行处理;将数据和运算符组成各种表达式进行计算;字符串的处理函数。本章的重点是理解变量和使用表达式,难点是字符串处理。

本章目标

(1) 理解变量的含义。
(2) 掌握变量的使用。
(3) 掌握 Python 中的数据类型。
(4) 掌握运算符和表达式。
(5) 掌握操作字符串的方法。

实践任务

(1) 使用变量存储角色的信息。
(2) 计算与比较游戏角色的攻击力和防御力。

2.1 变量

2.1.1 变量的概念

在通过计算机程序解决问题时，经常需要处理各种数据，在处理数据的过程中，又会产生新的数据，这就需要我们对这些数据进行存储，以便在程序执行过程中反复使用。例如，在购物结算系统中录入的商品信息数据(如商品名称、商品价格和商品描述等)，在购物结算时，程序计算出的购买商品的总金额等。在程序中，这些数据需要先存储然后再使用，那么如何在程序中存储这些数据呢？这就需要在程序中提供存储数据的容器，此容器被称为变量。

变量是程序中存储数据的基本单元，在这个存储空间中，存储的数据值可以改变。变量类似于宾馆的房间，只供客人住宿，即用于存储程序中的数据。变量和宾馆中的房间的对应关系，见表 2.1。

表 2.1 变量和宾馆中房间的对应关系

宾馆中的房间	变量
房间号	变量名
房间类型	变量类型
客人	变量的值

在使用变量时，我们需要为变量命名，即变量名，通过变量名来指代变量，这样我们就能使用变量名来访问变量中的数据。对于不同类型的数据，我们会使用相应类型的变量来存储它。因此，我们可以将变量理解成一个有名字的存储空间。

示例 2.1 变量的使用。

```
name='Jack'
age=23
print("我的名字叫"+name)
```

在上述示例中，name，age 为变量名，使用变量名标识变量。通过赋值运算符“=”将“Jack”，“23”分别存入变量 name 和 age 中，在 print()函数中输出 name 即可输出 name 变量中存储的值，运行结果如图 2.1 所示。

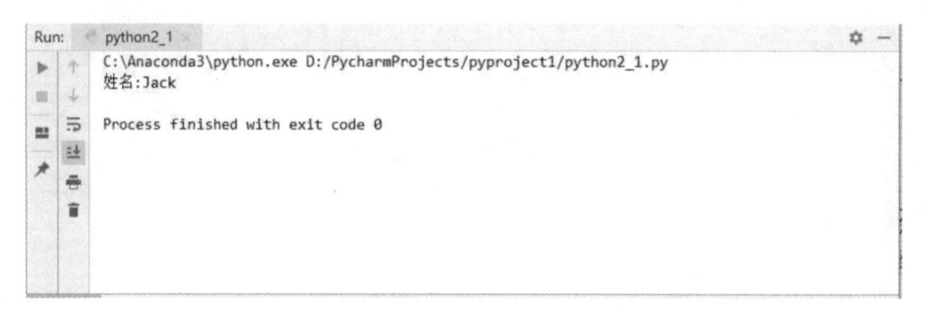

图 2.1 变量的输出结果

◀变量

2.1.2 数据类型

变量在存储数据时，首先要指定变量的类型，因为不同类型的数据所占用的空间大小不一样，其表现形式也不一样，为了充分利用内存空间，我们可以为变量定义不同的数据类型，使用不同类型的变量来存储对应的数据。

数据是信息的一种表现形式，在程序中数值和非数值都可以作为数据。例如：年龄"20"是数值类型数据，姓名"hello python"是字符串类型数据。数据在生活中无处不在，我们会遇到各种各样的数据。为了方便在 Python 语言中存储数据，Python 定义了一套完整的数据类型，如图 2.2 所示。

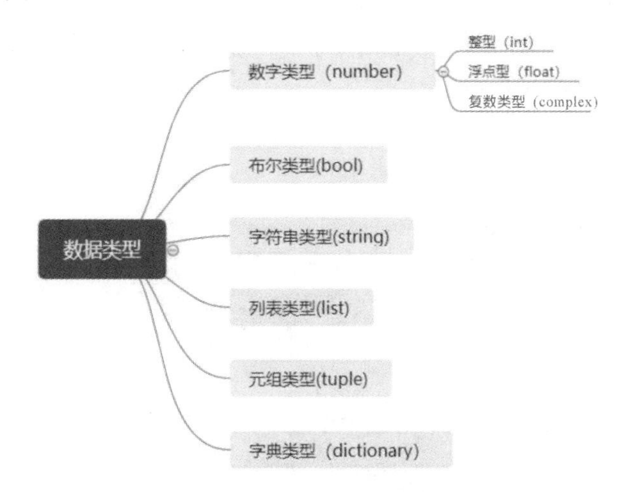

图 2.2 Python 中的数据类型

下面对这些数据类型进行简单介绍。

1. 数字类型

Python 中的数字类型包含整型、浮点型和复数类型。例如：

- 整型：55、0101、－99、0x86、8765932。
- 浮点型：3.1415、4.2E－10。
- 复数类型：3.46＋2.1j、－9.76－52j。

2. 布尔类型

布尔类型是特殊的整型，它的值只有两个，分别是 True 和 False。如果将布尔值进行数值运算，True 会被当成整型 1，False 会被当成整型 0。

3. 字符串类型

Python 中的字符串被定义为一个字符集合，它被引号所包含，引号可以是单引号、双引号或者三引号(三个连续的单引号或者双引号)。字符串具有索引规则，第 1 个字符的索引是 0，第 2 个字符的索引是 1，依此类推。

下面是字符串的示例代码。

```
string1='Python1'
string2="Python2"
string2='''python3'''
```

4. 列表和元组类型

我们可以将列表和元组当成普通的“数组”，它们可以保存任意数量的任意类型的值，这些值称为元素。列表中的元素用中括号“[ ]”来存放，元素的个数和值是可以随意修改的。而元组中的元素用小括号“()”来存放，其元素不可以被修改。下面看一下列表和元组的表示方式。

```
list_name=[1,2,'Python1']      #这是一个列表
tuple_name=(1,2,'Python1')     #这是一个元组
```

5. 字典类型

字典是 Python 中的映射数据类型，由键值对组成。字典可以存储不同类型的元素，其元素使用大括号“{ }”来存放。通常情况下，字典的键会以字符串或者数值的形式来表示，而值可以是任意类型。示例代码如下。

```
dict_stu={"name":"Jack","age":20}  #这是一个字典
```

上述代码中，变量 dict_stu 是一个字典类型，它存储了两个元素：第 1 个元素的键为 name，值为 Jack；第 2 个元素的键为 age，值为 20。

提示：在 Python 中，只要定义了一个变量，并且该变量存储了数据，那么变量的数据类型就已经确定了。这是因为系统会自动辨别变量的数据类型，不需要开发者显式说明变量的数据类型了。

经验：

如果希望查看变量的类型，可以使用“type(变量的名字)”来实现。示例代码如下。

```
number=3.14
print(type(number))
```

上述代码中，变量 number 存储的值为 3.14，系统会自动根据数值判断 number 变量的数据类型为 float。因此当使用 type()函数查看 number 的数据类型时，结果为 float。

2.1.3 变量的使用

在 Python 中，使用变量就是使用变量的值，首先使用“=”将数据存入变量中。具体语法如下。

```
变量名= 值
```

说明：

变量不需要声明数据类型，其类型在赋值时被确定。

Python 变量的命名规则如下。

(1) 变量名的长度不受限制。其中的字符只能是英文字母、数字或者下画线“_”，而不能使用空格、连字符、标点符号、引号或其他符号。

(2) 变量名的第一个字符不能是数字，而必须是字母或下画线。

（3）Python 区分大小写。

（4）不能将 Python 关键字作为变量名，如 and、del、return 等。

（5）变量命名尽量做到见名知义，即看见变量名能知道变量的含义，这样能有效地提高程序开发的效率。

示例 2.2 使用变量存储长方形宽和高的值，计算并输出周长值。

具体代码如下。

```
height=10   #长方形的高
width=20   #长方形的宽
s=2*(height+ width)   #长方形的周长
print(s)     #输出周长的值
```

程序的计算结果如图 2.3 所示。

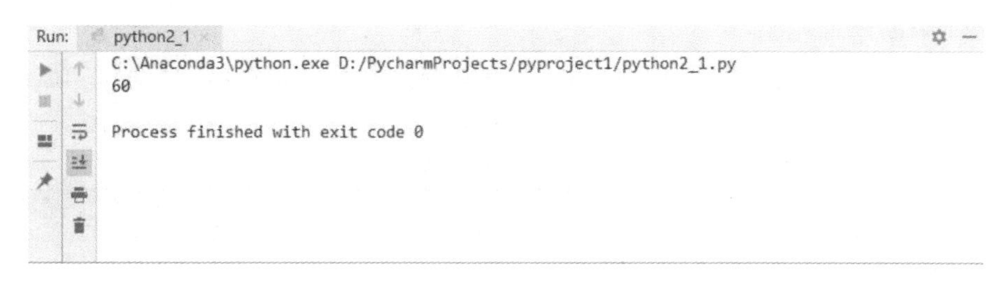

图 2.3 长方形的周长

在 Python 中支持同时为多个变量赋值，也是使用等号运算符“=”来实现，多个变量之间使用逗号“,”隔开。具体语法如下。

```
变量名 1,[变量名 2,…,变量名 n]= 值 1,[值 2,…,值 n]
```

说明：

变量名和后面的值要一一对应，如果没有一一对应，程序将会报错。

修改示例 2.2 的代码，同时给长方形的高和宽赋值，修改后的代码如下。

```
height,width=10,20   #长方形的高和宽
s=2*(height+width)   #长方形的周长
print(s)              #输出周长的值
```

2.1.4 使用 input 函数赋值

在实际操作中，程序的值不是内部给定的，程序需要接收外部输入的数据。例如，在控制台中输入姓名和年龄的数据赋值给变量，则需要使用 input()函数来实现。输入赋值的关键代码如下。

```
name=input('请输入姓名:')age=int(input('请输入年龄:'))
```

代码中使用的 input()函数是 Python 的内置函数，用于将控制台输入的数据赋给变量，input()函数接收到的值为字符串类型，如果需要转换为整数类型，则需要使用 int(字符串)进行转换。

2.2 运算符和表达式

对各种类型的数据的加工和处理的过程称为运算，表示运算的符号称为运算符，参与运算的数据称为操作数。例如："2＋3"这个加法运算中，"＋"称为运算符，数字3和4称为操作数。本节主要介绍Python中的赋值运算符、算术运算符、比较运算符和逻辑运算符。

1. 赋值运算符

赋值运算符只有一个，就是"＝"，在前面介绍变量时已经提到过，它的作用是把等号右边的值赋给左边的变量。其除了支持普通的单变量和多变量的赋值（如a＝1，a，b＝1，2等赋值方式），还支持多变量多重赋值（如a＝b＝c＝1），也支持赋值数据运算的结果（如num＝2＋4）等。

2. 算术运算符

算术运算符主要用于计算。例如：＋，－，*，/都属于算术运算符，分别代表加、减、乘、除。Python中主要的算术运算符如表2.2所示。

表2.2　算术运算符

运算符	描　　述	实例(a＝10，b＝20)
＋	加：两个对象相加	a＋b输出结果30
－	减：得到负数或是一个数减去另一个数	a－b输出结果－10
*	乘：两个数相乘或是返回一个被重复若干次的字符串	a*b输出结果200
/	除：x除以y	b/a输出结果2
%	取模：返回除法的余数	b%a输出结果0
**	幂：返回x的y次幂	a**b为10的20次方，输出结果100000000000000000000
//	取整除：返回商的整数部分（向下取整）	9//2结果为4 －9//2结果为－5

示例2.3 算术运算符的使用。

```
a=10
b=20
c=0
# 加法运算
c=a+b
print("1.c的值为:",c)
# 减法运算
c=a-b
print("2.c的值为:",c)
# 乘法运算
c=a*b
print("3.c的值为:",c)
# 除法运算
```

◀运算符和表达式

```
c=a/b
print("4.c 的值为:",c)
# 取余运算
c=a%b
print("5.c 的值为:",c)
# 取整除运算
c=a // b
print("6.c 的值为:",c)
# 修改 a,b 的值
a,b=2,3
c=a**b
print("7.c 的值为:",c)
```

在示例 2.3 中,通过使用不同的算术运算符对变量 a,b 进行了计算,将结果保存到变量 c 中,分别输出 c 的结果,如图 2.4 所示。

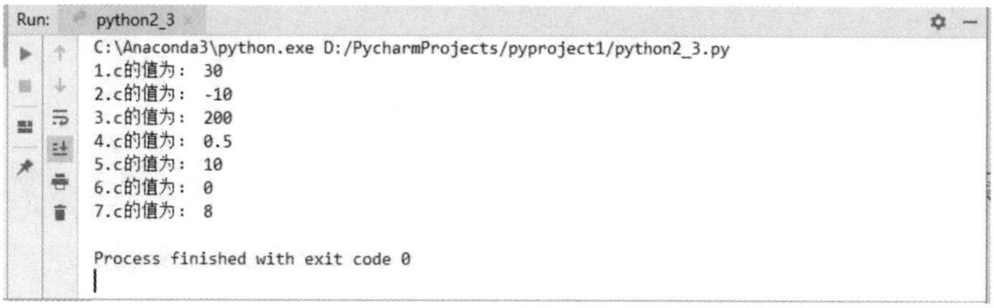

```
Run:  python2_3
C:\Anaconda3\python.exe D:/PycharmProjects/pyproject1/python2_3.py
1.c的值为:  30
2.c的值为:  -10
3.c的值为:  200
4.c的值为:  0.5
5.c的值为:  10
6.c的值为:  0
7.c的值为:  8

Process finished with exit code 0
```

图 2.4　算术运算的结果

3. 比较运算符

比较运算符用于比较两个数,其返回的结果只能是布尔值 True 或 False。Python 中常见的比较运算符如表 2.3 所示。

表 2.3　比较运算符

运算符	描　述	示　例
＝＝	检查两个操作数的值是否相等,如果是则条件变为真	例如:a＝3,b＝3,则(a＝＝b)为 True
！＝	检查两个操作数的值是否相等,如果值不相等,则条件变为真	例如:a＝1,b＝3,则(a！＝b)为 True
＞	检查左操作数的值是否大于右操作数的值,如果是,则条件成立	例如:a＝7,b＝3,则(a＞b)为 True
＜	检查左操作数的值是否小于右操作数的值,如果是,则条件成立	例如:a＝7,b＝3,则(a＜b)为 False
＞＝	检查左操作数的值是否大于或等于右操作数的值,如果是,则条件成立	例如:a＝3,b＝3,则(a＞＝b)为 True
＜＝	检查左操作数的值是否小于或等于右操作数的值,如果是,则条件成立	例如:a＝3,b＝3,则(a＜＝b)为 True

示例 2.4　比较运算符的使用。

```
zsScore=65   # 张三的考试成绩
lsScore=89   # 李四的考试成绩
print(zsScore>lsScore)
print(zsScore==lsScore)
print(zsScore!=lsScore)
print(zsScore<=lsScore)
```

示例 2.4 中对张三的成绩与李四的成绩进行了比较，运行结果如图 2.5 所示。

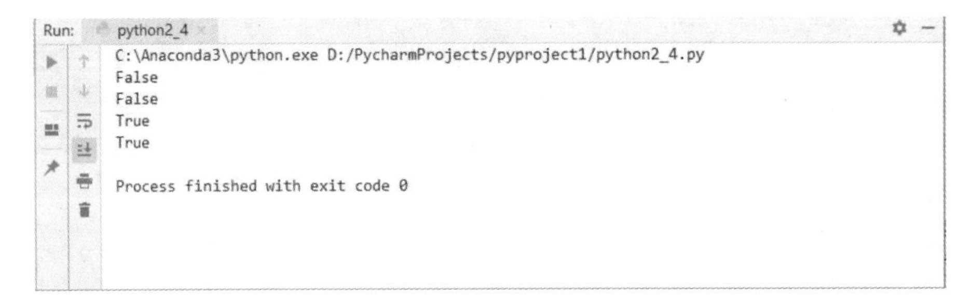

图 2.5　成绩的比较结果

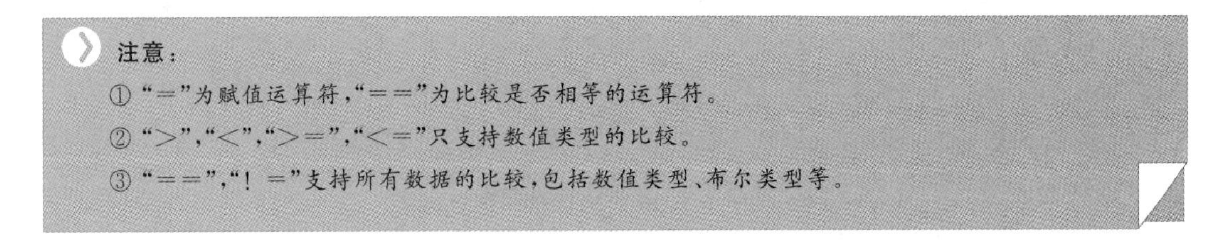
注意：

① “＝”为赋值运算符，“＝＝”为比较是否相等的运算符。

② “＞”，“＜”，“＞＝”，“＜＝”只支持数值类型的比较。

③ “＝＝”，“！＝”支持所有数据的比较，包括数值类型、布尔类型等。

4. 逻辑运算符

逻辑运算符用于对两个布尔类型操作数进行计算，其结果也是布尔值。逻辑运算符如表 2.4 所示。

表 2.4　逻辑运算符

运算符	逻辑表达式	描　　述
and	x and y	表示逻辑与。x 和 y 同时为 True 时，返回 True；否则返回 False
or	x or y	表示逻辑或。x 和 y 中有一个为 True 时，返回 True；否则返回 False
not	not x	表示逻辑非。x 为 True 时，返回 False；如果 x 为 False，则返回 True

示例 2.5　逻辑运算符的使用。

```
x,y=10,20
m,n=11,15
res1=x>y
res2=m<n
print(res1 and res2)
print(res1 or res2)
print(not res1)
```

在示例2.5中首先对数字进行比较运算得到对应的布尔值,然后对布尔值进行逻辑运算,运行结果如图2.6所示。

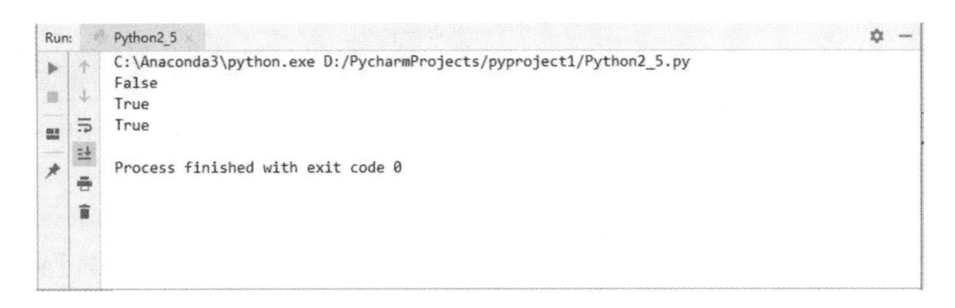

图2.6 逻辑运算符的运行结果

5. 成员运算符

除了以上的一些运算符之外,Python还支持成员运算符,测试示例中包含了一系列的成员,包括字符串、列表或元组等。成员运算符如表2.5所示。

表2.5 成员运算符

运算符	描述	实例
in	如果在指定的序列中找到值则返回True;否则返回False	x在y序列中:如果x在y序列中返回True
not in	如果在指定的序列中没有找到值则返回True;否则返回False	x不在y序列中:如果x不在y序列中返回True

示例2.6 成员运算符的使用。

```
num1=10
num2=90
num_list=[10,20,30,40,50]
c1='p'
c2='z'
str='papa pig'
print(num1 in num_list)
print(num2 in num_list)
print(c1 in str)
print(c2 in str)
```

示例2.6运行的结果如图2.7所示。

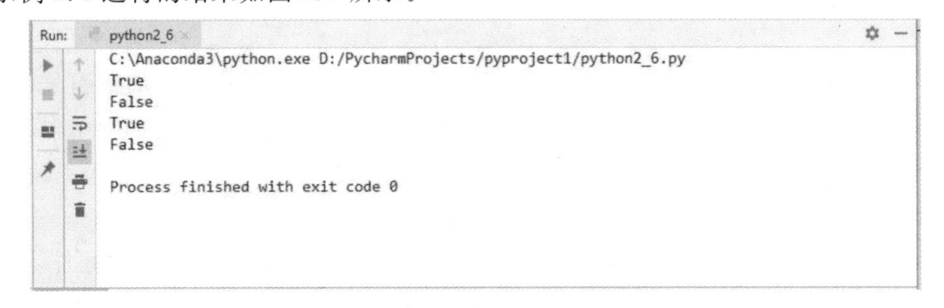

图2.7 成员运算符的运行结果

6. 身份运算符

身份运算符用于比较两个对象的存储单元，身份运算符如表 2.6 所示。

表 2.6　身份运算符

运算符	描　　述	实　　例
is	is 用于判断两个标识符是不是引用自一个对象	x is y：类似 id(x)==id(y)，如果引用的是同一个对象则返回 True，否则返回 False
is not	is not 用于判断两个标识符是不是引用自不同对象	x is not y：类似 id(a)!=id(b)，如果引用的不是同一个对象则返回结果 True，否则返回 False

注意：

id()函数用于获取对象的内存地址，是一串数字，经常用来判断对象是否相同。

示例 2.7　身份运算符的使用。

```
a=10
b=10
print(a is b)
print(id(a))
print(id(b))
```

运行结果如图 2.8 所示，其中 140722464396384 是内存地址，变量 a 和 b 是指向数据 10 的同一块内存地址。

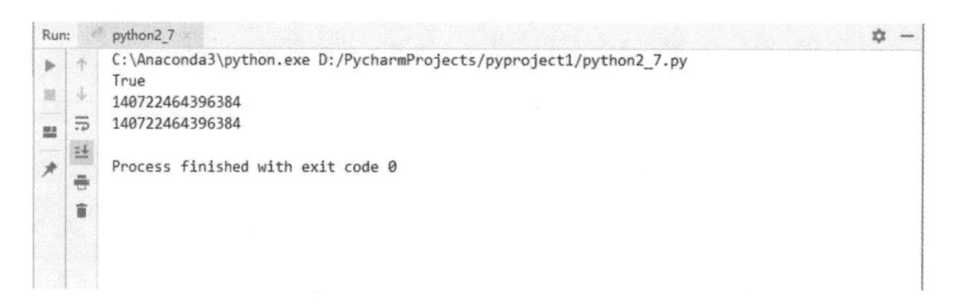

图 2.8　身份运算符的运行结果

2.3 字符串

Python 中的字符串是字符的序列表示，可以用单引号(')，双引号(")或三引号(''')括起来。其中，单引号和双引号都可以表示单行字符串，二者的作用相同。使用单引号时，双引号可以作为字符串的一部分；使用双引号时，单引号可以作为字符串的一部分。三引号可以表示单行或者多行字符串。三种表示方法具体如下。

(1) 单引号字符串：'单引号字符串内容，同时可以将"双引号的内容"放到里面'

(2) 双引号字符串："双引号字符串内容，同时可以将'单引号的内容'放到里面"。

（3）三引号字符串：'''三引号的内容可以有"双引号内容"，还可以有'单引号内容'，字符串内容可以换行'''。

字符串可以通过索引来获取字符串中的字符，如第 1 个字符的索引是 0，第 2 个字符的索引是 1，依此类推。字符串的索引方式是在该字符串的名字后加上“[index]”，index 是索引的位置。

示例 2.8 输出“Hello Python”字符串中索引为 6 的字符。

```
stringinfo="Hello Python"
print(stringinfo[6])
```

输出的结果如图 2.9 所示。从输出结果可以看出，索引为 6 的字符是字母 P，开头字母 H 的索引为 0，空格也占一个索引位置。

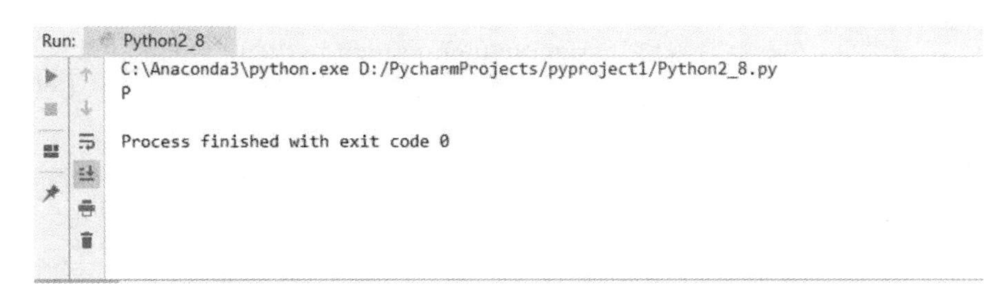

图 2.9 输出索引为 6 的字符

2.3.1 字符串的拼接

1. 使用运算符拼接字符串

在 Python 中，可以使用算术运算符“+”来拼接字符串，运算符“+”左边的字符串会在最末尾的地方拼接上运算符“+”右边的字符串。

示例 2.9 艾边城的个人简要信息，如姓名、年龄、身高等都已经保存在变量中了，需要在控制台输出他的简要介绍，输出信息为：“我叫艾边城，今年 18 岁，身高是 175.8 厘米”。

```
name='艾边城'
age=18
height=175.8
print('我叫'+name+',今年'+str(age)+'岁,身高是'+str(height)+'厘米')
```

在示例 2.9 中的代码中，字符串和字符串拼接使用运算符“+”，如果要拼接的数据是数值，需要使用 str()函数将数值转变为字符串，然后再拼接到所在位置，程序运行效果如图 2.10所示。

在 Python 中，可以使用算术运算符“*”来复制字符串，也能实现拼接。具体语法如下。

```
变量或字符串*正整数
```

说明：

输出的是变量所代表的字符串或者字符串本身的正整数倍。

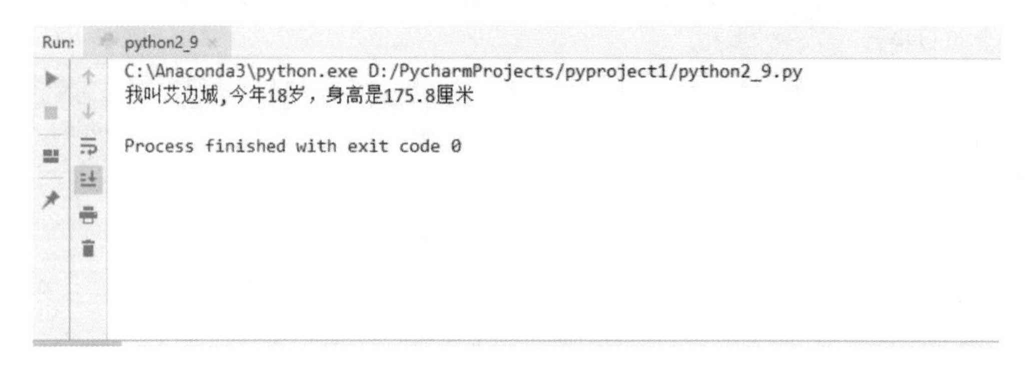

图 2.10 字符串的拼接

在控制台输出“python python python python python”。

具体代码如下。

```
str_info='python'
print(str_info*5)
```

程序的运行结果如图 2.11 所示。

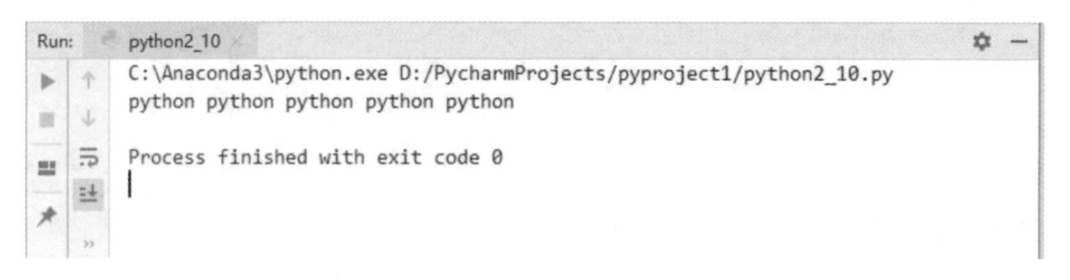

图 2.11 字符串的重复拼接

2. 通过占位符格式化字符串

Python 支持格式化输出字符串。Python 中的字符串可以通过占位符格式化，占位符对应着所要占位的变量类型，并通过“%”给对应占位符传入数值，最终字符串将与占位符传入的值进行拼接。具体语法如下。

```
变量 1=字符串
变量 2='xxx% sxxx'% 变量 1
变量 3=整数
变量 4='xxx%sxxx%d'%（变量 1,变量 3)
```

说明：

(1)“%s”表示字符串内的占位符，其中的“s”表示要传入的值是字符串类型，“%变量 1”表示需要传入的值，即变量 1 的值将传入到占位符所在的位置。

(2) 当一个字符串中有多个占位符时，需在“%”后加上“()”将传入的变量按位置放入，%(变量 1,变量 3) 表示将变量 1 和变量 3 的值分别传入到对应位置的占位符中，“%d”表示整数类型占位符。

不同类型占位符的符号含义如表 2.7 所示。

表 2.7　常用的占位符

符　号	描　述
%c	格式化字符
%s	格式化字符串
%d	格式化整数
%f	格式化浮点数，可指定小数点后精度，如：%.2f 表示保留两位小数

示例 2.11　使用占位符输出艾边城的信息。

```
name='艾边城'
age=18
height=175.8
print('我叫%s,今年%d岁,身高是%.2f厘米'%(name,age,height))
```

示例 2.11 的运行结果如图 2.12 所示。

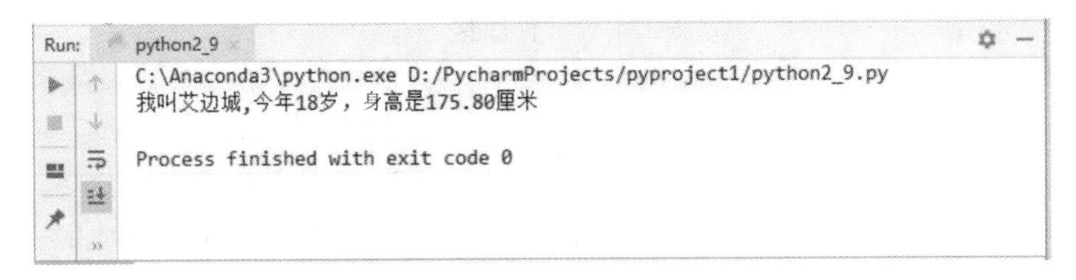

图 2.12　格式化字符串输出结果

在 Python 中，还支持一种字符串的占位函数 format()，例如：

```
print('我叫{ },今年{ }岁,身高是{ }厘米'.format(name,age,height))
```

2.3.2　处理字符串的函数与方法

1. 基本的字符串操作符

Python 提供了 5 个基本的字符串操作符，如表 2.8 所示。

表 2.8　基本的字符串操作符

操　作　符	描　述
x+y	连接两个字符串 x 与 y
x * n 或 n * x	复制 n 次字符串 x
x in s	如果 x 是 s 的子串，返回 True，否则返回 False
str[i]	索引，返回第 i 个字符
str[N : M]	切片，返回索引第 N 到第 M 的子串，其中不包括 M

使用字符串操作符的示例代码如下。

```
str="python"+"程序设计语言"
print(str)
print("python " *3)
```

```
print("python" in str)
print(str[6:10])
```

程序输出结果如下。

```
python 程序设计语言
python python python
True
程序设计
```

2. 内置字符串的处理函数

Python 解释器提供了一些内置函数，其中包括字符串处理函数，如表 2.9 所示。

表 2.9　内置的字符串处理函数

函　数　名	函 数 功 能
len(x)	返回字符串 x 的长度
str(x)	返回任意类型 x 所对应的字符串形式
chr(x)	返回 Unicode 编码 x 对应的单字符
ord(x)	返回单字符表示的 Unicode 编码
hex(x)	返回整数 x 对应十六进制的小写形式字符串
oct(x)	返回整数 x 对应八进制的小写形式字符串

len(x)返回字符串 x 的长度，Python 3.x 以 Unicode 字符为计数基础，因此字符串中英文字符和中文字符都是 1 个长度单位。

示例 2.12　使用恺撒密码对字符串进行加密。

恺撒密码是一种替换加密的技术，明文中的所有字母都在字母表上向后(或向前)按照一个固定数目进行偏移后被替换成密文。例如，当偏移量是 3 的时候，所有的字母 A 将被替换成 D，B 变成 E，以此类推，循环替换。这个加密方法是以罗马共和时代恺撒的名字命名的，当年恺撒曾用此方法与其将军们进行联系。恺撒密码的对应关系如下。

明文字母表：ABCDEFGHIJKLMNOPQRSTUVWXYZ

密文字母表：DEFGHIJKLMNOPQRSTUVWXYZABC

明文字符 P，其密文字符 C 有如下关系：

$$C=(P+3) \bmod 26$$

解密方法反之，满足：

$$P=(C-3) \bmod 26$$

具体代码如下。

```
p_code=input("请输入明文:")
for p in p_code:
    if ord("a")<=ord(p)<=ord("z"):
        print(chr(ord("a")+(ord(p)-ord("a")+3) %26),end='')
    elif ord("A")<=ord(p)<=ord("Z"):
        print(chr(ord("A")+(ord(p)-ord("A")+3) %26),end='')
    else:
        print(p,end='')
```

程序输出结果如下。

```
请输入明文:Python is an excellent language.
Sbwkrq lv dq hafhoohqw odqjxdjh.
```

3. 字符串的方法

在 Python 解释器内部,所有数据类型都采用面向对象方式来实现,将其封装为一个类。字符串也是一个类,它具有类似〈a〉.〈b〉()形式的字符串处理函数,在面向对象中,一般称之为方法。字符串类型中的常用方法如表 2.10 所示。

表 2.10　字符串类型中的常用方法

方　法	描　述
string. capitalize()	把字符串的第一个字符大写
string. center(width)	返回一个原字符串居中,并使用空格填充至长度 width 的新字符串
string. count(str, beg = 0, end = len(string))	返回 str 在 string 里面出现的次数,如果 beg 或者 end 指定则返回指定范围内 str 出现的次数
string. decode(encoding ='UTF-8', errors='strict')	以 encoding 指定的编码格式解码 string,如果出错默认报一个 ValueError 的异常,除非 errors 指定的是 'ignore'或者'replace'
string. encode(encoding ='UTF-8', errors='strict')	以 encoding 指定的编码格式编码 string,如果出错默认报一个 ValueError 的异常,除非 errors 指定的是' ignore'或者'replace'
string. endswith(obj, beg=0, end=len(string))	检查字符串是否以 obj 结束,如果 beg 或者 end 指定则检查指定的范围内是否以 obj 结束,如果是,返回 True,否则返回 False
string. format()	格式化字符串
string. index(str, beg = 0, end = len(string))	与 find()方法一样,只不过如果 str 不在 string 中会报一个异常
string. join(seq)	以 string 作为分隔符,将 seq 中所有的元素(的字符串表示)合并为一个新的字符串
string. lower()	转换 string 中所有大写字符为小写
string. split(str = "", num = string. count(str))	以 str 为分隔符切片 string,如果 num 有指定值,则仅分隔 num+1 个子字符串
string. upper()	转换 string 中的小写字母为大写
string. find(str, beg = 0, end = len(string))	检测 str 是否包含在 string 中,如果 beg 和 end 指定范围,则检查是否包含在指定范围内,如果是返回开始的索引值,否则返回-1
string. isnumeric()	如果 string 中只包含数字字符,则返回 True,否则返回 False
string. isspace()	如果 string 中只包含空格,则返回 True,否则返回 False

使用字符串的方法的示例代码如下。

```
str1="i am a good boy!"
print(str1.split()) # 采用默认分割符进行分割
print(str1.count('o'))
print(str1.find('good'))
str2="#hello world#@#"
print(str2.strip('#'))
```

程序输出结果如下。

```
['i','am','a','good','boy!']
3
7
hello world#@
```

2.3.3 处理字符串的方法

1. 统一英文大小写

在实际应用中，经常会遇到"Python"和"python"表示同一个意思，但是在计算机中二者是不同的，因为它们是不同的字符串，Python 的字符串函数 lower()和 upper()在处理英文字母时会将英文大小写统一，lower()函数将所有英文字母小写，upper()函数将所有英文字母大写。

示例 2.13 将字符串 "Hello Python"中所有的英文字母转成小写或大写。

```
info="Hello Python!"
print(info.lower())
print(info.upper())
```

示例 2.13 的运行结果如图 2.13 所示。

```
Run: python2_11
C:\Anaconda3\python.exe D:/PycharmProjects/pyproject1/python2_11.py
hello python!
HELLO PYTHON!

Process finished with exit code 0
```

图 2.13 统一英文的大小写

2. 去除字符串首尾空格

可以通过 Python 内建函数去除字符串首尾的空格。lstrip()函数用于去除字符串开头的空格，rstrip()函数用于去除字符中末尾的空格，strip()函数用于去除字符串首尾的空格。

示例 2.14 将字符串" Hello Python "中首尾的空格去除。

```
str_info='  Hello Python  '
str_info_nospace=str_info.strip()
print(str_info)
print(str_info_nospace)
```

在示例 2.14 中对 str_info 字符串使用 strip()方法去除了前后的空格，返回首尾没有空格的字符串给字符串变量 str_info_nospace，str_info 的值的首尾还是包含空格的，程序运行的结果如图 2.14 所示。

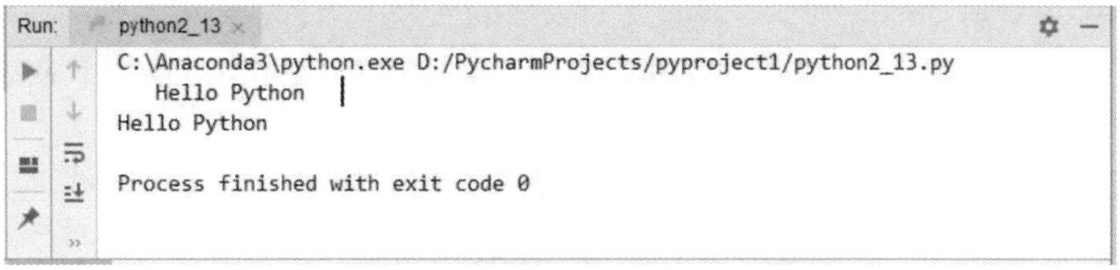

```
Run:  python2_13
C:\Anaconda3\python.exe D:/PycharmProjects/pyproject1/python2_13.py
   Hello Python
Hello Python

Process finished with exit code 0
```

图 2.14　去除首尾空格的运行结果

3. 拆分字符串

在 Python 中,可以通过内建函数 split()对字符串进行拆分。split()函数接收一个分隔符作为参数,以该分隔符为标志将字符串分割为几部分,并将分割部分存入列表中,然后返回整个列表。

示例 2.15　将字符串“one_two_three_four”拆分成 4 个字符串。

```
str_number='one_two_three_four'
list_number=str_number.split('_')
print(list_number)
```

示例 2.15 运行的效果如图 2.15 所示。

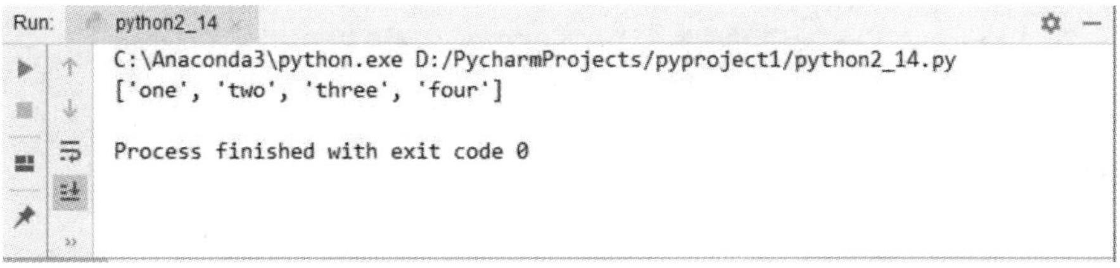

```
Run:  python2_14
C:\Anaconda3\python.exe D:/PycharmProjects/pyproject1/python2_14.py
['one', 'two', 'three', 'four']

Process finished with exit code 0
```

图 2.15　字符串的拆分

4. 查找子串的位置

若要查找某个字符或者某一非字符是否在字符串中,可以使用内建函数 find()来实现。find()函数接收一个字符串作为参数,如果该字符串存在于目标字符串中,则会返回该字符串在目标字符串中的初始索引位置;如果不存在于目标字符串中,会返回－1。

示例 2.16　判断“Python”和“Pton”是否在“Hello Python”中。

关键代码如下。

```
string='hello Python'
print(string.find('Python'))
print(string.find('Pton'))
```

其输出结果如下。

```
6
- 1
```

从输出结果可以看出,“Python”是在“Hello Python”中的,并且“Python”的初始索引位置是 6。“Pton”在“Hello Python”中则是找不到的,所以返回了－1,表示在目标字符串中没有该子字符串。

5. 截取字符串

在 Python 中,字符串属于可迭代对象,可以直接对字符串使用循环和索引,截取字符串时可以直接使用索引的方式。

```
字符串变量[索引]
字符串变量[起始索引：结尾索引]
```

说明：

“[ ]”为索引符号,索引只能为整数,如“字符串变量[4]”表示取字符串变量中的第 4 个元素。取一段字符可以在索引位置中间添加“：”,如“字符串变量[5：9]”表示从第 5 个元素开始,到第 9 个元素结束,但是不包含第 9 个元素,所以输出的是第 5 个元素和第 8 个元素。

6. 字符串替换

若要对字符串中的某些字符或子串进行替换修改可以使用内建函数 replace(),具体语法如下。

```
字符串变量.replace(要替换的字符串,替换后的字符串)
```

说明：

replace()函数作为 Python 中的字符串内建函数,只能对字符串使用。

示例 2.17　将字符串“Hello World”修改为“ Hello Python”。

分析　字符串是可迭代对象,可以采用先对字符串索引再取值的方式实现。但是,使用 replace()函数来实现将更快更准确。关键代码如下。

```
string=Hello World
print(string.replace('World','Python'))
```

输出结果如下。

```
Hello Python
```

可以看出,通过 replace()函数直接将“World”换成了“Python”。

7. 获取字符串的长度

若想知道字符串的长度,可以使用内建函数 len(),函数 len()接收一个可迭代的对象作为参数,返回该对象中元素的个数。例如:输入一个字符串,返回的是字符串的长度,即字符串中字符的个数。

示例 2.18　输出字符串“Hello Python”的长度。

关键代码如下。

```
string='Hello Python'
print(len(string))
```

输出结果如下。

```
12
```

> **注意：**
> 字符串还有其他内建函数，可以参考 Python 学习手册。

2.4 项目实践

2.4.1 任务1——使用变量存储角色的信息

需求分析

(1) 为每个角色加上经验值信息，所有角色的初始经验值为0。

(2) 使用变量存储每个角色的信息，参考第1章中的角色信息表。

(3) 通过变量输出角色列表的信息，使用变量格式化输出。

实现思路

(1) 声明变量。

(2) 为变量赋值。

(3) 使用变量。

参考代码

```
ts_attack=100  # 唐僧攻击力
ts_defend=600 # 唐僧防御力
ts_life=100  # 唐僧生命值
ts_exp=0     # 唐僧经验值
wk_attack=100 # 悟空攻击力
wk_defend=600  # 悟空防御力
wk_life=100  # 悟空生命值
wk_exp=0     # 悟空经验值
bj_attack=100     # 八戒攻击力
bj_defend=600     # 八戒防御力
bj_life=100       # 八戒生命值
bj_exp=0          # 八戒经验值
ss_attack=100  # 沙僧攻击力
ss_defend=600 # 沙僧防御力
ss_life=100    # 沙僧生命值
ss_exp=0       # 沙僧经验值
print("----------------角色介绍--------------\n")
print("编号\t角色名称\t攻击力\t防御力\t装备\t生命值\n")
print("1\t唐僧\t%d\t%d\t九环锡杖\t%d\n"%(ts_attack,ts_defend,ts_life))
print("2\t孙悟空\t%d\t%d\t如意金箍棒\t%d\n"%(wk_attack,wk_defend,wk_life))
print("3\t猪八戒\t%d\t%d\t九齿钉耙\t%d\n"%(bj_attack,bj_defend,bj_life))
print("4\t沙和尚\t%d\t%d\t降妖宝杖\t%d\n"%(ss_attack,ss_defend,ss_life))
```

2.4.2 任务2——计算与比较游戏角色的攻击力和防御力

需求分析

(1) 装备也有攻击力和防御力参数。

(2) 角色的总攻击力=自身的攻击力+所有装备的攻击力,角色的总防御力=自身的防御力+所有装备的防御力。

(3) 比较两个角色总攻击力和总防御力的大小,输出比较结果。

实现思路

(1) 使用算术运算符计算角色的总攻击力和总防御力。

(2) 使用比较运算符比较角色的总攻击力和防御力。

参考代码

```
ts_attack=100  # 唐僧攻击力
ts_defend=600  # 唐僧防御力
ts_life=500  # 唐僧生命值
ts_exp=0  # 唐僧经验值
wk_attack=800  # 悟空攻击力
wk_defend=300  # 悟空防御力
wk_life=900  # 悟空生命值
wk_exp=0  # 悟空经验值
bj_attack=500  # 八戒攻击力
bj_defend=400  # 八戒防御力
bj_life=600  # 八戒生命值
bj_exp=0  # 八戒经验值
ss_attack=300  # 沙僧攻击力
ss_defend=500  # 沙僧防御力
ss_life=500  # 沙僧生命值
ss_exp=0  # 沙僧经验值
ts_weapon_attack=300  # 唐僧武器攻击力
ts_armor_defend=200  # 唐僧护甲防御力
wk_weapon_attack=800  # 悟空武器攻击力
wk_armor_defend=500  # 悟空护甲防御力
bj_weapon_attack=500  # 八戒武器攻击力
bj_armor_defend=600  # 八戒护甲防御力
ss_weapon_attack=600  # 沙僧武器攻击力
ss_armor_defend=400  # 沙僧护甲防御力
ts_attack_total=ts_attack+ts_weapon_attack  # 唐僧总攻击力
ts_defend_total=ts_defend+ts_armor_defend  # 唐僧总防御力
wk_attack_total=wk_attack+wk_weapon_attack  # 悟空总攻击力
wk_defend_total=wk_defend+wk_armor_defend  # 悟空总防御力
bj_attack_total=bj_attack+bj_weapon_attack  # 八戒总攻击力
bj_defend_total=bj_defend+bj_armor_defend  # 八戒总防御力
ss_attack_total=ss_attack+ss_weapon_attack  # 沙僧总攻击力
ss_defend_total=ss_defend+ss_armor_defend  # 沙僧总防御力
```

```
# 比较悟空和八戒的总攻击力
print("悟空的总攻击力比八戒的总攻击力高:%s"%(wk_attack_total>bj_attack_total))
# 比较悟空和八戒的总防御力
print("悟空的总防御力比八戒的总防御力高:%s"%(wk_defend_total>bj_defend_total))
```

本章总结

1. 变量是用来存放数据的，为变量命名要遵守标识符的命名规则，不能使用 Python 的关键字。
2. Python 中最常用的四种基本数据类型为：整型、浮点型、布尔型、字符串类型。
3. type()函数可以返回某个对象或者变量的数据类型。
4. Python 中的运算符有：算术运算符、比较运算符、逻辑运算符等。
5. “=”是赋值运算符，而“==”是比较运算符。
6. 求字符串长度使用 len()函数，字符串替换使用 replace()函数，拆分字符串使用 split()函数。

本章作业

一、选择题

1. 关于 Python 语言的浮点数类型，以下选项中描述错误的是(　　)。

A. Python 语言要求所有浮点数必须带有小数部分

B. 浮点数类型与数学中实数的概念一致

C. 小数部分不可以为 0

D. 浮点数类型表示带有小数的类型

2. 以下选项中，不是 Python 语言关键字的是(　　)。

A. do　　B. pass　　C. except　　D. while

3. 关于 Python 赋值语句，以下选项中不合法的是(　　)。

A. x=1;y=1　　B. x=y=1　　C. x=(y=1)　　D. x,y=y,x

4. 以下选项中描述正确的是(　　)。

A. 条件 24<=28<25 是不合法的

B. 条件 24<=28<25 是合法的，且输出为 True

C. 条件 35<=45<75 是合法的，且输出为 False

D. 条件 24<=28<25 是合法的，且输出为 False

二、编程题

1. 给定字符串“Python language”：

(a)写出表达式，显示第一个字符；

(b)写出表达式，显示最后一个字符；

(c)写出 len()函数的表达式，显示最后一个字符。

2. 字符串 S 的长度为偶数：

(a)写出显示前半段字符串的表达式；

(b)写出显示后半段字符串的表达式。

3. 写出“2>3 or 18! =16”这个表达式的输出结果，并简述计算过程。

4. 能将多个字符串方法在一个表达式中联合使用吗？例如，s="AB"，s. upper(). lower()是什么意思。

5. 编写程序，提示输入两个字符串，然后进行比较，输出较小的字符串。要求只能使用单字符比较操作。

第3章 流程控制语句

本章简介

程序默认是按代码的先后顺序来执行的，不能进行选择性的执行和重复执行代码。本章我们将介绍流程控制语句，编写结构复杂的程序，通过不同语句的组合可以实现各种不同的程序逻辑。流程控制语句有选择结构、循环结构、跳转语句等。选择结构使用 if、if-else 语句实现。循环结构使用 while、for 语句实现。跳转语句使用 break、continue 关键字。

本章目标

(1) 理解程序的流程控制结构。

(2) 掌握选择结构的语句。

(3) 掌握循环结构的语句。

(4) 掌握跳转语句的使用。

实践任务

(1) 任务1——用户登录。

(2) 任务2——用户循环登录。

3.1 流程控制结构

3.1.1 流程图

编写程序解决问题时，必须事先对各类具体问题进行仔细分析，确定解决问题的具体方法和步骤，并依据该方法和步骤，实现程序的编写。为了在编程前描述解决问题的方法和步骤，通常使用流程图来实现，流程图是逐步解决指定问题的步骤和方法的一种图形化表示方法。流程图能直观、清晰地帮助我们分析问题或设计解决方案，是程序开发人员的好帮手。

流程图使用一组预定义的符号来说明如何执行特定的任务。流程图中的图形符号见表 3.1。

表 3.1 流程图中的图形符号

图　形	说　明	图　形	说　明
	程序开始或结束		判断和分支
	计算步骤/处理符号		连接符
	输入/输出指令		流程线

描述网站登录的流程图如图 3.1 所示。

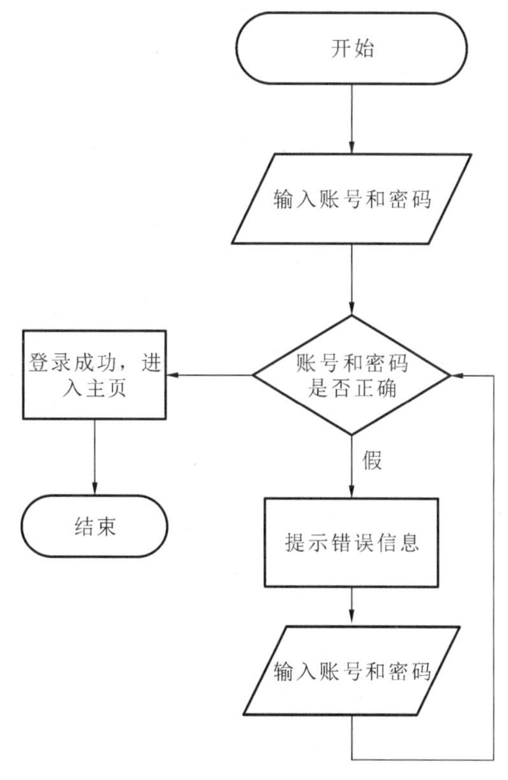

图 3.1 简易登录流程图

3.1.2 程序结构

使用Python语言编写程序时会设计程序的执行流程，程序会默认按照设计的流程执行，但是程序也可以有选择性地执行或重复执行某些语句，这就需要在编写程序时使用不同的程序结构语句。Python程序的控制结构有三种，分别是顺序结构、选择结构和循环结构。

1. 顺序结构

顺序结构是一组按照书写顺序执行的语句结构，这种语句结构的控制流程是顺序地从一个处理过程转向下一个处理过程。例如：

```
a=10  //语句1
b=20  //语句2
sum=a+b  //语句3
print(sum);  //语句4
```

在上述代码片段中，语句1执行后立即转向语句2的执行，按照这样的顺序，从语句1到语句4顺序执行。在执行过程中，不跳过某些语句执行，不重复执行某条语句。从整体结构看，顺序结构的语句执行过程是一个顺序的处理关系。

2. 选择结构

选择结构又称为分支结构。当程序执行到控制分支的语句时，首先判断条件，然后根据条件表达式的值选择相应的语句执行。选择(分支)结构包括单分支、双分支和多分支三种形式，在Python中使用if相关的语句实现选择结构。

3. 循环结构

在程序设计中，对重复执行的语句采用循环结构处理。当程序执行到循环控制语句时，根据循环判定条件对一组语句重复执行多次。在Python中用while语句、for语句来实现循环结构。

从程序执行过程的角度来说，顺序、选择及循环三种结构可以通过组合或嵌套来实现复杂多样的程序。

3.1.3 Python语句块规范

在Python中，使用缩进来区分代码块。缩进就是每行代码行首的空白，通过缩进的数量Python解释器就能够区分出不同代码块的层次。同一层次的语句必须有相同的缩进，每一组这样的语句称为一个块。通过流程控制语句与缩进，就能够实现在不同条件下执行对应的代码以完成业务逻辑的目的。

缩进可以用2个空格、4个空格或1个Tab来实现，但是不能够混用。在开发中一般不直接使用空格来控制代码的缩进，而是统一使用Tab键来实现代码的缩进。在使用他人的代码时更要格外注意由缩进引发的问题。

3.2 选择结构

3.2.1 选择结构

选择结构是根据条件判断之后再进行处理的一种流程控制结构，程序要执行的语句可能执

◀选择结构

行，也可能不执行，这取决于选择结构中的条件是否满足，满足则执行此操作，不满足则不执行。在 Python 中实现选择结构的语句有简单的 if 语句、if-else 语句、多分支 if-else 语句等。

3.2.2 单分支 if 语句

if 条件语句是根据条件判断之后再进行处理的一种语法结构，我们首先学习简单的 if 条件结构，也称为单分支 if 结构，其语法如下。

```
if 表达式:
  语句块
```

说明：

① if 是 Python 中的关键字；② 表达式为布尔类型的，其结果为 True 或 False；③ 表达式与 if 关键字之间要以空格分隔开；④ 表达式后面要使用冒号（:）来表示满足此条件后要执行的语句块；⑤ 语句块与 if 语句之间使用缩进来区分层级关系。

单分支 if 条件语句对应的流程图如图 3.2 所示。

从流程图中可以看出，if 语句的执行流程为先执行条件表达式，计算出表达式的值，如果结果为 True，执行 if 结构内的语句，否则，不执行 if 内的语句，继续执行其后续的语句。

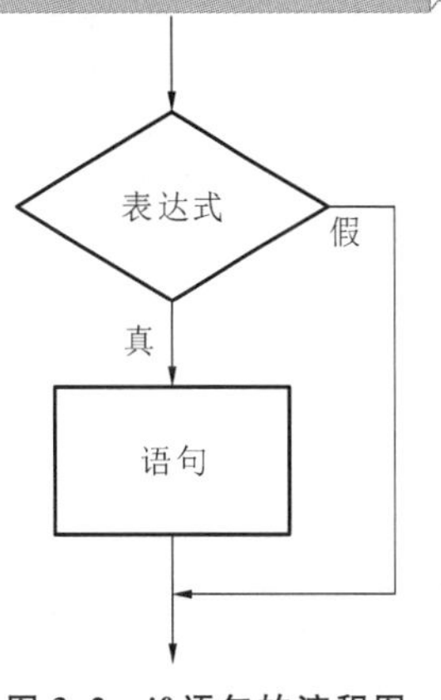

图 3.2 if 语句的流程图

示例 3.1 使用 if 选择结构实现：输入学生成绩，判断学生成绩是否及格，及格分数线为 60 分，及格后输出“考试通过”的结果。具体代码如下。

```
print("请输入计算机基础的考试成绩:")
score=int(input())
if score>=60:
    print("考试通过")
```

输出结果如下。

```
请输入计算机基础的考试成绩:
67
考试通过
```

如果成绩分为笔试成绩和机试成绩，两个成绩都合格后方可获得软件工程师的证书，对于这样复杂的条件，使用简单 if 条件结构也能实现，实现代码见示例 3.2。

示例 3.2

```
sjScore=int(input("请输入上机考试成绩:"))
bsScore=int(input("请输入笔试考试成绩:"))
if sjScore>=60 and bsScore>=60:
    print("考试通过")
    print("获得软件工程师的证书")
```

示例 3.2 的输出结果如下。

```
请输入上机考试成绩:67
请输入笔试考试成绩:98
考试通过
```

在示例 3.2 中,修改代码中的缩进,代码如示例 3.3 所示,重新输入上机考试的成绩,将产生不同的结果。

示例 3.3

```
sjScore=int(input("请输入上机考试成绩:"))
bsScore=int(input("请输入笔试考试成绩:"))
if sjScore>=60 and bsScore>=60:
    print("考试通过")
print("获得软件工程师的证书")
```

输入上机成绩为 56 后,示例 3.3 输出结果如下。

```
请输入上机考试成绩:56
请输入笔试考试成绩:98
获得软件工程师的证书
```

在示例 3.3 的输出结果中可以看出输入的上机成绩为 60 分以下也获得了软件工程师的证书,这是不符合逻辑需求的,原因是最后一行代码缩进改变了其自身所在代码块的层级,不再属于 if 条件语句成立后执行的代码块,而是 if 语句执行后的执行代码,所以当输入上机成绩为 60 分以下后仍然输出"获得软件工程师的证书"。

3.2.3 双分支 if-else 语句

单分支 if 结构仅针对条件表达式为 True 时给出相应的处理代码,但对于条件表达式为"false"时没有进行任何处理,若需要对条件表达式为 True 或 False 时都给出相应的处理,这样就需要使用双分支条件结构。

双分支结构也称为 if-else 结构,用于根据条件判断的结果执行不同的操作。其具体语法格式如下。

```
if 表达式:
  语句块 1
else:
  语句块 2
```

说明:

if-else 语句由 if 和 else 两部分组成,else 不能单独使用,它必须和 if 一起结合使用,与同级最近的 if 配对。在 if-else 执行过程中,先对表达式的结果进行判断,如果表达式的结果为 True,则执行语句 1;如果表达式的结果为 False,则执行语句 2。

双分支 if-else 条件结构的流程图,如图 3.3 所示。

在 if-else 条件结构中,当条件表达式为真(True)时,执行语句块 1 的代码;当条件表达式为假(False)时,执行语句块 2 的代码。若 if-else 结构后还存在其他语句,则程序继续执行。

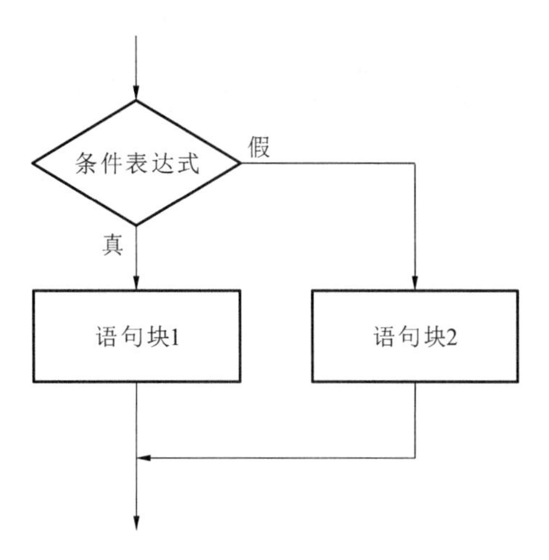

图 3.3　if-else 条件结构的流程图

示例 3.4 在程序中进行数据处理时，经常需要获取两个数字之间的最大值。在求最大值时，存在两种可能，若第一个数字大于第二个数字，则最大值为第一个数字，否则，最大值为第二个数字。使用 if-else 条件结构实现求两个数之间的最大值。

具体代码如下。

```
num1=int(input('请输入第一个数字：'))
num2=int(input('请输入第二个数字：'))
max=num1
if num1>num2:
    max=num1
else:
    max=num2
print("max 为",max)
```

示例 3.4 的输出结果为：

```
请输入第一个数字：78
请输入第二个数字：98
max 为 98
```

3.2.4　多分支 if 语句

通过单分支 if 语句和双分支 if-else 语句能够解决程序有两条选择执行流程的问题，如果要解决的问题有多种情况，针对每种条件需要分别处理，执行不同的语句时，就需要采用多分支语句。多重 if 语句是多分支语句，其使用的语法如下。

```
if 表达式 1:
    语句块 1
elif 表达式 2:
    语句块 2
else:
    语句块 3
```

> **说明：**
> 在多重 if 语句的语法中，表达式的值也必须是布尔类型，elif 块可以有多个或没有，elif 块的数量完全取决于需要，else 块最多只能有一个，并且只能放在后面。

多重 if 结构执行的流程图如图 3.4 所示。

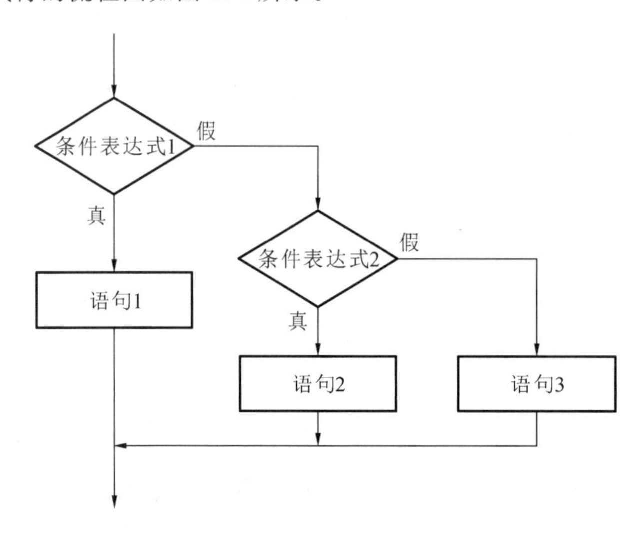

图 3.4　多重 if 语句流程图

多分支语句的执行步骤具体如下。

(1) 对表达式 1 的结果进行判断。

(2) 如果表达式 1 的结果为 True，则执行语句 1；否则，判断表达式 2 的值。

(3) 如果表达式 2 的结果为 True，则执行语句 2；否则，执行语句 3。

不论多分支语句中有多少个条件表达式，只会执行符合条件表达式后面的语句，如果没有合条件的表达式，则执行 else 子句中的语句。

示例 3.5　使用多分支 if 语句完成对学生的考试成绩进行评测分级，评测分级的标准如下：成绩≥90 为优秀；成绩≥80 为良好；成绩≥60 为刚刚及格；成绩<60 为不及格。

示例 3.5 的参考代码如下。

```
score=int(input('请输入考试成绩:'))
if score>=90:
    print('优秀')
elif score>=80:
    print('良好')
elif score>=60:
    print('刚刚及格')
else:
    print('不及格')
```

示例 3.5 的运行结果如下。

```
请输入考试成绩:86
良好
```

在示例 3.5 中使用多分支 if 语句时要注意条件表达式的顺序，条件表达式的执行是有顺序的，如果上一个表达式为 False 才会执行下一个表达式。例如，将“score>=60”语句放在第一个，输入 86 后，条件表达式为真，则输出“刚刚及格”，后续的 if 条件表达式不会执行。

3.2.5 嵌套 if 控制语句

在 if 控制语句中又包含一个或多个 if 控制语句称为嵌套 if 控制语句。嵌套 if 控制语句可以通过外层语句和内层语句的协作，完成复杂的业务，增强了程序的灵活性。

具体语法格式如下。

```
if 表达式 1:
    if 表达式 2:
        语句块 1
    else:
        语句块 2
else:
    if 表达式 3:
        语句块 3
    else:
        语句块 4
```

说明：

嵌套 if 控制语句的执行步骤如下。

(1) 对表达式 1 进行判断。

(2) 如果表达式 1 的结果为 True，对表达式 2 进行判断。如果表达式 2 的结果为 True 则执行语句 1；否则，执行语句 2。

(3) 如果表达式 1 的结果为 False，对表达式 3 进行判断。如果表达式 3 的结果为 True 则执行语句 3；否则，执行语句 4。

示例 3.6 学生大一学习高等数学，如果高等数学的考试成绩低于 60 分则补考，否则通过考试，学生大二学习数据结构，如果数据结构的考试成绩低于 60 分则补考，否则通过考试。

示例 3.6 的参考代码如下。

```
grade=2   #学生大二
score=86  #考试成绩
if grade==1:
    if score<60:
        print('补考高等数学')
    else:
        print('通过高等数学考试')
elif grade==2:
    if score<60:
        print('补考数据结构')
    else:
        print('通过数据结构考试')
```

输出结果如下。

```
通过数据结构
```

注意：

Python使用缩进来区分代码，在嵌套if控制语句中如果发生缩进错误，就有可能发生业务逻辑上的错误。而这种错误很难从代码上直接观察出来，因此我们在写代码时必须非常严格规范地使用缩进。如果在if或else语句块中不写代码，即先搭建程序的结构，这时我们可以使用pass占位语句作为空代码块，pass语句没有任何的执行效果，仅起到占位符的作用。

3.3 循环结构

3.3.1 理解循环

在Python中，循环是指重复的操作或需要重复执行的代码。例如，复印100份试卷、重复录入36个学生的信息、抄写某个单词50遍等，这些都是重复的操作，都可以称之为循环。

任何循环都需要有循环开始或结束的条件，如果循环无休止地进行，则称之为死循环。

一个完整的循环结构必须满足以下特征。

(1) 循环有开始或结束的条件。

(2) 需要重复执行的操作或代码，称为循环操作或循环体。

我们以生活中的循环结构为例，分析循环的特征，见表3.2。

表3.2 生活中的循环案例与特征分析

循　环	循环条件	循　环　体
复印100份试卷	从第1张到第100张	复印试卷，已复印试卷数量加1
录入36名学生信息	从1到36	录入学生信息，录入数量加1
抄写单词50遍	从第1遍到第50遍	抄写单词，已抄写单词数量加1

在编程时，通常会遇到要进行重复执行的问题。例如，想表明自己学习Python的决心，要说10遍“我一定要学好Python!”，如使用程序来完成，见示例3.7。

```
print('我一定要学好 Python!')
print('我一定要学好 Python!')
print('我一定要学好 Python!')
print('我一定要学好 Python!')
print('我一定要学好 Python!')
print('我一定要学好 Python!')
print('我一定要学好 Python!')
print('我一定要学好 Python!')
print('我一定要学好 Python!')
print('我一定要学好 Python!')
```

◀循环结构

如果要输出100遍,1000遍呢?对于这种情况,Python提供循环结构来简化重复的操作,使用循环结构修改示例3.7,参考代码如下。

```
count=1
while count<=10:
    print('我一定要学好 Python!')
    count=count+1
```

运行效果与示例3.7的运行效果一致。

对比示例3.7和修改后的程序代码的结构,我们可以看出修改后的代码使用循环结构能够很简洁的解决重复执行的问题。如果要将程序修改为输出1000次“我一定要学好Python!”,也很简单,只需要改变一下循环条件即可完成。

Python中提供了三种循环结构来简化重复操作的问题,循环结构由循环条件和循环操作组成,它们可以细化为四要素:循环条件初始化部分、循环执行条件部分、循环体中需要重复执行的部分和循环条件改变部分这四个要素,如示例3.7修改后的代码中初始化部分为“count=”,循环条件为“count<=10”,循环操作为“输出信息”,循环条件改变通过“计数加1”完成。

下面我们先学习Python中的while循环和for循环。

3.3.2 while 循环

while循环语句是一种先判断然后再执行循环体的结构,其语法格式如下。

```
变量初始化
while 循环条件:
    循环体
```

说明:

关键字while后的内容是循环条件,循环条件是一个布尔表达式,其值为布尔类型“真”或“假”,冒号后的语句统称为循环体,又称循环操作。循环操作就是当循环条件满足时要执行的语句。while循环执行的流程图如图3.5所示。

由流程图3.5可知,当while循环条件为真时执行循环体,然后再判断循环条件,如果条件为真,则继续执行循环体,直到循环条件为假时退出循环。

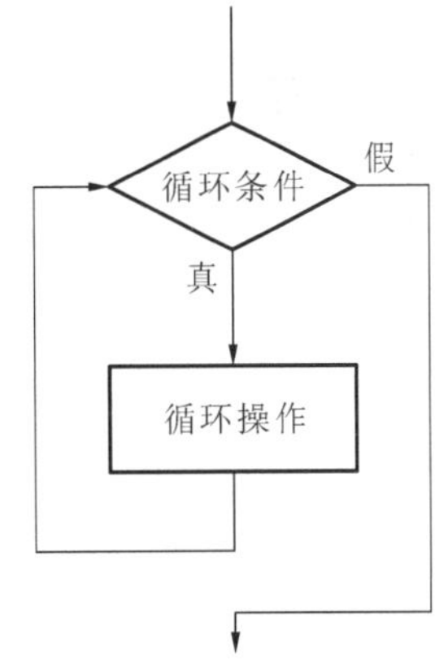

图3.5 while循环流程图

示例3.8 使用while循环实现复印36张试卷。

具体代码如下。

```
count=1
while count<=36:
    print('复印第%d张试卷'%(count))
    count=count+1
```

示例3.8的运行结果如图3.6所示。

使用循环时一定要分析出循环的几个重要部分,分别是循环的初始条件、循环的结束条件、循环操作和循环条件改变等。

```
Run: py3_8
复印第33张试卷
复印第34张试卷
复印第35张试卷
复印第36张试卷

Process finished with exit code 0
```

图 3.6　复印 36 张试卷的结果

> **经验：**
> 使用 while 循环解决问题的步骤为：① 分析循环条件和循环操作；② 套用 while 语法写出代码；③ 检查循环能否退出。

在某些循环操作中，表达式和循环条件存在一定的关系，如示例 3.9 中的问题。

示例 3.9　计算 1～100 之间的整数和。其分析步骤如下。

(1) 循环初始条件为：count＝1，sum＝0。

(2) 执行循环操作的条件为：count≤100。

(3) 循环操作为：sum＝sum＋count。

(4) 改变循环条件中的变量：count＝count＋1。

其中，循环操作中的表达式会累加 count，每次加入 count 变量都会与条件一同变化，从 1 到 100，当超过 100 时循环结束。

具体代码如下。

```
count=1  # 循环初始部分
sum=0
while count<=100:  # 循环条件
    sum+=count    # 累加求和
    count+=1      # 改变条件也是改变被加数
print('sum 的值为',sum)
```

程序运行结果如下。

```
sum 的值为 5050
```

3.3.3　循环的常见错误

(1) 循环一次也不执行，示例代码如下。

```
i=1
while i>5:
    print("Hello Python!")
    i+=1
```

运行发现，循环一次都不会执行，原因是循环条件“i>5”永远为 false，应该修改循环条件为“i<=5”。while 循环在循环条件为 True 时才执行循环体，循环条件为 False 时不执行循环体。

(2) 循环执行次数错误，需要输出 5 行“Hello Python!”，示例代码如下。

```
i=1
while i<5:
        print("Hello Python!")
        i+=1
```

程序运行时，输出了4行“Hello Python!”，原因是当i=5时，i<5的结果为False，循环条件不满足，循环体没有执行。可以将循环条件更改为“i<=5”或者将i的初始值更改为0。

（3）死循环，示例代码如下。

```
i=1
while i<=5
      print("Hello Python!")
```

在此循环中，循环条件一直没有改变，i的值永远是1，而1<=5永远是True，所以循环体会一直执行，循环不会结束。循环体中可以添加代码“i++”，来实现循环条件的改变。

> **经验：**
> 在检查循环代码的问题时，最好使用调试工具，通过设置断点、单步执行，观察循环运行的流程与循环条件中变量值的变化，然后分析导致问题的原因，修正代码。

3.3.4 for 循环

for循环用来遍历数据集合或者迭代器中的元素，如一个列表或一个字符串。其语法格式如下。

```
for 循环变量 in 序列表达式:
    循环体
```

> **说明：**
> for循环以关键字for开头，循环变量和序列表达式直接使用关键字in连接，当执行for循环时，序列表达式中的元素会依次赋值给循环变量。在循环体中操作循环变量实现遍历序列表达式的目的。

for循环的执行步骤如下。

（1）尝试从序列表达式中获取第一个元素。

（2）如果能获取到元素，将获取到的元素赋值给循环变量，之后执行循环体代码。

（3）然后从序列表达式中获取下一个元素。

（4）如果能获取到元素，将获取到的元素赋值给循环变量，之后执行循环体代码。如果无法从序列表达式中获取新的元素，则终止循环，执行for循环后面的语句。

> **注意：**
> Python中的for循环只能用来遍历序列表达式中的元素，而不能设置额外的循环条件，因此需要设置循环条件的情况要使用while循环。

示例3.10 使用for循环实现对字符串“python”的变量，输出字符串中的每一个字符。

其实现步骤如下。

(1) 定义变量 str,赋值为“python”。

(2) 定义 for 循环,设置循环变量 c,遍历 str 字符串。

(3) 在循环体中打印 c 的值。

具体代码如下。

```
str='python'
for c in str:
    print(c)
```

程序输出的结果如图 3.7 所示。

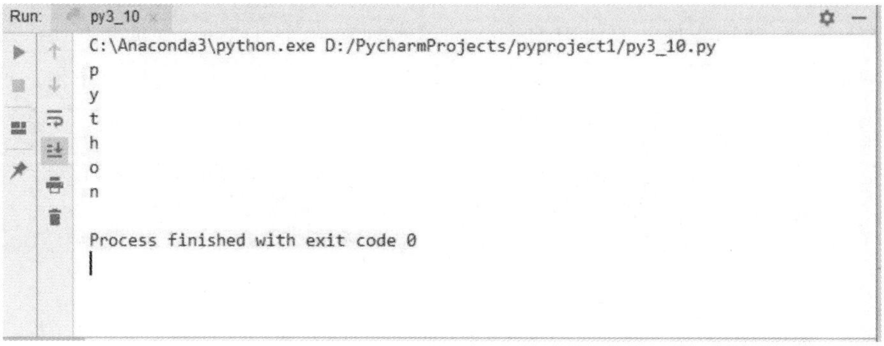

```
Run: py3_10
C:\Anaconda3\python.exe D:/PycharmProjects/pyproject1/py3_10.py
p
y
t
h
o
n

Process finished with exit code 0
```

图 3.7 字符串中字符的遍历

3.3.5 for 循环与 range 函数

使用 for 循环遍历一个自增的序列时需要结合 range()函数来实现,range()函数能够快速构造一个等差序列。range(start,stop)函数会生成一个左闭右开的数值区间[star,stop),序列中相邻两个整数的差为 1。

使用 range()函数生成一个 0~4 的整数序列的方法是 range(0,5),当起始数值从 0 开始时,也可以使用 range(5) 来生成。使用 for 循环可以遍历 range()方法生成的整数序列。

for 循环根据 range() 产生的序列来进行循环操作,分为以下几种情况。

1. 含有 start、end、step 值

具体语法格式如下。

```
for  循环变量  in range(start,stop,step):
    body
```

循环体 body 的语句向右边缩进,不写 start 时 start=0,不写 step 时 step=1。

注意:

(1) 如果 step>0,那么变量会从 start 开始增加,沿正方向变化,一直等于或者超过 stop 后循环停止。如果一开始就有 start≥stop,则已经到停止条件,循环一次也不执行。

(2) 如果 step<0,那么变量会从 start 开始减少,沿负方向变化,一直负方向等于或者超过 stop 后循环停止。如果一开始就有 start≤stop,则已经到停止条件,循环一次也不执行。

2. 只有 stop 值

具体语法格式如下。

```
for  循环变量  in range(stop):
    body
```

循环变量的值从 0 开始，按 step＝1 的步长增加，一直逼近 stop，但不等于 stop，只到 stop 的前一个值，就是 stop－1。例如下面的代码：

```
for i in range(4) :
    print(i)
```

> **注意：**
> i 不会到达 4。

其结果输出如下。

```
0
1
2
3
```

3. 只有 start，stop 值

具体语法格式如下。

```
for  循环变量  in range(start,stop):
    body
```

(1) 如果 stop<start，则不执行代码。例如，下面代码不执行，因为 i＝5 已经在正方向超过 3。

```
for i in range(5,3):
    print(i)
```

(2) 如果 stop≥start，循环变量的值从 start 开始，按 step＝1 的步长增加，一直逼近 stop，但不等于 stop，只到 stop 的前一个值，就是 stop－1。例如，下面的代码。

```
for i in range(2,5):
    print(i)
```

其结果输出如下。

```
2
3
4
```

示例 3.11 计算 s＝a＋aa＋aaa＋…＋aa…a 的和，其中 a 为[1,9]之内一个整数，最后一项有 n 个 a，a 与 n 由键盘输入。

> **分析：**
> 设计一个项目变量 m，开始 m＝0，之后 m＝10 * m＋a 就是 a，再次 m＝10 * m＋a 就是 aa，如此就可以产生每个项目，累加到 s 中就可以了。

其参考代码如下。

```
# 输入 a
a=0
while a<=0 or a>=10:
    a=input("输入 1~9 中的数字:")
    a=int(a)
# 输入 n
n=0
while n<=0:
    n=input("输入 n:")
    n=int(n)
m=0
s=0
for i in range(n):
    m=10*m+a
    s=s+m
    if i<n-1:
        print(m,end="+")
    else:
        print(m,end="=")
print(s)
```

示例 3.11 中程序输出的结果如图 3.8 所示。

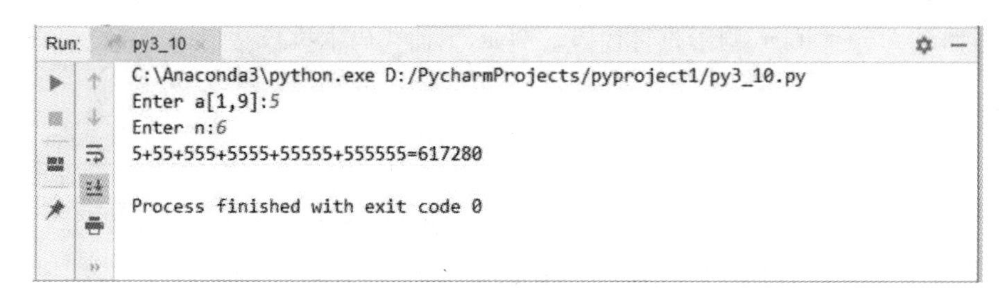

图 3.8 示例 3.11 的计算结果

3.3.6 循环结构的嵌套

循环中的循环语句可以是一个复合语句,如果复合语句中又包含一个循环语句,则称为循环的嵌套。例如:

```
while 循环条件 1
      循环语句 1
      for(循环变量 in 序列表达式):
          循环语句 2
```

示例 3.12 打印九九乘法表。

九九乘法表是两个数的乘积表:一个数是 i,它从 1 变化到 9;另一个数是 j,它从 1 变化到 9。这样输出 i*j 的值即为九九表乘法表的值,因此程序结构应该是两个循环,在一个确定的i循环下，进行j循环，但为了不出现重复的i*j的值，可以设计j的值只从1变化到i。

具体代码如下。

```
for i in range(1,10) :
    for j in range(1,i+1) :
        print(i,"*",j,"=",i*j," ",end="")
    print()
```

示例3.12运行的结果如图3.9所示。

```
Run: py3_12
C:\Anaconda3\python.exe D:/PycharmProjects/pyproject1/py3_12.py
1 * 1 = 1
2 * 1 = 2  2 * 2 = 4
3 * 1 = 3  3 * 2 = 6  3 * 3 = 9
4 * 1 = 4  4 * 2 = 8  4 * 3 = 12  4 * 4 = 16
5 * 1 = 5  5 * 2 = 10  5 * 3 = 15  5 * 4 = 20  5 * 5 = 25
6 * 1 = 6  6 * 2 = 12  6 * 3 = 18  6 * 4 = 24  6 * 5 = 30  6 * 6 = 36
7 * 1 = 7  7 * 2 = 14  7 * 3 = 21  7 * 4 = 28  7 * 5 = 35  7 * 6 = 42  7 * 7 = 49
8 * 1 = 8  8 * 2 = 16  8 * 3 = 24  8 * 4 = 32  8 * 5 = 40  8 * 6 = 48  8 * 7 = 56  8 * 8 = 64
9 * 1 = 9  9 * 2 = 18  9 * 3 = 27  9 * 4 = 36  9 * 5 = 45  9 * 6 = 54  9 * 7 = 63  9 * 8 = 72  9 * 9 = 81

Process finished with exit code 0
```

图3.9　九九乘法表

3.4　跳转语句

在实际开发中，经常会遇到需要改变循环流程的需求。也就是说，循环语句并不一定按循环条件完成所有内容的遍历。为了达到这种效果就需要使用跳转语句，在Python中支持两种跳转语句：break语句和continue语句。使用跳转语句，可以把控制转移到循环甚至程序的其他部分。

3.4.1　break语句

break语句在循环中的作用是终止当前循环。

示例3.13　判断某一数字是否为质数。

只能被1和其本身整除的数字，称为质数，判断一个数字n是否为质数，则需要判断该数字能否被2，3，4，…，n－1之间的数字整除，若这样的数字不存在，则数字n为质数，否则，数字n不为质数。其循环次数明确，可以使用for循环实现，在进行整除判断的过程中，若存在可以整除n的数字，则可以终止循环，此时，可证明该数字n不是质数。

具体代码如下。

```
num=int(input('请输入一个数字:'))
flag=True  # 默认为质数
for i in range(2,num):
    if num%i==0:
        flag=False
        break
if flag:
    print("%d为质数"%(num))
```

```
else:
    print("%d 为非质数" %(num))
```

输入数字 9 时，循环会提前跳出，输出结果为：

```
请输入一个数字:9
9 为非质数
```

输入数字 13 时，循环会一直遍历完，输出结果为：

```
请输入一个数字:13
13 为质数
```

3.4.2 continue 语句

在循环结构中，当执行至 continue 语句时，程序将跳过循环体中位于 continue 语句之后语句的执行，而提前结束本次循环，进行下一次循环。

输出 1～10 之间的所有正整数，3 的倍数除外。

具体代码如下。

```
for i in range(1,11) :
    if i%3==0:
        continue   #跳过其后的语句，直接进入下一次循环
    print(i)
```

程序运行后的结果如图 3.10 所示。

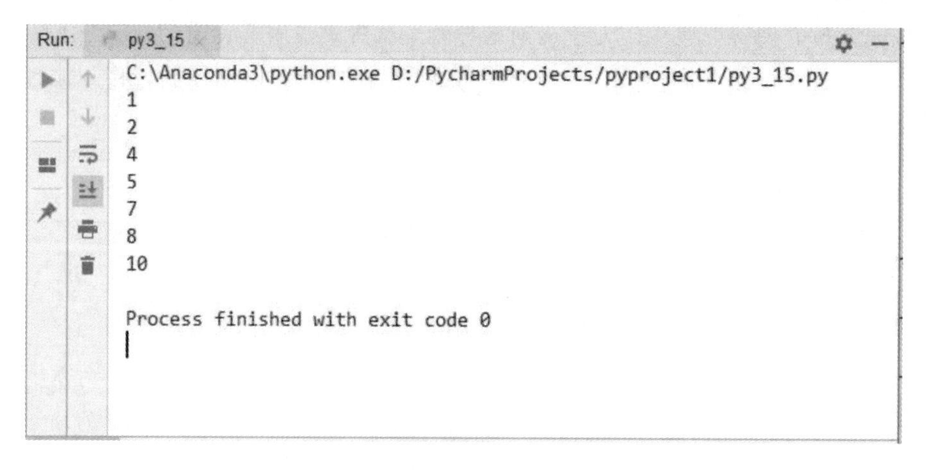

图 3.10 continue 的运行结果

3.5 项目实践

3.5.1 任务 1——用户登录

任务需求

实现用户输入用户名和密码进行登录的功能，当用户名为 admin 且密码为 123 时，显示登录成功，否则登录失败。

参考代码

```
user="admin"
passwd=123
username=input("please enter the user:")
password=int(input("please enter the passwd:"))
if username==user and password==passwd:
    print("login successfull")
else:
    print("login failed")
```

3.5.2 任务2——循环登录

需求分析

实现用户输入用户名和密码进行登录的功能，当用户名为 admin 或 root 且密码为 123 时，显示登录成功，否则登录失败，失败时允许重复输入三次。

参考代码

```
user=["admin","root"]
passwd=123
for i in range(3) :
    username=input("please enter the user:")
    password=input("please enter the passwd:")
if password.isdigit():
    password=int(password)
    if(username in user)  and passwd==password:
      print("login successfull")
      break
    else:
      print("login failed")
else:
    print("login failed")
```

本章总结

1. Python 程序的控制结构有三种，分别是顺序结构、选择结构和循环结构。

2. 在 Python 中实现选择结构的语句有简单的 if 语句，if-else 语句，多分支 if-else 语句等。

3. Python 中的循环结构有：while 循环和 for 循环等。

4. Python 中支持两种跳转语句：break 语句和 continue 语句，使用跳转语句，可以把控制转移到循环甚至程序的其他部分。

本章作业

一、简答题

1. 简述 for 循环执行的过程。

2. 简述 break 语句和 continue 语句的区别。

二、编程题

1. 使用 while 循环实现输出 1+2+3+4+5+6+…+100 的和。

2. 使用 for 循环和 range 实现输出 1−2+3−4+5−6+…−98+99 的和。

3. 编写代码，实现一个判断用户输入的年份是否是闰年的程序。

4. 编写代码，实现求 100～200 中所有的素数。

5. 嵌套循环输出 10～50 中个位带有 1～5 的所有数字。

第4章 模块化程序设计

本章简介

编程中经常会在不同的地方使用相同的代码块，为了提高程序的开发效率，让程序具有可重用性，需要通过技术手段将这些代码作为一个整体封装起来，允许其在不同的地方重用。本章我们将学习函数来实现代码的封装与重用，包括函数的定义和调用等。我们还可以将功能相近的函数放在一起组成模块，使用模块组织程序，能够方便编程人员找到相应的函数，使得代码结构更加清晰，并且可读性更强。

本章目标

(1) 理解函数的概念。

(2) 掌握函数的定义和调用。

(3) 理解模块。

(4) 掌握模块的使用。

(5) 了解常用的模块。

实践任务

简易的学生信息管理系统。

4.1 函数

4.1.1 函数的概念

为了实现代码的重复使用,Python 支持将代码逻辑组织成函数。函数是一种组织好的、允许重复使用的代码段。通常函数都用来实现单一或相关联的功能。灵活地使用函数能够提高应用程序的模块化程度和代码的重复利用率。在使用函数时,通过参数列表将参数传入到函数中,在执行函数中的代码后,执行结果将通过返回值返回给调用函数的代码。

1. 函数定义

函数使用前必须定义,其定义函数的语法格式如下。

```
def 函数名(参数列表):
    函数体
    return 函数返回值
```

在 Python 中定义函数使用关键字 def,其后紧接函数名。函数名一般使用小写英文单词定义,单词与单词之间使用“”连接,函数名最好能够体现函数的功能,达到见名知义的效果。

基于上述语法格式,下面对函数定义的规则进行说明。

(1) 函数代码块以 def 开头,后面紧跟的是函数名和圆括号()。

(2) 函数名的命名规则与变量的命名规则相同,即只能是字母、数字和下画线的任意组合,但是不能以数字开头,并且不能与关键字重名。

(3) 函数的参数必须放在圆括号中。

(4) 函数的第 1 行语句可以选择性地使用文档字符串来存放函数说明。

(5) 函数内容以冒号起始,并且缩进。

(6) return 表达式或某个值表示结束函数,选择性地返回一个值给调用方。不带表达式的 return 相当于返回 None。

示例 4.1 定义一个能够完成两个数相加的函数。

```
def add(num1,num2) :
    sum=num1+num2
    return sum
```

2. 函数的调用

定义了函数之后,就相当于有了一段具有特定功能的代码,要想让这些代码能够执行,需要调用函数。调用函数的方式很简单,其语法格式如下。

```
变量=函数名(参数)
```

例如,调用示例 4.1 中定义的函数,代码如下。

```
sum=add(23,43)    #调用函数,获取返回值
print(sum)
print(add(12.4,23.5))    #调用函数直接输出结果
```

运行结果如图 4.1 所示。

◀函数

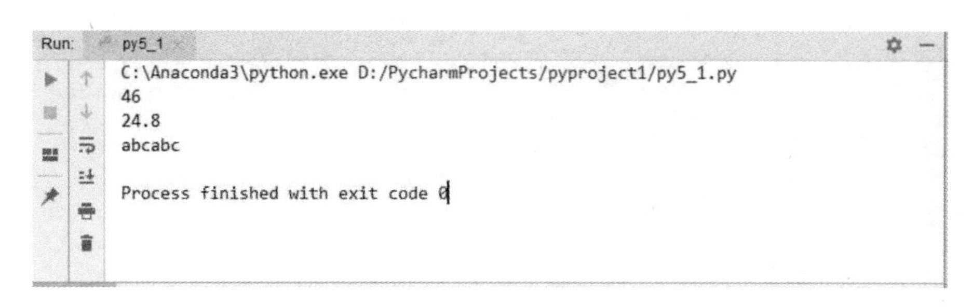

图 4.1　程序运行结果

4.1.2　无参函数

无参函数就是参数列表为空的函数。如果函数在调用时不需要向函数内部传递参数，就可以使用无参函数。

示例 4.2　定义无参无返回值的函数输出游戏菜单信息，调用函数输出菜单结果。

示例 4.2 的参考代码如下。

```
# 定义函数，输出游戏菜单
def print_menu():
    print('1.进入游戏')
    print('2.游戏设置')
    print('3.游戏介绍')
    print('4.退出游戏')
print_menu()  #调用函数
```

程序输出的结果如图 4.2 所示。

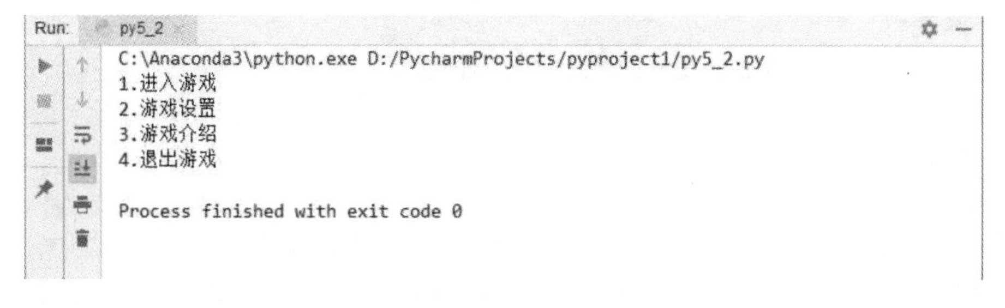

图 4.2　游戏菜单输出

> **注意：**
> 在 Python 中调用函数，代码是按自上而下的顺序执行的。在调用函数前函数必须是已定义的，也就是函数必须先定义然后再调用。

定义无参有返回值的函数，实现学生参加 Python 考试后，老师给出成绩，将成绩返回。

具体代码如下。

```
def giveScore():  #定义函数
    print('Python考试结束,请给学生成绩:')
    score=int(input())
    return score
score=giveScore()#调用函数
if(score>=60):
    print('考试成绩及格')
else:
    print('考试不及格!')
```

运行程序,输入56后,结果如图4.3所示。

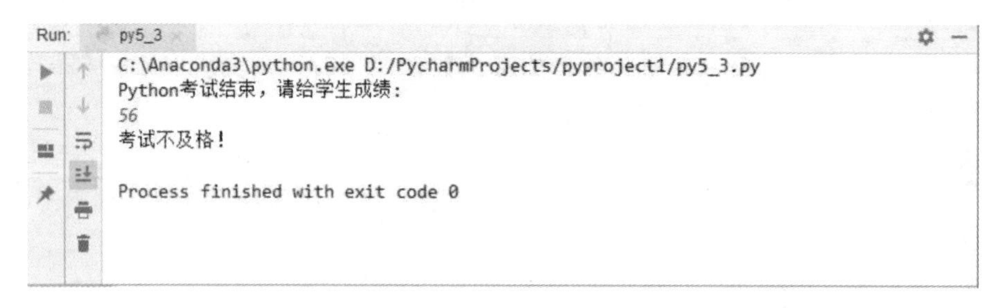

图4.3 示例4.3的运行结果

4.1.3 有参函数

如果不需要从外部传递数据到函数中,则可以使用无参函数。但是很多情况都需要在调用函数时向函数内传递数据,此时定义的函数就是有参函数。在Python中,函数的参数在定义时可分为:位置参数、默认参数、包裹位置参数和包裹关键字参数等。

其中,包裹位置参数和包裹关键字参数都属于可变参数。

1. 位置参数

位置参数是最基本的函数参数,其定义方法如下。

```
def 函数名(arg1,arg2,arg3) :
    函数体
    return 返回值
```

其中,arg1,arg2,arg3就是函数的位置参数,参数与变量一样应尽量取有意义的名字;在定义位置参数时,每个参数以","分隔。在调用函数时,在小括号中直接填写要传递给函数参数的值。调用函数的参数列表和定义函数的参数列表顺序是一一对应的。

华软公司2018年全年的销售额如表4.1所示。

表4.1 华软公司2018年的销售额

月份	销售额/万元
1	200
2	300
3	100
4	400

续表

月　份	销售额/万元
5	600
6	500
7	600
8	800
9	500
10	600
11	700
12	800

使用函数计算华软公司某月开始至某月结束的总销售额。

具体代码如下。

```
def calcSale(start,end):#定义函数
    data=[200,300,100,400,600,500,600,800,500,600,700,800]
    sum=0
    for month in range(start-1,end):
        sum+=data[month]
    return sum
sum=calcSale(4,8) #调用函数
print('4 月至 8 月的销售总额为',sum)
```

求 5～8 月的销售总额,输出结果如图 4.4 所示。

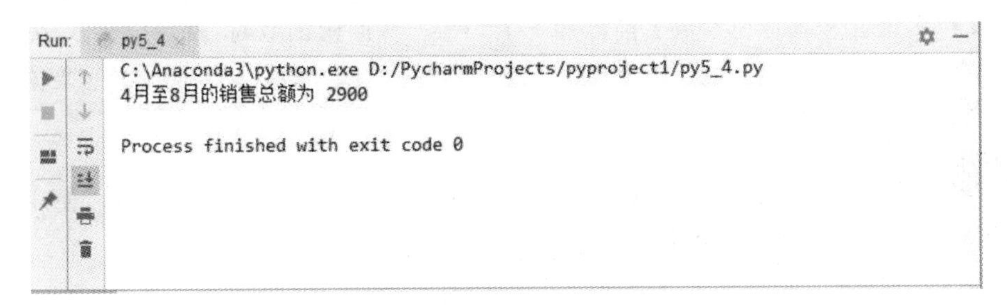

图 4.4　示例 4.4 的运行结果

调用函数时,也可通过关键字参数实现将数据传递给指定的参数。定义函数时,每个参数都有自己的参数名,在调用时通过“参数名＝数值”的方式给参数传值就可以不按照参数的定义顺序。如示例 4.4 中使用关键字参数调用函数的代码如下。

```
sum=calcSale(end=8,start=4)
```

2. 默认参数

Python 允许在定义函数时给参数设置默认值,这样的参数称为默认参数。给参数添加默认值的方法是在定义函数时使用“＝”给参数赋值,等号右侧即为参数的默认值。

设置了默认值的参数,在调用时可以不给这个参数显式赋值,此时参数值就是它的默认值。如果在调用时给这个参数赋值,则默认值不生效。

在示例 4.4 中,将结束月份默认设置为 12,代码如下。

```
def calcSale(start,end=12):
    data=[200,300,100,400,600,500,600,800,500,600,700,800]
    sum=0
    for month in range(start-1,end):
        sum+=data[month]
    return sum
sum=calcSale(4) #调用函数时,end的默认值为12
print('4月至12月的销售总额为',sum)
```

注意:

在给函数的参数设置默认值时,设置默认值的参数要定义在普通的位置参数后面,否则解释器会报错。

3. 不定长参数

前面示例中的函数参数都是确定个数的参数,但是在开发中,某些场景下无法确定参数的个数,这时就可以使用不定长参数来实现。不定长参数分为两种:包裹位置参数和包裹关键字参数。

1) 包裹位置参数

在函数中使用包裹位置参数,将允许函数接收不定长度的位置参数,这些参数将会被组织成一个元组传入函数中。其语法格式如下。

```
def 函数名(*args)
    函数体
    [return 返回值]
```

定义包裹位置参数是在参数名前添加一个“*”。在调用函数时,就可以传入多个数值,给包裹位置参数赋值与给普通位置参数赋值相同,参数值之间以“,”分隔,这些数值将统一被参数args以元组的方式接收。

示例4.5 如果要求华软公司3月、6月、9月的销售总额,我们可以使用包裹位置参数定义函数,函数的参数我们可以输入需要求和的月份。

```
def calcSale(*args):
    data=[200,300,100,400,600,500,600,800,500,600,700,800]
    sum=0
    for month in args:
      sum+=data[month]
    return sum
sum=calcSale(3,6,9)   #调用函数
print('3,6,9月的销售总额为',sum)
```

示例4.5的运行结果如下。

```
3,6,9月的销售总额为 1600
```

包裹位置参数会接收不定长的参数值传入,因此包裹位置参数要定义在位置参数的后面、默认参数的前面。在调用含有包裹位置参数的函数时,如果包裹位置参数后面使用了关键字参数,那么包裹位置参数就会停止接收参数值。

包裹位置参数的一个典型应用是 print()方法。print()方法能够接收多个字符串并打印，就是使用的包裹位置参数来接收这些字符串。

2）包裹关键字参数

包裹关键字参数与包裹位置参数一样都是可变参数，只是包裹关键字参数接收的参数都是以关键字参数的形式传入的，也就是每个参数的形式都是“参数名=参数值”。当参数传入到函数中后，这些传入的参数会以字典的形式组织在一起，其中关键字参数的参数名就是字典中的键，参数值就是键对应的值。其语法格式如下。

```
def 函数名(**kwargs):
    函数体
```

定义包裹关键字参数是在参数名前添加 2 个“*”。在调用函数时，每一个传给包裹关键字参数的值都采用“参数名=参数值”的关键字参数形式，参数值之间以“,”分隔，这些参数值将统一被参数 kwargs 以字典的方式接收。

示例 4.6

```
# 定义函数
def calcSale(* * kwargs):
    data= [200,300,100,400,600,500,600,800,500,600,700,800]
    for key in kwargs:#遍历参数
        print(key+ "的销售总额是:")
        sum= 0
        indexes= kwargs[key]
        for index in indexes:#遍历索引
            sum+=data[index-1]
        print(sum)
#调用函数
sum=calcSale(first_half_year=[1,2,3,4,5,6],second_half_year=[7,8,9,10,11,12])
```

程序运行结果如图 4.5 所示。

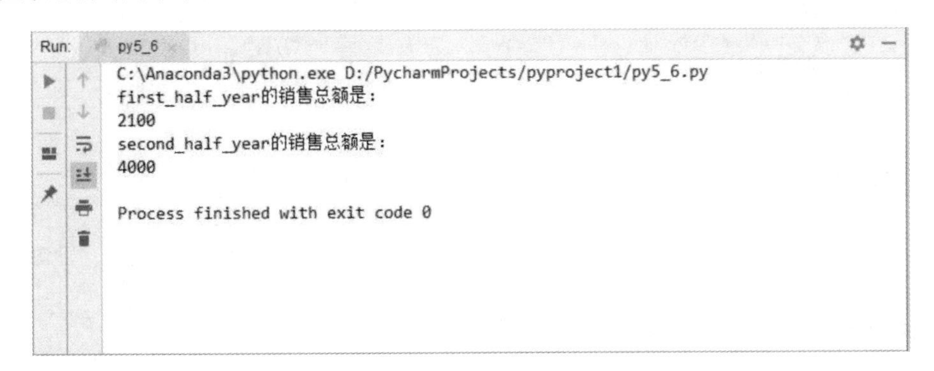

图 4.5　示例 4.6 的运行结果

4.1.4　函数的返回值

在使用函数时，有些场景下需要获得函数的执行结果。通过给函数添加返回语句，可以实现将函数的执行结果返回给函数调用者。

1. return 关键字

给函数添加返回值可以在需要返回的地方执行 return 语句。return 语句对于函数来说不是必需的，因此函数可以没有返回值。return 关键字的特点是执行了 return 语句后，就表示函数已经执行完成了，return 后面的语句不会再执行。

return 关键字后面接的是该函数要返回的数值，这个数值可以是任意类型。当然 return 关键字后面也可以没有任何数值，表示终止函数的执行。在一个函数中可以存在多个 return 语句，这些 return 语句表示在不同的条件下终止函数执行并返回对应的数值。其语法格式如下。

```
def 函数名(参数列表)
    函数体
    return 函数返回值
```

示例 4.7 某学院为参加“中国软件杯”大赛获奖的学生颁发奖金，一等奖奖励 5000 元，二等奖奖励 3000 元，三等奖奖励 1000 元。定义函数 award，传入获奖等级，返回奖励金额。

```
def award(grade):   #定义函数:根据奖励等级返回奖金额度
    if grade==1:
        return 5000
    elif grade==2:
        return 3000
    else:
        return 1000
grade=2
money=award(grade)   #调用函数,传入参数,接收返回值
print("获得%d等级,奖励%d元"%(grade,money))
```

示例 4.7 的运行结果如图 4.6 所示。

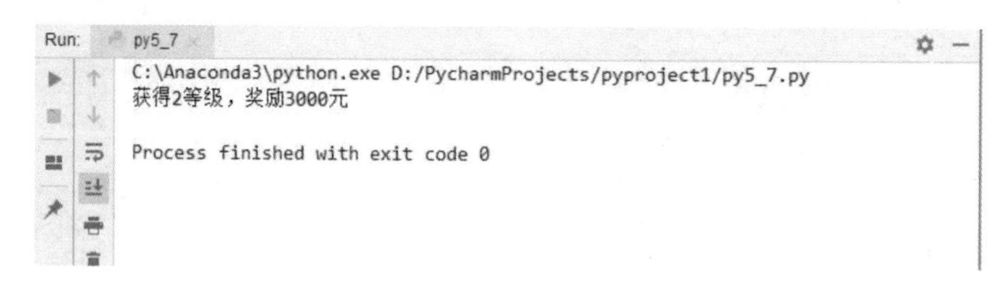

图 4.6 示例 4.7 的运行结果

2. yield 关键字

在 Python 里还有一个关键字 yield，也在函数中用于返回数值。但是 yield 与 return 相比具有不同的特点。

使用 yield 作为返回关键字的函数称为生成器。生成器是一个可迭代对象，在 Python 中能够使用 for 循环来操作的对象都是可迭代对象，如之前学过的列表和字符串就是可迭代对象。使用 yield 返回值的函数也可以使用 for 循环来操作。但是生成器每次只读取一次，也即使用 for 循环迭代生成器的时候，每次执行到 yield 语句，生成器就会返回一个值，然后

当for循环继续执行时，再返回下一个值。

yield像一个不终止函数执行的return语句。每次执行到它都会返回一个数值，然后暂停函数(而不是终止)，直到下一次从生成器中取值。

示例4.8 使用yield关键字创建一个生成n位的斐波那契数列的函数。

斐波那契数列的第一位和第二位都是1，第三位是第一位和第二位的数字之和，依此类推，后一位数字是前两项数之和。

```
def gen_fibonacci(n):
    first=1
    second=1
    for pos in range(n):
        if pos==0:
            yield first
        elif pos==1:
            yield  second
        else:
            first,second=second,first+second
            yield second
for item in gen_fibonacci(10) :
    print(item,end=" ")
```

程序输出的结果如下。

```
1 1 2 3 5 8 13 21 34 55
```

实际上生成器不使用for循环，使用生成器对象的__next__()方法也可以依次取出生成器的返回值。

示例4.9 生成器对象的__next__()方法的使用。

```
def gen_sequence():
    for i in range(3) :
        print("return",i)
        yield i
print("获取生成器中的值:")
sequence=gen_sequence()
print("print",sequence.__next__())
print("print",sequence.__next__())
print("print",sequence.__next__())
```

示例4.9的运行结果如图4.7所示。

从输出结果图可以看出“return”和“print”交替出现，并且是先出现“return”再出现与之对应的“print”。也即当函数执行到yield语句后，函数返回了一个值，但是函数并没有终止，而是暂停了，直到for循环继续迭代从生成器中取值时，函数才恢复运行，直到所有生成器中的值取出完毕。

```
Run:  py5_9
C:\Anaconda3\python.exe D:/PycharmProjects/pyproject1/py5_9.py
获取生成器中的值：
return 0
print 0
return 1
print 1
return 2
print 2

Process finished with exit code 0

4: Run   6: TODO   Terminal   Python Console   Event Log
```

图 4.7　使用__next__()的输出结果

4.2 模块

在开发过程中，开发人员不会将所有的代码放入一个文件中，而是将功能相近的类或函数放在一起，这样代码结构清晰，管理维护方便。在 Python 中使用模块来管理代码，事实上一个 Python 文件（一个以 py 结尾的文件）就是一个模块。在模块中可以定义函数、类和变量，甚至可以包含可执行代码。

Python 中的模块是什么？简而言之，在 Python 中，一个文件（以“.py”为后缀名的文件）就称为一个模块，每一个模块在 Python 中都被看成一个独立的文件。模块可以被项目中的其他模块、一些脚本甚至是交互式的解析器所使用，它可以被其他程序引用，从而使用该模块里的函数等功能，使用 Python 中的标准库也是采用这种方法。

在 Python 中，模块分为以下几种。

(1) 系统内置模块。例如：sys、time、json 模块等。

(2) 自定义模块。自定义模块是自己写的模块，对某段逻辑或某些函数进行封装后供其他函数调用。

> **注意：**
> 自定义模块的命名一定不能与系统内置的模块重名，否则将不能再导入系统的内置模块了。例如：自定义了一个 sys.py 模块后，再想使用系统的 sys 模块是不可能的。

(3) 第三方的开源模块。这部分模块可以通过 pip install 进行安装，有开源的代码。

4.2.1　导入模块

内置模块只要安装了 Python 就可以使用，第三方模块则需要进行安装。本书使用的 Anaconda 能够非常便捷地管理、安装第三方模块。当在自己的代码文件中调用其他模块的代码时，首先要确保该模块已经安装，然后使用 import 关键字导入模块。模块导入后就可以调用其中的类或者函数了。

导入随机数模块，生成一个 0～99 的整数。

◀模块

```
import random
int_rand=random.randint(0,99) #产生 100 内的随机非负整数
print("生成的随机数是",int_rand)
```

程序运行结果如图 4.8 所示。

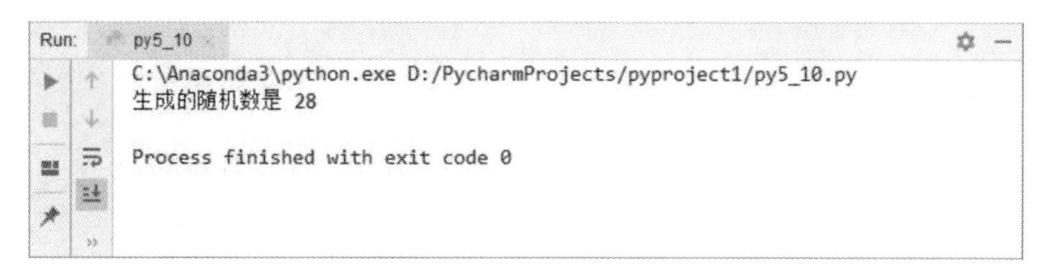

图 4.8 生成随机数的结果

除了使用 import 关键字导入模块，开可以使用下面的方式导入模块。

1. from 模块名 import 方法名或类名

使用这种方式允许有针对性地导入模块中的某一部分，这样在调用方法时会显得更加简洁。

例如：

```
from random import randint   #导入模块中的方法
int_rand=randint(0,99)       #调用模块中的方法
```

2. import 模块名 as 模块别名 或者 from 模块名 import 模块中的方法或类 as 别名

在导入模块时 Python 还允许给模块取一个别名。因为有的模块名字比较长，在代码中使用的次数又比较多，每次都写模块的全名会使代码变得臃肿，不利于阅读，此时就可以使用别名的方式来解决这个问题。例如：

```
from random import randint as ri   # 给导入的模块取别名 ri
int_rand=ri(0,99)      # 调用导入模块的方法
```

注意：

如果给导入的模块使用 as 取了别名，那么原名就不能使用了，只能使用别名进行调用。

4.2.2 创建模块

在 Python 中，一个. py 文件就是一个模块，文件名就是模块名。如果调用者和被调用者处于同一个文件夹下，使用关键字 import 加上文件名即可导入模块。

创建一个 Python 程序文件 myModule. py，它包含两个函数 getMin，getMax。在同一个文件夹中创建 main. py 调用该模块的两个函数。

```
#myModule.py 文件中的代码
def getMin(a,b):
    c=a
    if a>b:
        c=b
```

```
    return c
def getMax(a,b):
    c=a
    if a<b:
        c=b
    return c
#main.py 文件中的代码
importmyModule #导入模块
num1=87
num2=62
max=myModule.getMax(num1,num2)
min=myModule.getMin(num1,num2)
print("%d 和%d 中最大值为%d"%(num1,num2,max))
print("%d 和%d 中最大值为%d"%(num1,num2,min))
```

程序输出的结果如图 4.9 所示。

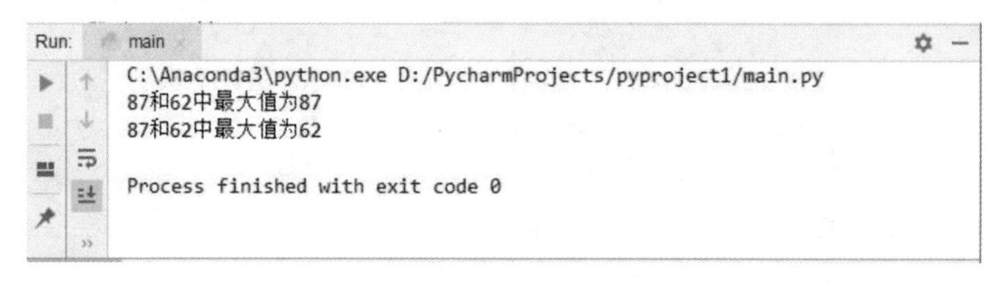

图 4.9　示例 4.11 的运行结果

在示例 4.11 中，myModule.py 和 main.py 文件位于同一个目录下，因此在 main.py 中可以直接导入 myModule 模块。

为了更好地组织模块，通常会将多个功能相近或有关的模块放到一个包中，包就是 Python 模块文件所在的目录，文件夹名就是包名。在使用包时，文件夹下必须存在一个__init__.py 文件(文件的内容可以为空)，用于识别当前文件夹是一个包，如果缺少了这个__init__.py 文件，文件夹外的文件将无法导入文件中的模块。

导入其他文件夹(包中)的模块的语法格式如下。

```
import 包名.模块名
```

示例 4.12　创建一个 compare 文件包，将 myModule.py 模块移入该包中，如图 4.10所示，在 main.py 中调用 myModule 中的 getMax，getMin 函数。

```
import compare.myModule
num1=87
num2=62
max=compare.myModule.getMax(num1,num2)
min=compare.myModule.getMin(num1,num2)
print("%d 和%d 中最大值为%d"% (num1,num2,max))
print("%d 和%d 中最大值为%d"% (num1,num2,min))
```

示例 4.12 运行的结果如图 4.11 所示。

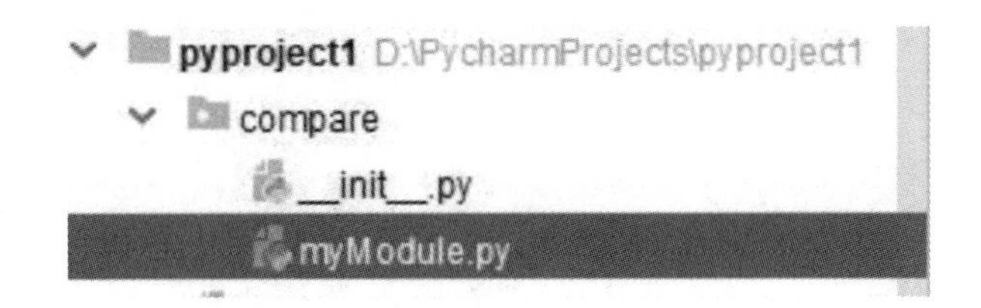

图 4.10　compare 包的结构

```
Run:   main
C:\Anaconda3\python.exe D:/PycharmProjects/pyproject1/main.py
87和62中最大值为87
87和62中最大值为62

Process finished with exit code 0
```

图 4.11　示例 4.12 的运行结果图

在示例 4.12 的 compare 包中必须包含__init__. py 文件，包中的模块才能够被文件夹外的代码引用。

4.2.3　常用模块

Python 语言的语法接近自然语言，因此在各个领域都有十分广泛的应用。同时因为 Python 语言的开源性，其开源社区十分活跃，开发了很多开源的第三方模块。其中一些使用场景广泛的模块被集成到了 Python 中，称为内置模块，其他没有集成到 Python 中的模块称为第三方模块。

1. 内置模块介绍

内置模块是安装 Python 后就可以直接使用的模块，通常是一些使用场景非常广泛的模块，如文件操作模块、时间模块等。表 4.2 所示为一些常用的内置模块及其功能。

表 4.2　常用内置模块

模　块　名	功　　能
time	用于获取时间或进行时间格式的转换
datetime	包含方便的时间计算方法
random	用于生成随机数
os	提供对操作系统进行调用的接口
shutil	高级的文件、文件夹、压缩包处理模块

示例 4.13　调用 time 模块中常用的功能。

```
import time
print(time.time())
# 将一个时间戳转换为当前时区
t=time.localtime()
```

```
print(t)
year=t.tm_year
month=t.tm_mon
print(year)
print(month)
#  gmtime()方法是将一个时间戳转换为 UTC 时区(0 时区)的 struct_time。
print(time.gmtime())
# 将结构化时间转换时间戳
print(time.mktime(time.localtime()))
# 将结构化时间转换 Fomart 格式的字符串时间
print(time.strftime("%Y-%m-%d %X",time.localtime()))
#  直接看时间
print(time.asctime())  #  把结构化时间转换成固定的字符串表达式
print(time.ctime())  # 把时间戳时间转换成固定的字符串表达式
```

示例 4.13 运行的结果如图 4.12 所示。

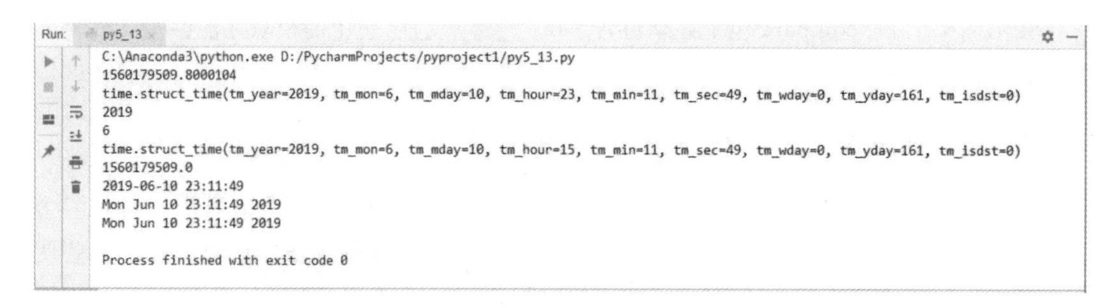

图 4.12 使用 time 模块中的函数

示例 4.14 使用 datetime 模块中的函数。

```
import datetime
#  显示当前时间日期
print(datetime.datetime.now())
#  当前时间+3 天
print(datetime.datetime.now()+datetime.timedelta(3))
#  当前时间-3 天
print(datetime.datetime.now()+datetime.timedelta(-3))
#  当前时间+30 分
print(datetime.datetime.now()+datetime.timedelta(hours=3))
#  时间替换
c_time=datetime.datetime.now()
print(c_time.replace(minute=3,hour=2))
```

示例 4.14 的运行效果如图 4.13 所示。

2. 第三方模块

内置模块一般是通用的、使用场景广泛的模块，而第三方模块则更具针对性，用于处理更专业的问题。如果只安装了 Python，使用第三方模块的功能需要先安装。由于 Python 语言的

```
Run: py5_14
C:\Anaconda3\python.exe D:/PycharmProjects/pyproject1/py5_14.py
2019-06-10 23:44:34.023128
2019-06-13 23:44:34.023128
2019-06-07 23:44:34.024127
2019-06-11 02:44:34.024127
2019-06-10 02:03:34.024127

Process finished with exit code 0
```

图 4.13　使用 datetime 模块的结果

版本很多，不同版本间的变化比较大，在安装第三方模块的时候还要考虑到安装的模块与当前的 Python 版本是否匹配。如果出现版本不匹配的问题，在程序运行时就有可能出错。

为了避免在安装第三方模块时出现版本问题，本书选择使用 Anaconda 来管理 Python 的第三方模块的安装。表 4.3 列出了一些在数据领域知名的、应用广泛的第三方模块及其功能。

表 4.3　第三方模块

模　块　名	功　　能
numpy	数据分析领域的常用库，用于矩阵和向量运算
pandas	数据分析领域的常用库，提供了非常多的统计计算方法
matplotlib	优秀的 2D 绘图库，常用于数据分析领域的图表绘制
scipy	科学计算库，包含了大量的科学计算方法
stearn	继承了非常多的机器学习模型的库
scrap	优秀的爬虫框架，可以快速完成爬虫的开发

4.3　Lambda 表达式

4.3.1　Lambda 表达式的使用

Lambda 表达式只能写在一行上，是单行函数，在其他语言中也被称为匿名函数，即函数没有具体的名称，而用 def 创建的方法是有名称的。如果不想在程序中对一个函数使用两次，则可以使用 Lambda 表达式，它们与普通的函数完全一样，而且当使用函数作为参数的时候，Lambda 表达式非常有用，可以让代码更简洁。

其语法格式如下。

```
lambda 参数:操作(参数)
lambda [arg1[,arg2,arg3,…,argN]]:expression
```

Lambda 语句中，冒号的左边是参数，可以有多个参数，参数之间用逗号隔开，冒号的右边是返回值。Lambda 语句构建的其实是一个函数对象。

1. 无参数的 Lambda 表达式

如果没有参数，则 Lambda 语句的冒号的左边是空的。Lambda 表达式返回的是

function 类型,说明是一个函数类型。

```
def foo():return 'ok'      # Python 中单行参数可以和标题写在一行
```

使用 Lambda 关键字创建匿名函数,其表达式功能与上述函数相同,具体代码如下。

```
lambda:'ok'
```

上面的只是简单使用 Lambda 表达式创建一个函数对象,并没有保存它也没有调用它,因此随时会被回收。保存之后,函数对象相当于函数名,代码如下。

```
bar=lambda:'ok'
print bar()      # ok
```

2. 有参数的 Lambda 表达式

Lambda 函数可以接收输入的参数,需要在冒号前面有参数列表。其代码如下。

```
add=lambda x,y:x+y
print(add(3,5))       #Output:8
```

4.3.2 Lambda 表达式与命名函数的区别

Lambda 表达式与函数的区别如下。

(1) Lambda 不创建接收变量。def 创建的方法是有名称的,而 Lambda 没有,可以立刻传递(无需变量)。Lambda 会创建一个函数对象,但不会把这个函数对象赋给一个标识符,而 def 则会把函数对象赋值给一个变量(函数名)。

(2) Python 中 Lambda 只是一个表达式,而 def 则是一个语句。Lambda 表达式运行起来像一个函数,当被调用时创建一个框架对象。因此语句嵌套用 def,表达式嵌套用 Lambda。

(3) 在内部只能包含一行代码。Lambda 表达式的":"右边,只能有一个表达式,而 def 则可以有多个。Lambda 表达式内部只能包含一行代码,而命名函数内对此无限制。Lambda 的主体是一个单个的表达式,而不是一个代码块。Lambda 的主体简单得就好像放在 def 主体的 return 语句中的代码一样。简单地将结果写成一个顺畅的表达式,而不是明确的返回。由于它仅限于表达式,Lambda 的功能通常要比 def 功能要小。

(4) 自动返回结果。返回 Lambda 表达式中最后一个表达式的值。

(5) Lambda 可以直接作为 Python 列表或 Python 字典的成员。

(6) 嵌套问题,像 if 或 for 或 print 等语句不能用于 Lambda 中,而可以用于 def 中。

(7) 目的不同,Lambda 一般用来定义简单的函数,而 def 可以定义复杂的函数。

(8) 不可重用,Lambda 函数不能共享给别的程序调用,而 def 可以。

Lambda 使用场景

(1) Lambda 起到了一种函数速写的作用,允许在使用的代码内嵌入一个函数的定义。它们完全是可选的(程序员总是能够使用 def 来替代它们),但是程序员仅需要嵌入小段可执行代码的情况下 Lambda 能够提供更简洁的代码结构。

(2) 程序员所要做的操作不重要时,函数只是临时用一下,没必要非得取个名字。

(3) 使用 Lambda 表达式能够比程序员所能想到的函数名称让代码更容易理解。

(4) 程序员很确定还没有一个现有的函数能满足其需求。

(5) 最重要的是程序员所在团队的每个人都了解 Lambda 表达式,并且都同意使用它们。

4.4 实践任务

任务——简易的学生信息管理系统

任务需求

实现一个建议的学生信息管理系统，有如下功能：

(1) 添加学生信息；

(2) 删除学生信息；

(3) 通过学号查询学生信息；

(4) 查询全部学生信息；

(5) 退出系统。

运行程序部分功能，结果如下。

```
==============================
********** 学生信息管理**********
1.添加学生信息
2.删除学生信息
3.指定学号查询学生信息
4.查询全部学生信息
5.退出系统
==============================
请输入要进行的操作:1
您选择了添加学生信息功能
请输入学生姓名:jack
请输入学生学号(学号不可重复):2019001
请输入学生年龄:18
添加成功!
==============================
********** 学生信息管理**********
1.添加学生信息
2.删除学生信息
3.指定学号查询学生信息
4.查询全部学生信息
5.退出系统
==============================
请输入要进行的操作:4
序号	学号	姓名	年龄
sno:2019001,stuName:jack,stuAge:18
********************
==============================
********** 学生信息管理**********
```

```
1.添加学生信息
2.删除学生信息
3.指定学号查询学生信息
4.查询全部学生信息
5.退出系统
==============================
请输入要进行的操作:5
你确定要退出吗? (yes or no)yes
```

实现思路

(1) 使用 list 存储学生信息。

(2) 编写添加学生信息的函数。

(3) 编写删除学生信息的函数。

(4) 编写查询信息的函数。

(5) 在主函数中调用其他函数。

参考代码

```
students= []
def menu():
    print("=" *30)
    print("*"*10+ "学生信息管理"+ "*"*10)
    print("1.添加学生信息")
    print("2.删除学生信息")
    print("3.指定学号查询学生信息")
    print("4.查询全部学生信息")
    print("5.退出系统")
    print("= "*30)
def add_new_info():
    global students
    print("您选择了添加学生信息功能")
    name=input("请输入学生姓名:")
    stuId=input("请输入学生学号(学号不可重复):")
    age=input("请输入学生年龄:")
    #  验证学号是否唯一
    i=0
    leap=0
    for temp in students:
        if temp['id']==stuId:
            leap=1
            break
        else:
            i=i+1
        if leap==1:
```

```
                print("输入学生学号重复,添加失败!")
                break
        else:
            #定义一个字典,存放单个学生信息
            stuInfo={}
            stuInfo['name']=name
            stuInfo['id']=stuId
            stuInfo['age']=age
            #  单个学生信息放入列表
            students.append(stuInfo)
            print("添加成功!")
def del_info():
    global students
    print("您选择了删除学生功能")
    delId=input("请输入要删除的学生学号:")
    #  i记录要删除的下标,leap为标志位,如果找到 leap=1,否则为 0
    i=0
    leap=0
    for temp in students:
        if temp['id']==delId:
            leap=1
            break
        else:
            i=i+1
    if leap==0:
        print("没有此学生学号,删除失败!")
    else:
        del students[i]
        print("删除成功!")
def search_info():
    global students
    searchID=input("请输入你要查询学生的学号:")
    #  验证是否有此学号
    i=0
    leap=0
    for temp in students:
        if temp['id']==searchID:
            leap=1
            break
        else:
            i=i+1
    if leap==0:
        print("没有此学生学号,查询失败!")
```

```
    else:
        print("找到此学生,信息如下:")
        print("学号:%s\n 姓名:%s\n 年龄:%s\n" %(temp['id'],temp['name'],temp['age']))
def print_all_info():
    print("序号\t\t 学号\t\t 姓名\t\t 年龄")
    for temp in students:
        print("sno:%s,stuName:%s,stuAge:%s" %(temp['id'],temp['name'],temp['age']))
        print("* "*20)
def main():
    #加载数据(先存好数据,再打开这个数据直接读取数据)
    while True:
        #1.打印工程
        main()
        #2.获取用户的选择
        key=input("请输入要进行的操作:")
        #3.根据用户的选择,匹配相应的事件
        if key=="1":
            add_new_info()
        elif key=="2":
            del_info()
        elif key=="3":
            search_info()
        elif key=="4":
           print_all_info()
        elif key=="5":
            exit_flag=input("你确定要退出吗? (yes or no)")
            if exit_flag=="yes":
                break
            else:
                print("输入有误,请重新输入...")
                input("\n\n\n 按回车键可以继续...")
                continue
            #程序开始
main()
```

本章总结

1. 函数的作用是封装代码,提高代码的可读性、可复用性和可扩展性。

2. 可以通过参数向函数中传递数据,也可以通过返回值向函数外返回数据。

3. 函数的参数类型有位置参数、默认参数、包裹位置参数和包裹关键字参数,适用于不同的使用场景。

4. 一个.py文件就是一个模块,多个模块放在一个文件夹中就构成了包。使用模块能够更好地管理代码,提高代码的可读性。

本章作业

一、选择题

1. 以下选项中，对于函数的定义错误的是(　　)。

A. def vfunc(* a,b)：B. def vfunc(a,b)：　C. def vfunc(a, * b)：D. def vfunc(a,b=2)：

2. 关于函数的参数，以下选项中描述错误的是(　　)。

A. 可选参数可以定义在非可选参数的前面

B. 一个元组可以传递给带有星号的可变参数

C. 在定义函数时，可以设计可变数量参数，通过在参数前增加星号(*)实现

D. 在定义函数时，如果有些参数存在默认值，可以在定义函数时直接为这些参数指定默认值

3. 关于函数，以下选项中描述错误的是(　　)。

A. 函数名称不可赋给其他变量

B. 一条函数定义一个用户自定义函数对象

C. 函数也是数据

D. 函数定义语句可执行

4. 关于函数的关键字参数使用限制，以下选项中描述错误的是(　　)。

A. 关键字参数必须位于位置参数之前

B. 不得重复提供实际参数

C. 关键字参数必须位于位置参数之后

D. 关键字参数顺序无限制

5. random 库的 seed(a)函数的作用是(　　)。

A. 生成一个[0.0,1.0)之间的随机小数　B. 设置初始化随机数种子 a

C. 生成一个 k 比特长度的随机整数　D. 生成一个随机整数

6. time 库的 time. time()函数的作用是(　　)。

A. 返回系统当前时间戳对应的易读字符串表示

B. 返回系统当前时间戳对应的 struct_time 对象

C. 返回系统当前时间戳对应的本地时间的 struct_time 对象，本地之间经过时区转换

D. 返回系统当前的时间戳

7. 关于 Python 的 Lambda 函数，以下选项中描述错误的是(　　)。

A. Lambda 函数将函数名作为函数结果返回

B. f=lambda x,y:x+y 执行后，f 的类型为数字类型

C. Lambda 用于定义简单的、能够在一行内表示的函数

D. 可以使用 Lambda 函数定义列表的排序原则

二、简答题

1. 简述 Python 中函数参数的种类和定义方法。

2. 简述在包中定义模块的方法以及注意事项。

三、编程题

1. 创建 max 函数，返回从键盘输入的 5 个整数中的最大数。

2. 编写函数，求两个正整数的最小公倍数。

3. 编写函数，参数为年和月，在函数中实现求该年该月的第一天是星期几，将星期以整数返回。对应关系如下：0 对应星期日，1～6 对应星期一至星期六。

第5章 常用数据结构与算法

本章简介

在编程中经常会遇到需要存储一组数据,还要处理这些数据。对不同的数据,我们会使用不同的数据结构进行描述,然后定义其变量进行存储,通过算法进行加工处理,最后得到我们想要的结果。程序=数据结构+算法,通过数据结构来描述数据,用算法来处理数据。Python 提供了多种数据结构来解决不同的问题,本章将介绍列表、元组、字典和集合等四种常用的数据类型。

本章目标

(1) 掌握 list 的使用。

(2) 掌握 tuple 的使用。

(3) 掌握 dict 的使用。

(4) 掌握 set 的使用。

(5) 掌握常用的算法。

实践任务

简易的英文词典。

常用的数据结构 ▶

5.1 常用的数据结构

编程中,对于单个数据可以使用变量进行保存和操作,但在某些业务场景下还需要处理由多个数据组成的数据集。在 Python 中可以使用列表(list)、元组(tuple)、字典(dict)和集合(set)等四种数据结构来处理多个数据。

这四种数据结构的特点和适用场景分别介绍如下。

- 列表(list):是最常用的 Python 数据结构,数据在列表中是有序的。可以通过索引访问列表中的数据,列表中的数据可以修改。
- 元组(tuple):与列表一样,保存在其中的数据也是有序的。可以通过索引访问元组中的数据,元组内的数据不能修改。
- 字典(dict):字典中的数据以键值对的形式保存,字典中的键是不重复的、唯一的,通过键能够快速地获得对应的值。字典中的数据是无序的。
- 集合(set):集合中的数据是不重复的、无序的。

5.2 列表(list)

列表是 Python 中最基本的数据结构,它是最常用的 Python 数据类型,列表的数据项不需要具有相同的类型。为列表中的每个元素都分配一个数字来表示它的位置,即索引值,第一个索引值是 0,第二个索引值是 1,依此类推。对列表进行的操作包括索引、切片、加、乘和检查成员等。此外,Python 已经内置确定列表的长度以及确定最大和最小元素的方法。

5.2.1 列表的操作

1. 创建一个列表

只要把逗号分隔的不同的数据项使用方括号括起来即可,例如:

```
list1=['Jack','tom','lucy','nancy','lily',60]
list2=[67,82,73,82,95,64,88]
```

列表的元素可以重复,例如 list2 中的 82 重复出现。列表中的元素类型不一定要完全相同,例如 list1 中有字符串也有数值。

列表类型是 Python 中的 list 类实例,例如:

```
list=['a','b','c','d']
print(list)
print(type(list))
```

输出结果如下。

```
['a','b','c','d']
<class 'list'>
```

其中,type(list)返回的类型是一个名称为 list 的类。

2. 访问列表中的值

可以使用下标索引来访问列表中的值,还可以使用方括号的形式截取字符,截取的方法

列表 ▶

与字符串截取类似，例如：

```
list1=['Jack','tom','lucy','nancy','lily',60]
list2=[67,82,73,82,95,64,88]
print("list1[0]:",list1[0])
print("list2[1:5]:",list2[1:5])
```

输出结果如下。

```
list1[0]:  Jack
list2[1:5]:  [82,73,82,95]
```

3. 更新列表

可以对列表的数据项进行修改或更新，也可以使用 append()方法来添加列表项，例如：

```
list1=['Jack','tom','lucy','nancy','lily',60]
print('修改前输出：')
print(list1)
print('对 index 为 1 的元素进行修改')
list1[1]='Tony'
print('修改后输出：')
print(list1)
```

输出结果如下。

```
修改前输出：
['Jack','tom','lucy','nancy','lily',60]
对 index 为 1 的元素进行修改
修改后输出：
['Jack','Tony','lucy','nancy','lily',60]
```

4. 删除列表元素

我们可以使用 del 语句来删除列表的元素，例如：

```
list1=['Jack','tom','lucy','nancy','lily',60]
print('删除前输出：')
print(list1)
print('对 index 为 1 的元素进行删除')
del list1[1]
print('删除后输出：')
print(list1)
```

输出结果如下。

```
删除前输出：
['Jack','tom','lucy','nancy','lily',60]
对 index 为 1 的元素进行删除
删除后输出：
['Jack','lucy','nancy','lily',60]
```

5. 列表操作的联合

我们可以使用“+”来连接多个列表，例如：

```
list1=["a","b"]
list2=["c","a"]
list3=list1+list2
print(list3)
```

程序运行的结果如下。

```
["a","b","c","a"]
```

6. 列表的截取

其语法格式如下。

```
L[start:end:step]
```

> **说明：**
> start,end,step 可选；冒号是必需的。其基本含义是从 start 开始（包括 L[start]），以 step 为步长，获取到 end 的一段元素（注意不包括 L[end]）。

如果 step=1，那么就是 L[start]，L[start+1]，…，L[end−2]，L[end−1]。如果 step>1，那么第一个元素为 L[start]，第二个元素为 L[start+step]，第三元素为 L[start+2・step]，…，依此类推，最后一个元素为 L[m]。其中，m<end，但是 m+step≥end。也就是说，索引的变化是从 start 开始，按 step 跳跃变化，不断增大，但是不等于 end，也不超过 end。

如果 end 超过了最后一个元素的索引，那么最多取到最后一个元素。

start 不指定则默认为 0，end 不指定则默认为序列尾，step 不指定则默认为 1。

step 为正数则索引是增加的，索引沿正方向变化；如果 step<0，那么索引是减少的，按负方向变化。我们不能使用 step=0，不然索引就原地踏步不变了。

如果 start，end 为负数，则表示倒数的索引。例如，start=−1，则表示 len(L)−1；start=−2，表示 len(L)−2。列表的截取使用如下。

```
L=["a0","a1","a2","a3","a4","a5","a6","a7","a8","a9"]
print("L---",L)
print("L[0:-2]---",L[0:-2])
print("L[:-2]---",L[:-2])
print("L[-2:]---",L[-2:])
print("L[-2:6]---",L[-2:6])
print("L[:]---",L[:])
print("L[::-2]---",L[::-2])
print("L[7:-1:-1]---",L[7:-1:-1])
print("L[8:0:-1]---",L[8:0:-1])
print("L[5:1:-2]---",L[5:1:-2])
print("L[4:1:-2]---",L[4:1:-2])
```

运行结果如下。

```
L---['a0','a1','a2','a3','a4','a5','a6','a7','a8','a9']
L[0:-2]---['a0','a1','a2','a3','a4','a5','a6','a7']
L[:-2]---['a0','a1','a2','a3','a4','a5','a6','a7']
L[-2:]---['a8','a9']
```

```
L[-2:6]---[]
L[:]---['a0','a1','a2','a3','a4','a5','a6','a7','a8','a9']
L[::-2]---['a9','a7','a5','a3','a1']
L[7:-1:-1]---[]
L[8:0:-1])---['a8','a7','a6','a5','a4','a3','a2','a1']
L[5:1:-2]---['a5','a3']
L[4:1:-2]---['a4','a2']
```

7. 判断一个元素是否在列表中

我们使用 in 或者 not in 操作来判断一个元素是否在列表中，例如：

```
list=['a','b','c','d']
print('a' in list)
print('A' in list)
print('A' not in list)
```

运行结果如下。

```
True
False
True
```

其中，'a'在列表中，但是'A'不在列表中。

5.2.2 列表常用的操作函数

1. list. append(obj)

作用 在列表末尾添加新的对象。

以下实例展示了 append()函数的使用方法。

```
aList=['start','apple','orange','banana']
aList.append('end')
print("Updated List:",aList)
```

以上实例输出结果如下。

```
Updated List:  ['start','apple','orange','banana','end']
```

2. list. count(obj)

作用 统计某个元素在列表中出现的次数。

以下实例展示了 count()函数的使用方法。

```
aList=['java','html','c','java','html','html','java']
print("Count for java:",aList.count('java'))
print("Count for html:",aList.count('html'))
print("Count for c:",aList.count('c'))
```

以上实例输出结果如下。

```
Count for java:  3
Count for html:  3
Count for c:  1
```

3. list. extend(seq)

作用 在列表末尾一次性追加另一个序列中的多个值(用新列表扩展原来的列表)。

以下实例展示了 extend()函数的使用方法。

```
aList=[2018,'java','c','python']
bList=[2019,'python','java','c']
aList.extend(bList)
print("Extended List:",aList)
```

以上实例输出结果如下。

```
Extended List:  [2018,'java','c','python',2019,'python','java','c']
```

4. list. index(obj)

作用 从列表中找出某个值第一个匹配项的索引位置。

以下实例展示了 index()函数的使用方法。

```
aList=[2019,'python','java','c']
print("Index for python:",aList.index('python'))
print("Index for java:",aList.index('java'))
```

以上实例输出结果如下。

```
Index for python:  1
Index for java:  2
```

说明:

如果元素不在列表中,那么会出现错误。例如以下代码:

```
print("Index for js:",aList.index('js'))
```

运行时会发生错误。

5. list. insert(index,obj)

作用 将对象插入列表。

以下实例展示了 insert()函数的使用方法。

```
aList=['java','python','html']
aList.insert(2,'mysql')
print("Final List:",aList)
```

以上实例输出结果如下。

```
Final List:  ['java','python','mysql','html']
```

6. list. remove(obj)

作用 移除列表中某个值的第一个匹配项。

以下实例展示了 remove()函数的使用方法。

```
aList=['java','html','mysql','office','jsp']
aList.remove('office')
print("List:",aList)
aList.remove('jsp')
print("List:",aList)
```

以上实例输出结果如下。

```
List: ['java','html','mysql','jsp']
List: ['java','html','mysql']
```

说明：

如果要删除的元素不在列表中就会出错：

```
aList.remove('vue')  # 错误!
```

7. del list[index]

作用 删除元素。

如果要删除某个指定索引 index 的元素，那么可以采用：

```
del list[index]
```

例如：

```
aList=['java','html','mysql','office','jsp']
del aList[3]
print(aList)
```

以上代码运行结果如下。

```
['java','html','mysql','jsp']
```

8. list.pop(index=−1)

作用 弹出元素。

弹出元素与删除元素一样，都是从列表中移除一个元素项。如果要弹出某个指定索引 index 的元素，那么可以采用：

```
list.pop(index)
```

index 的默认值是−1，即使用 list.pop()弹出最后一个元素。

例如：

```
list= ['a','b','c','d']
list.pop()  # 弹出最后一个元素
print(list)
list.pop(0)  # 弹出第一个元素
print(list)
```

程序运行结果如下。

```
['a','b','c']
['b','c']
```

9. list.reverse()

作用 反向排列列表中元素。

注意：

反向后原来的列表的元素顺序改变了。

以下实例展示了 reverse()函数的使用方法。

```
list=['a','b','c','d']
list.reverse()
print(list)
```

以上实例输出结果如下。

```
['d','c','b','a']
```

10. list. sort()

作用 对原列表进行排序。

> **注意：**
> 排序后原来的列表的元素顺序改变了。

以下实例展示了 sort()函数的使用方法。

```
list=['banana','apple','orange','peach']
list.sort()
print(list)
```

以上实例输出结果如下。

```
['apple','banana','orange','peach']
```

> **注意：**
> 若要对列表的元素进行排序，这些元素必须是同类型的。例如，全部为字符串，或者全部为数值，保证它们两两能进行大小比较。如果类型是混合的，则不能进行排序。

5.2.3 二维列表

列表中的元素还可以是另一个列表，这种列表称为多维列表。只有一层嵌套的多维列表称为二维列表。在实际应用中，三维及以上的多维列表很少使用，主要使用的是二维列表。下面以二维列表为例进行讲解，其语法格式如下。

```
变量= [[元素 1,元素 2…],[元素 1,元素 2…],…]
```

示例 5.1 使用列表保存 3 个班级中的前 5 名的学生姓名并输出。

具体代码如下。

```
stuInfo=[['张欣','刘伟','周丽','吴波','张龙'],
         ['张强','李明','朱波','胡振','周固'],
         ['聂威','张灵','程维','马虎','罗成']]
for classInfo in stuInfo:
    for sinfo in classInfo:
        print(sinfo,end=' ')
    print()
```

程序运行的结果如下。

```
张欣 刘伟 周丽 吴波 张龙
张强 李明 朱波 胡振 周固
聂威 张灵 程维 马虎 罗成
```

5.3 元组类型(tuple)

元组也是 Python 中常用的一种数据类型，它属于 tuple 类，与列表 list 相似，二者的区别有以下两点。

(1) 元组数据使用圆括号()来表示，例如 t=('a','b','c')。

(2) 元组数据的元素不能改变，只能读取。

因此，可以简单理解元组就是只读的列表，除了其不能改变外其他特性与列表完全一样。元组的使用具体介绍如下。

1. 创建元组

```
变量=(数据 1,数据 2,…)
```

例如：

```
tuple_num=('one','two','three','four','five')
```

2. 访问元组

与字符串的索引类似，元组的索引也是从 0 开始，可以使用索引来访问元组中的元素。例如：

```
tuple_num=('one','two','three','four','five')
print(tuple_num[0])
print(tuple_num[3])
```

程序的运行结果如下。

```
one
four
```

3. 修改元组

元组中的值是不允许修改的，但是我们可以将元组连接组合成新的元组。

4. 元组的遍历

可以使用 for 循环实现元组的遍历。具体程序如下。

```
tuple_num=('one','two','three','four','five')
for num in tuple_num:
    print(num,end=' ')
```

运行结果如下。

```
one two three four five
```

5. 元组的内置函数

Python 提供的元组内置函数如表 5.1 所示。

表 5.1　Python 元组内置函数

方　法	描　述
len(tuple)	计算元组元素个数
max(tuple)	返回元组中的最大值
min(tuple)	返回元组中的最小值
tuple(list)	将列表转为元组

◀元组类型(tuple)

示例5.2 使用元组的内置函数求项目小组中绩效的最高分和最低分。

具体代码如下。

```
tuple_score=(87,98,64,79,80)
print('项目小组考核人数为:',len(tuple_score))
print('最高成绩为:',max(tuple_score))
print('最低成绩为:',min(tuple_score))
```

运行结果如下。

```
项目小组考核人数为:5
最高成绩为:98
最低成绩为:64
```

5.4 字典(dict)

字典是另一种可变容器模型,并且可存储任意类型的对象,字典的每个键值对(key:value)用冒号(:)分割,两个键值对之间用逗号(,)分割,整个字典包括在花括号{}中,其语法格式如下所示。

```
d={key1:value1,key2:value2 }
```

键必须是唯一的,但值则不必。值可以取任意数据类型,但键必须是不变的,如字符串、数字或元组等。例如,下面一个简单的字典实例:

```
dict={'stuNo':'1001','stuName':'lucy','stuAge':'18'}
print(type(dict))
```

运行结果如下。

```
<class 'dict'>
```

由此可见字典类型是一个类名称为 dict 的对象类型。字典的操作具体介绍如下。

1. 访问字典里的值

把相应的键放入方括号中,例如:

```
dict={'stuNo':'1001','stuName':'lucy','stuAge':'18'}
print("dict['stuName']:",dict['stuName'])
print("dict['stuAge']:",dict['stuAge'])
```

以上实例输出结果如下。

```
dict['stuName']:lucy
dict['stuAge']:  18
```

如果用字典里没有的键访问数据,例如:

```
dict={'stuNo':'1001','stuName':'lucy','stuAge':'18'}
print("dict['stuName']:",dict['stuName'])
print("dict['stuAge']:",dict['stuAge'])
print("dict['money']:",dict['money'])
```

以上实例输出结果如下。

```
dict['stuName']:lucy
Traceback(most recent call last):
dict['stuAge']:18
```

字典(dict)▶

```
  File "D:/PycharmProjects/pyproject1/py4_4.py",line 4,in<module>
    print("dict['money']:",dict['money'])
KeyError:'money'
```

2. 修改字典

向字典添加新内容的方法是增加新的键值对，修改或删除已有键值对，例如：

```
dict={'stuNo':'1001','stuName':'lucy','stuAge':'18'}
```

如果一个键值已经存在，那么可以修改它的值，例如：

```
dict[stuAge]=20
```

如果一个键值不存在，那么可以增加，例如：

```
dict['school']="WXXY"
print("dict[' stuAge ']:",dict[' stuAge '])
print("dict['school']:",dict['school'])
```

以上实例的输出结果如下。

```
dict['stuAge']:20
dict['school']:WXXY
```

3. 删除字典元素

删除一个字典用 del 命令，例如：

```
dict={'stuNo':'1001','stuName':'lucy','stuAge':'18'}
del dict['stuNo']     # 删除键是'stuNo'的条目
dict.clear()          # 清空词典所有条目
del dict              # 删除词典
```

4. 字典键的特性

字典值可以没有限制地取任何 Python 对象，既可以是标准的对象，也可以是用户定义的对象，但键不行。具体要求如下。

（1）不允许同一个键出现两次，创建时如果同一个键被赋值两次，后一个值会被记住，例如：

```
dict={'stuNo':'1001','stuName':'lucy','stuName':'Jack'}
print("dict['stuName']:",dict['stuName'])
```

以上实例的输出结果如下。

```
dict['stuName']:Jack
```

（2）键必须不可变，所以可以用数字、字符串或元组充当，而用列表就不行。

5. 字典的长度函数 len(dict)

以下实例展示了 len()函数的使用方法。

```
dict={'stuNo':'1001','stuName':'lucy','stuAge':'18'}
print('Length:',len(dict))
```

以上实例输出结果如下。

```
Length:3
```

6. 删除字典 dict 的所有元素 dict.clear()

以下实例展示了 dict.clear()函数的使用方法。

```
dict={'stuNo':'1001','stuName':'lucy','stuAge':'18'}
print('Start Length:',len(dict))
dict.clear()
print('End Length:',len(dict))
```

以上实例输出结果如下。

```
Start Length:3
End Length:0
```

7. 获取字典的所有键值函数 dict.keys()

Python 的 dict. keys() 函数以列表返回一个字典所有的键,以下实例展示了 dict. keys()函数的使用方法。

```
dict={'stuNo':'1001','stuName':'lucy','stuAge':'18'}
print("keys:",dict.keys())
```

以上实例输出结果如下。

```
keys:dict_keys(['stuNo','stuName','stuAge'])
```

如果获取字典中的所有值,即值视图,可以调用 values()方法,即 dict. values()。

8. dict.get(key,default=None)

Python 的 dict. get() 函数返回指定键的值,如果值不在字典中则返回默认值 None 或者指定的值,以下实例展示了 dict. get()函数的使用方法。

```
dict={'stuNo':'1001','stuName':'lucy','stuAge':'18'}
print("Value:%s" %dict.get('stuNo'))
print("Value:%s" %dict.get('stuName'))
print("Value:%s" %dict.get('stuAge'))
print("Value:%s" %dict.get('sex'))
```

以上实例输出结果如下。

```
Value:1001
Value:lucy
Value:18
Value:None
```

字典的遍历:使用 for 循环对字典的键、值、元素以及键值对进行遍历。具体代码如下。

```
dict={'stuNo':'1001','stuName':'lucy','stuAge':'18'}
print('dict 中所有的 key:')
for key in dict.keys():              #遍历 key
    print(key)
print('dict 中所有的 value:')
for value in dict.values():          #遍历 value
    print(value)
print('dict 中所有的 item:')
for item in dict.items():            #遍历元素
    print(item)
print('dict 中所有的 key-value:')
```

```
for key,value in dict.items():  #遍历键值对
    print("key=%s,value= %s"%(key,value))
```

示例运行效果如图 5.1 所示。

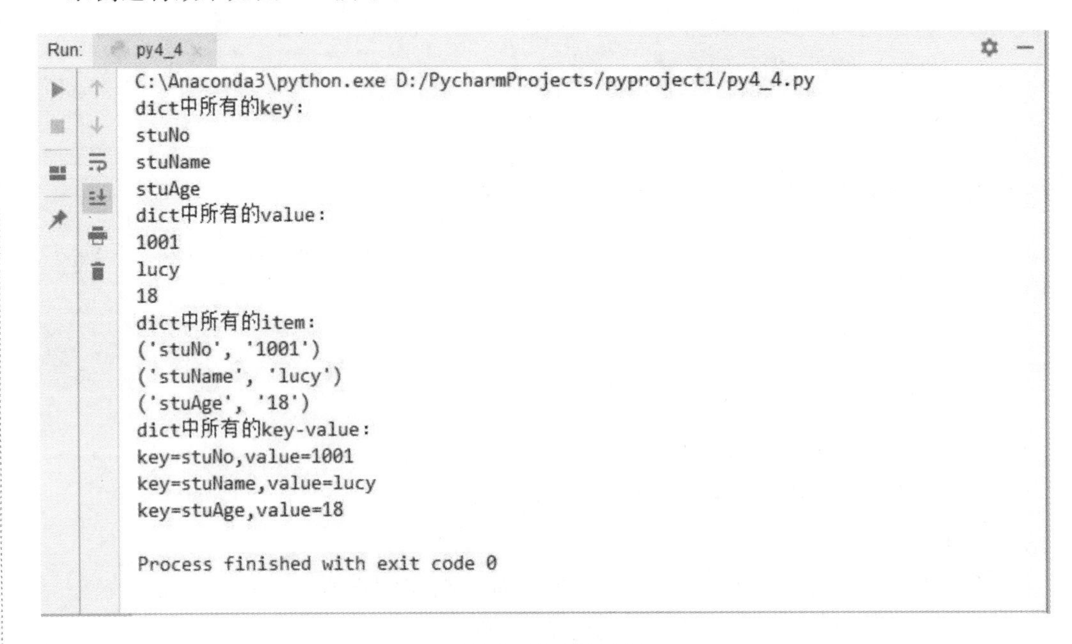

图 5.1　字典的遍历

5.5 集合(set)

集合是用来存储多个数据的数据结构,它与列表很像,但与列表的使用场景和具备的特性有很大区别,它具有以下特点。

(1) 集合中保存的数据是唯一的、不重复的。向集合中添加重复的数据后,集合只会保留一个。

(2) 集合中保存的数据是无序的。

集合的具体使用介绍如下。

1. 创建集合

(1) 创建一个空集合,其语法格式如下。

```
变量= set()
```

(2) 创建一个非空集合,其语法格式如下。

```
变量= {元素 1,元素 2,…}
```

示例 5.4　创建集合并保存,将集合命名为:Java 工程师需要的技能。

具体代码如下。

```
java_skills={'java','mysql','html','javascript','jsp','jsp','spring'}
print('Java 工程师需要的技能有:')
print(java_skills)
```

程序运行结果如下。

◀ 集合(set)

```
Java 工程师需要的技能有：
{'spring','jsp','javascript','java','html','mysql'}
```

从输出结果可以看出“jsp”只输出了一次，因为集合具有去重的功能。集合中输出的元素是不按顺序排列的。

2. 添加或删除集合中的元素

使用 add()向集合添加元素，使用 remove()从集合中移除元素。

在集合“Java 工程师技能”中添加“spring boot”，“html5”，移除“html”。

```
java_skills={'java','mysql','html','javascript','jsp','spring'}
java_skills.add('spring boot')
java_skills.add('html5')
java_skills.remove('html')
print('Java 工程师需要的技能有：')
print(java_skills)
```

程序运行结果如下。

```
Java 工程师需要的技能有：
{'javascript','jsp','mysql','spring','spring boot','html5','java'}
```

3. 集合运算

Python 中的集合与数学上的集合类似，也可以计算两个集合的交集和并集。使用的集合运算符如表 5.2 所示。

表 5.2　集合运算符

运　算　符	功　　能
|	计算两个集合的并集
&	计算两个集合的交集

示例 5.6　创建“Java 工程师的技能”和“前端工程师的技能”集合，分别求这两个集合的交集和并集。

具体代码如下。

```
java_skills= {'java','mysql','html','javascript','jsp','spring'}
front_skills= {'html','javascript','jQuery','VUE'}
print('两个岗位的并集为：')
print(java_skills|front_skills)
print('两个岗位的交集为：')
print(java_skills&front_skills)
```

程序运行结果如下。

```
两个岗位的并集为：
{'javascript','spring','jsp','jQuery','mysql','VUE','java','html'}
两个岗位的交集为：
{'javascript','html'}
```

5.6 常用的算法

5.6.1 算法概述

算法(algorithm)是指解决问题的方案的准确而完整的描述，是一系列解决问题的清晰指令，算法代表着用系统的方法描述解决问题的策略机制。也就是说，能够对一定规范的输入，在有限的时间内获得所要求的输出。如果一个算法有缺陷，或者不适合于某个问题，执行这个算法将不会解决这个问题。不同的算法可能用不同的时间、空间或效率来完成同样的任务。一个算法的优劣可以用空间复杂度与时间复杂度来衡量。

算法通常是使用计算机程序来实现，用于解决问题的一种方法或过程。其处理流程如下图 5.2 所示。

图 5.2 算法结构的示意图

算法的实现为若干指令的有穷序列，具有如下特点。

(1)输入项：一个算法有 0 个或多个输入项，用于描述运算对象的初始情况，所谓 0 个输入项是指算法本身定出了初始条件。

(2)输出项：一个算法有一个或多个输出项，用于反映对输入数据加工后的结果。没有输出的算法是毫无意义的。

(3)确定性：算法的设计没有歧义。

(4)有限性：算法指令的执行次数和执行时间必须有限。

在计算机上执行一个算法，会产生内存开销和时间开销。算法的性能分析包括以下两个方面。

(1)时间复杂度：算法的时间复杂度是指执行算法所需要的计算工作量。

(2)空间复杂度：算法的空间复杂度是指算法需要消耗的内存空间。

5.6.2 算法复杂度分析

1. 时间复杂度

衡量算法有效性的一个重要指标是运行时间。算法的运行时间长度，与算法本身的设计和所求解的问题的规模有关。算法的时间性能分析就是算法的时间复杂度分析。

问题的规模是算法求解问题的输入量，通常用一个整数表示。例如，矩阵乘积问题的规模是矩阵的阶数，图论问题的规模则是图中的顶点数或边数。

对于问题规模较大的数据，如果算法的时间复杂度呈指数分布，完成算法的时间可能趋于无穷大，即无法完成。

一个算法运行的总时间取决于以下两个主要因素。

(1)每条语句的执行时间成本。

◀常用的算法

(2)每条语句的执行次数(频度)。

算法所耗费的时间等于算法中每条语句的执行时间之和。每条语句的执行时间为该语句的执行次数(频度)×该语句执行一次所需时间。每条语句执行一次所需要的时间取决于实际运行程序的机器性能。若要独立于机器的软、硬件系统来分析算法的时间耗费,可假设每条语句执行一次所需时间均为单位时间,则一个算法的时间耗费就是该算法中所有语句的频度之和。

例如,有以下代码:

```
total=0
for i in range(n):
  for j in range(n):
    total+=a[i][j]
print(total)
```

在该代码中循环语句运行了 n×n 次,算法执行语句的总频度为:n^2+2。

2. 增长量级

对于问题规模 n,如果算法 A 中所有语句的频度之和为 100n+1,算法 B 中的所有语句的频度之和为 n^2+n+1,则算法 A 和 B 对于不同问题规模的运行时间如表 5.3 所示。

表 5.3 算法 A 和算法 B 对于不同问题规模运行时间对照表

问题规模 n	算法 A 运行时间	算法 B 运行时间
10	1001	111
100	10 001	10 101
1000	100 001	1 001 001
10 000	1 000 001	100 010 001

由表 5.3 可以看出,随着问题规模 n 的增长,算法的运行时间主要取决于最高指数项。在算法分析中,通常使用增长量级来描述。

增长量级用于描述函数的渐进增长行为,一般用 O 来表示。例如,2n、200n 与 n+1 属于相同的增长量级,记为 O(n),表示函数随 n 线性增长。

3. 算法的空间复杂度(space complexity)

衡量算法有效性的另一个指标是内存消耗。对于复杂的算法,如果其消耗的内存超过运行该算法的计算机的可用物理内存,则算法无法正常运行。算法的内存消耗分析又称为算法的空间复杂度分析。

5.6.3 查找算法

1. 顺序查找法

假定要从 n 个元素中查找 x 的值是否存在,最原始的办法是从头到尾逐个查找,这种查找方法称为顺序查找法,其算法复杂度为 O(n)。

示例 5.7 在列表中顺序查找特定数值。

```
def sequentialSearch(alist,item): #顺序查找法
    pos=0                                    #初始查找位置
    found=False                              #未找到数据对象
    while pos<len(alist) and not found:      #若列表未结束并且还未找到,则一直循环
        if alist[pos]==item:
            found=True                       #若找到匹配对象,则返回 True
        else:
            pos=pos+1                        #否则查找位置+1
    return found
def main():
    testlist=[11,13,33,8,37,29,32,15,5]      #测试数据列表
    print(sequentialSearch(testlist,18))     #查找数据 18
    print(sequentialSearch(testlist,33))     #查找数据 33
main()
```

程序的运行结果如下。

```
False
True
```

2. 二分查找法

二分查找法又称为折半查找法,用于预排序列表的查找问题。

要在排序列表 alist 中查找元素 t,首先,将列表 alist 中间位置的项与查找关键字 t 比较,如果二者相等,则查找成功;否则利用中间项将列表分成前、后两个子表,如果中间位置项目大于 t,则进一步查找前一子表,否则进一步查找后一子表。重复以上过程,直到找到满足条件的记录,即查找成功;或直到子表不存在为止,即查找不成功。

对于包含 N 个元素的表,其时间复杂度为 $O(\log_2 N)$。

示例 5.8 二分查找法的非递归实现。

```
def binarySearch(key,a):                #二分查找法的非递归实现
    low=0                               #左边界
    high=len(a)-1                       #右边界
    while low<=high:                    #左边界小于等于右边界,则循环
        mid=(low+high)//2               #计算中间位置
        if a[mid]<key:                  #中间位置项目小于查找关键字
            low=mid+1                   #调整左边界(在后一子表查找)
        elif a[mid]>key:                #中间位置项目大于查找关键字
            high=mid-1                  #调整右边界(在前一子表查找)
        else:                           #中间位置项目等于查找关键字
            return mid                  #查找成功,返回下标位置
    return-1                            #查找不成功(不存在关键字),返回-1
def main():
```

```
    a=[11,13,26,33,45,55,68,72,83,99]
    print("关键字位于列表索引",binarySearch(55,a)) #二分查找关键字 55
    print("关键字位于列表索引",binarySearch(58,a)) #二分查找关键字 58
main()
```

程序的运行结果如下。

```
关键字位于列表索引 5
关键字位于列表索引 -1
```

示例 5.9 二分查找法的递归实现。

```
def _binarySearch(key,a,lo,hi):
    if hi<=lo: return-1                        # 查找失败,返回-1
    mid=(lo+hi)//2                             # 计算中间位置
    if a[mid]>key:                             # 中间位置项目大于查找关键字
      return _binarySearch(key,a,lo,mid)       # 递归查找前一子表
    elif a[mid]<key:                           # 中间位置项目小于查找关键字
      return _binarySearch(key,a,mid+1,hi)     # 递归查找后一子表
    else:                                      # 中间位置项目等于查找关键字
      return mid                               # 查找成功,返回下标位置
def binarySearch(key,a):                       # 二分查找
    return _binarySearch(key,a,0,len(a))       # 递归二分查找法
def main():
    a=[11,13,26,33,45,55,68,72,23,19]
    print("关键字位于列表索引",binarySearch(23,a)) #二分查找关键字 23
    print("关键字位于列表索引",binarySearch(78,a)) #二分查找关键字 78
main()
```

说明:

Python 语言提供了以下查找算法。

(1) 运算符 in。例如,"x in alist"用于测试值 x 是否在列表 alist 中存在。

(2) 内置函数 max、min:用于查找列表的最大值和最小值。

5.6.4 排序算法

1. 冒泡排序法

对于包含 N 个元素的列表 A,将其元素按递增顺序排列的冒泡排序法的算法如下。

(1) 第 1 轮比较:从第一个元素开始,对列表中所有 N 个元素进行两两大小比较,如果不满足升序关系,则交换:先将 A[0]与 A[1]比较,若 A[0]>A[1],则 A[0]与 A[1]交换,然后 A[1]与 A[2]比较,若 A[1]>A[2],则 A[1]与 A[2]交换;……;直至最后 A[N-2]与 A[N-1]比较,若 A[N-2]>A[N-1],则 A[N-2]与 A[N-1]交换。第 1 轮比较完成后,列表元素中最大的数"沉"到列表最后,而那些较小的数如同气泡一样上浮一个位置,故称之为冒泡排序法。

(2) 第 2 轮比较:从第一个元素开始,对列表中前 N-1 个元素(第 N 个元素,即 A[N-

1]已经最大，无须参加排序）继续两两大小比较，如果不满足升序关系，则交换。第二轮比较完成后，列表元素中次大的数“沉”到最后，即 A[N－2]为列表元素中次大的数。

(3) 依此类推，进行第 N－1 轮比较后，列表中所有元素均按递增顺序完成排序。

示例 5.10 冒泡排序算法的实现。

```
def bubbleSort(a):
    for i in range(len(a)-1,-1,-1):  # 外循环
        for j in range(i):           # 内循环
            if a[j]>a[j+1]:     # 大数往下沉
                a[j],a[j+1]=a[j+1],a[j]


def main():
    a=[12,9,8,6,5,18,3,11,8,16]
    bubbleSort(a)
    print(a)


main()
```

程序的运行结果如下。

```
[3,5,6,8,8,9,11,12,16,18]
```

2. 选择排序法

对于包含 N 个元素的列表 A，对其元素按递增顺序排列的选择排序法的基本思想是：每次在若干无序数据中查找最小数，并放在无序数据中的首位。其算法具体介绍如下。

(1) 从 N 个元素的列表中寻找最小值及其下标，将最小值与列表的第 1 个元素交换。

(2) 从列表的第 2 个元素开始的 N－1 个元素中再寻找最小值及其下标，将该最小值（即整个列表元素的次小值）与列表第 2 个元素交换。

(3) 依此类推，进行第 N－1 轮选择和交换后，列表中所有元素均按递增顺序完成排序。

示例 5.11 选择排序算法的实现。

```
def selectionSort(a):
    for i in range(0,len(a)):           # 外循环(0~N-1)
        m=i                             # 当前位置下标
        for j in range(i+1,len(a)):     # 内循环
            if a[j]<a[m]:               # 查找最小值的位置
                m=j
        a[i],a[m]=a[m],a[i]            # 元素交换


def main():
    a=[12,9,8,6,5,18,3,11,8,16]
    selectionSort(a)
    print(a)
main()
```

程序的运行结果如下。

```
[3,5,6,8,8,9,11,12,16,18]
```

3. 插入排序法

对于包含N个元素的列表A,对其元素按递增顺序排列的插入排序法的基本思想是:依次检查列表中的每个元素,将其插入到其左侧已经排好序的列表中的适当位置。其算法具体介绍如下。

(1) 第2个元素与列表中其左侧的第1个元素比较,如果A[0]>A[1],则交换位置,因此左侧的2个元素排序完毕。

(2) 第3个元素依次与其左侧的列表的元素比较,直至插入对应的排序位置,因此左侧的3个元素排序完毕。

(3) 依此类推,进行第N－1轮比较和交换后,列表中的所有元素均按递增顺序完成排序。

示例5.12 插入排序算法的实现。

```
def insertSort(a):
    for i in range(1,len(a)):               # 外循环(1~ N-1)
        j=i
        while (j>0) and (a[j]<a[j-1]):     # 内循环
            a[j],a[j-1]=a[j-1],a[j]        # 元素交换
            j-=1                            # 继续循环

def main():
    a=[12,9,8,6,5,18,3,11,8,16]
    insertSort(a)
    print(a)

main()
```

程序的运行结果如下。

```
[3,5,6,8,8,9,11,12,16,18]
```

5.7 eval 函数

eval()函数是Python的一个内置函数,其作用是返回字符串表达式的运行结果。通过eval()函数给变量赋值时,将等号右边表达式写成字符串的格式,将这个字符串作为eval()函数的参数,eval()函数的返回值就是这个表达式的结果。其语法格式如下。

```
eval(expression[,globals[,locals]])
```

注意:

参数说明如下。

- expression:表达式。
- globals:变量作用域,全局命名空间,如果被提供,则必须是一个字典对象。
- locals:变量作用域,局部命名空间,如果被提供,可以是任何映射对象。

使用 eval()函数的示例代码如下。

```
# 1、简单表达式
print(eval('1+2'))    # 输出结果:3
# 2、字符串转字典
print(eval("{'name':'jack','age':18}"))
# 输出结果:{'name':'jack','age':18}
# 3、传递全局变量
print(eval("{'name':'jack','age':age}",{"age":18}))
# 输出结果:{'name':'jack','age':18}
# 4、传递本地变量
age=18
print(eval("{'name':'Tom','age':age}",{"age":20},locals()))
# 输出结果:{'name':'Tom','age':18}
```

上面程序运行结果如下。

```
3
{'name':'jack','age':18}
{'name':'jack','age':18}
{'name':'Tom','age':18}
```

注意:

eval()函数虽然方便,但是应注意安全性,可以将字符串转成表达式并执行,就可以利用其执行系统命令、删除文件等操作。

5.8 实践任务

◆ 简易的英文词典

任务需求

实现一个简单的英语字典查询与管理程序。一个英文单词包含单词与单词的注释,其结构如下。

```
words=[{"word":"apple","note":"苹果"},{"word":"banana","note":"香蕉"}]
```

所有的单词组成一个列表,每个单词与注释成为一个字典,程序的功能就是管理这样一组单词记录。程序有查找单词、增加单词、更新注释、删除单词和显示单词等功能。

程序运行结果如下。

```
1.显示 2.查找 3.增加 4.更新 5.删除 6.退出
请选择(1,2,3,4,5) :1
apple:苹果
banana:香蕉
```

实现思路

(1) 单词存储。

数据使用全局变量“words=[]”存储，它是一个列表，每个元素是一个字典，字典是单词与注释的信息。

(2) 单词查找。

为了加快查找的速度，我们把单词按字典顺序从小到大排列，查找时采用二分法查找。

二分法查找是一种高效的查找方法，在 words 列表中查找单词 w，主要思想如下：

① 设置 i=0，j=len(words)−1，即 i、j 是第一个与最后一个下标；

② 如果 i≤j 就计算 m=(i+j)//2，m 是 i、j 中间一个元素的下标，如果 i>j 则程序结束；

③ 如果“words[m]["word"]==w["word"]”，那么说明 words[m]就是要找的单词，m 就是这个单词在列表中的位置；

④ 如果“words[m]["word"]>w["word"]”，说明 word[m]这个单词比要找的单词大，由于是从小到大排序的，因此设置 j=m−1，构造[i,m−1]范围回到第②步继续查找；

⑤ 如果“words[m]["word"]<w["word"]”，说明 word[m]这个单词比要找的单词小，由于是从小到大排序的，因此设置 i=m+1，构造[m+1,j]范围回到第②步继续查找；

⑥ 如果全部查找完毕没有找到单词，那么这个单词是新的单词，它应该放在 words[i] 的位置。

本章总结

1. 列表(list)：列表是最常用的 Python 数据结构，数据在列表中是有序的，可以通过索引访问列表中的数据。列表中的数据可以修改。

2. 元组(tuple)：元组与列表一样，保存在其中的数据也是有序的，可以通过索引访问元组中的数据。元组内的数据不能修改。

3. 字典(dict)：字典中的数据以键值对的形式保存，字典中的键是不重复的、唯一的，通过键能够快速地获得对应的值。字典中的数据是无序的。

4. 集合(set)：集合中的数据是不重复的、无序的。

本章作业

一、选择题

1. 关于 Python 的元组类型，以下选项中描述错误的是(　　)。

A. 一个元组可以作为另一个元组的元素，可以采用多级索引获取信息

B. 元组一旦创建就不能被修改

C. Python 中元组采用逗号和圆括号(可选)来表示

D. 元组中元素不可以是不同类型

2. S和T是两个集合，对S&T的描述正确的是(　　)。

A. S和T的补运算，包括集合S和T中的非相同元素

B. S和T的差运算，包括在集合S但不在T中的元素

C. S和T的交运算，包括同时在集合S和T中的元素

D. S和T的并运算，包括在集合S和T中的所有元素

3. 设序列s，以下选项中对max(s)的描述正确的是(　　)。

A. 一定能够返回序列s的最大元素

B. 返回序列s的最大元素，如果有多个相同，则返回一个元组类型

C. 返回序列s的最大元素，如果有多个相同，则返回一个列表类型

D. 返回序列s的最大元素，但要求s中元素之间可比较

4. 以下选项中不能生成一个空字典的是(　　)。

A. {}　　　　B. dict([])　　　　C. {[]}　　　　D. dict()

5. 给定字典d，以下选项中对d.keys()的描述正确的是(　　)。

A. 返回一个列表类型，包括字典d中所有键

B. 返回一个集合类型，包括字典d中所有键

C. 返回一种dict_keys类型，包括字典d中所有键

D. 返回一个元组类型，包括字典d中所有键

6. 给定字典d，以下选项中对d.values()的描述正确的是(　　)。

A. 返回一个dict_values类型，包括字典d中所有值

B. 返回一个集合类型，包括字典d中所有值

C. 返回一个元组类型，包括字典d中所有值

D. 返回一个列表类型，包括字典d中所有值

7. 给定字典d，以下选项中对x in d的描述正确的是(　　)。

A. x是一个二元元组，判断x是否是字典d中的键值对

B. 判断x是否是字典d中的键

C. 判断x是否是在字典d中以键或值方式存在

D. 判断x是否是字典d中的值

8. 给定字典d，以下选项中可以清空该字典并保留变量的是(　　)。

A. del d　　　　B. d.remove()　　　　C. d.pop()　　　　D. d.clear()

9. 关于Python组合数据类型，以下选项中描述错误的是(　　)。

A. 序列类型是二维元素向量，元素之间存在先后关系，通过序号访问

B. Python的str、tuple和list类型都属于序列类型

C. Python组合数据类型能够将多个同类型或不同类型的数据组织起来，通过单一的表示使数据操作更有序、更容易

D. 组合数据类型可以分为三类：序列类型、集合类型、映射类型

10. 关于Python的元组类型，以下选项中描述错误的是(　　)。

A. 元组中元素不可以是不同类型

B. 元组一旦创建就不能被修改

C. Python中元组采用逗号和圆括号(可选)来表示

D. 一个元组可以作为另一个元组的元素，可以采用多级索引获取信息

二、简答题

1. 简述列表、元组和字典的区别。

2. 简述递归算法的执行顺序。

三、编程题

1. 编写代码，有如下数字：

li= [1,2,3,4,5,6,7,8,8]

能组成多少个互不相同且不重复的数字的两位数。

2. 有如下值集合[11,22,33,44,55,66,77,88,99,90]，将所有大于 66 的值保存至字典的第一个 key 中，将小于 66 的值保存至第二个 key 的值中。

即：{'k1'：大于 66 的所有值,'k2'：小于 66 的所有值}

3. 输出商品列表，用户输入序号，显示用户选中的商品：

商品 商品 li= ["电脑","显示器","笔记本","机械键盘"]

① 允许用户添加商品；

② 用户输入序号显示内容。

4. 使用查找算法实现在列表[21,22,3,44,55,66,77,88,9,19]中顺序查找最大值和最小值。

5. 使用冒泡排序法对列表[21,22,3,44,55,66,77,88,9,19]按从大到小的顺序排序。

第6章 调试及异常处理

本章简介

编写程序的时候，程序员通常需要辨别事件的异常（非正常）情况，这类异常事件可能是程序本身的设计错误，也可能是外界环境发生了变化。为了处理这些情况，Python 提供了功能强大的异常处理机制。异常处理机制已经成为主流编程语言的必备功能，它使程序的异常处理代码和业务逻辑代码分离，提高了程序的安全性和可维护性。使用 PyCharm 进行异常调试在实际工作和学习中会经常遇到，人们不可能保证自己的代码每次运行都是没有错误的，所以快速找出并解决这些错误也成为程序员必备的技能。

本章目标

（1）会使用 PyCharm 进行程序调试。

（2）理解异常的概念。

（3）掌握处理异常的方法。

（4）掌握使用 raise 主动抛出异常。

实践任务

（1）重构学生管理系统。

（2）绘制钟表。

6.1 程序调试

程序中存在多种类型的错误，主要包括语法错误、运行时错误和语义错误等三类。

● 语法错误是指 Python 解释器试图将源代码语句翻译为可执行码时发生的错误。语法错误表明程序不合乎 Python 的语法要求，如使用了一个没有定义的变量名、在函数定义语句后面缺少冒号或括号没有配对等。解释器反馈的语法错误信息经常为：

```
SyntaxError:invalid syntax
```

● 运行时错误是指程序在运行过程中引发的异常。大部分运行时错误信息包含错误发生位置和正在执行函数的名称等，如无限递归将导致的错误提示为：

```
maximum recursion depth exceeded.
```

● 语义错误也称逻辑错误，它是指程序能够运行但没有得到预期的运行结果。

在进行 Python 程序调试时首先要明确发生了哪一类的错误，再分别用不同的方式处理和解决。

6.1.1 语法错误

语法错误是较容易发生，也是较容易解决的一种错误。Python 解释器对于脚本中语法错都能给出一定错误描述和错误编号，不过一些情况下这些描述并不一定准确，也不能为排错提供足够多的信息。可以根据错误信息初步定位错误的位置，再去阅读分析语句。有时错误位置描述的行号也不准确，可能错误发生在该行的前面。

Python 中经常发生的语法错误有以下几种。

(1) 语句缩进不严格，虽然不要求缩进量的多少，但一定要一致，不能混用缩进量。

(2) 复合语句如 while、for、def、class 等后面缺少冒号。

(3) 字符串常量要用引号括起来。

(4) 不配对的各种括号，如()、{ }、[ ]等。

当发生怎么也找不出错误所在的情况时，可以查看运行的脚本与修改的脚本是否是同一个脚本，或者将可疑的脚本放到程序开头部分，试试能否执行。一般来说，语法错误是比较容易排除的，IDE 中也会提示。

6.1.2 运行时错误

很多情况下，没有语法错误的脚本运行时也可能得不到满意的结果。运行时错误可能来自无限循环或无限递归，因此首先应查看并确保循环结构能够经过有限次执行后退出，或者检查退出的条件在某种情况下一定能够满足。

运行时错误还包括程序执行过程中因为异常而退出的情况，如被零除、引用了一个不存在的列表位置等。因此，编程时尽量通过一些测试语句保证引用位置是存在的。比如，使用字典的 dict.get(key)方法或者用 in 成员测试后获取 key 对应的值而不是直接用 dict[key]这种形式直接读取。编写代码时对于可能发生错误的地方，还可以放在 try /except 语句中。通过设计异常机制来处理可能发生的运行时错误是经常使用的应对运行时错误的办法。

运行时错误最终都被最顶层的异常错误处理机制捕获而告知 traceback 异常，并包括错

程序调试▶

误的行号等信息。常见的运行时错误有以下几种。

(1) NameError:名字错误。使用了没有定义的变量名,或者在当前命名空间中无法找到该变量。

> **注意:**
> 函数内部和模块内部的变量都具有local变量的特点,不能在函数外部使用内部定义的变量,除非该变量声明为global变量。模块导入的方法不同,使用其内部的变量和函数的方法也不同。

(2) TypeError:类型错误。可能出现类型错误的情况有以下几种。

①不正确使用值,如没有用索引访问列表、字符串和元组。

②格式化字符串中的格式类型和数据类型不一致,如%f对应了一个字符串。

③函数传递参数时,实参和形参的类型或位置不对应。

(3) KeyError:键值错误。试图读取一个字典中不存在的键对应的值。

(4) AttributeError:属性错误。试图使用一种不存在的方法或属性。

(5) IndexError:索引错误。这种错误一般发生在使用列表、字符串或元组时。若要避免此类错误,可以用len函数先获得对象的长度后再进行索引。

6.1.3 语义错误与Debug

语义错误指是在没有发生前面两种错误的情况下,程序的运行结果仍不是预想的结果,语义错误经常是和任务相关的。语义错误相对于语法错误和运行时错误来说较难发现和排除。一般需要在了解程序的功能和实现方法的基础上才能进行语义排错。

检查语义错误的方法可以通过分析脚本设计框架,在特定位置添加一些print语句,将运行中关键点的结果逐步输出,进而确定错误位置。如果程序十分复杂,将程序分块后逐步调试也是一种排除错误的做法,最后再进行综合调试。因此,程序模块化是一种良好的设计思路。

最后,良好的编程习惯也将大大减少语义错误,如适当添加注释、表达式中使用括号来明确运算顺序等。

如果程序可以运行,但程序行为和期待的或需要的结果不一致,就说明程序中存在一个bug,必须使用debug清除逻辑上的错误。

PyCharm的代码调试(debug)功能非常强大,除了普通的断点调试,还可以通过扩展插件,实现在调试模式下与IPython交互。下面我们就介绍使用PyCharm进行断点调试。

1. 设置断点

PyCharm提供了多种不同类型的断点,并设有特定的图标。这里只介绍行断点,即该断点标记了一行待挂起的代码。当在某一行上设置了行断点之后,通过调试模式运行程序,程序会在断点处停止,并且在调试面板中输出变量、函数等信息。

关于断点需要了解以下内容。

(1) 用光标单击PyCharm编辑区域中序号和代码内容中间的区域可以设置断点,如图6.1所示。

(2) 可以设置多个断点,程序会按照代码的顺序进入断点。上一个断点检查完,可以手动让程序继续执行,到达下一个断点处程序又将进入断点。

```
1   scoreList1 = [90,78,80]
2   scoreList2 = [92,96,85]
3   totalList=[]
4   #将2个列表中每一项成绩分别求和，然后添加到totalList中
5   for index in range(len(scoreList1)):
6       sum = scoreList1[index]+scoreList2[index]
7       totalList.append(sum)
8   #输出totalList中的元素
9   for score in totalList:
10      print(score)
11
```

图 6.1　设置断点

(3) 在项目代码较多时，如果想要选择性地让某一个断点运行程序进入，而另一些断点希望程序暂时忽略，则可以在断点位置右击，在弹出的对话框中不选中【Suspend】复选框即可，如图 6.2 所示。

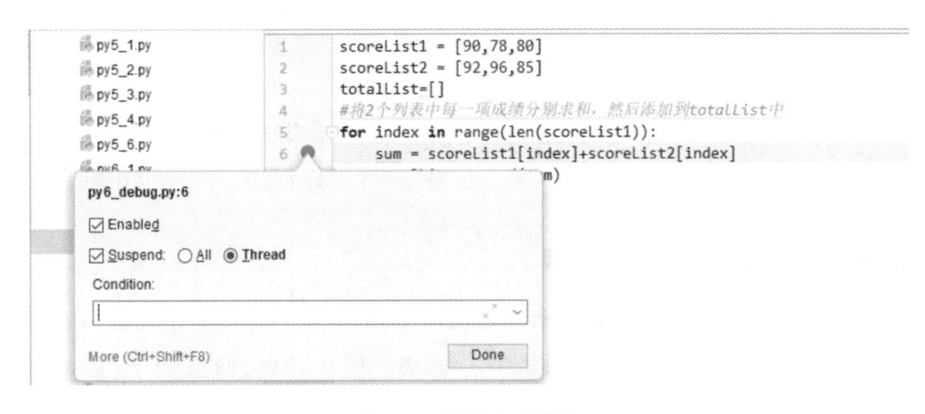

图 6.2　设置忽略断点

2. 进入调试模式界面

设置完断点后点击 PyCharm 页面中右上角的【】的按钮，可以使程序进入调试模式运行，如图 6.3 所示。

图 6.3　使用调试模式运行程序

当程序进入断点时，PyCharm 会出现调试模式界面，这个界面在整个页面的下方，如图 6.4 所示，方框的区域都属于调试模式的内容。

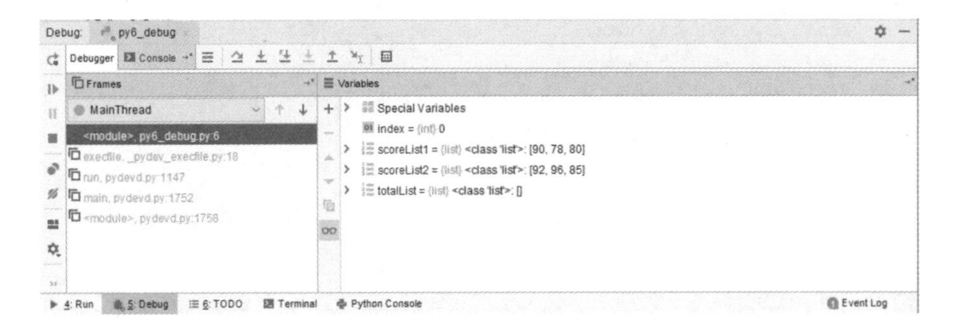

图 6.4　调试模式的界面

在调试模式界面中，最左边有一列与正常运行模式相似的图标，也有暂停、停止、启动等功能。在显示区域中有两个模块，一个模块是 Frames，另一个模块是 Variables。Frames 主

要用于比较大型复杂的系统，可以查看各个模块、类、方法的各种耦合结构，本书中不再详细介绍。Variables 中主要显示的是变量的内容，包括类型、值等。

1）查看变量信息

通过 Variables 模块中的信息，可以查看程序进入断点时所有的变量信息，包括变量当前的值或内容、变量的类型等，从中发现蛛丝马迹来最终确定程序崩溃的原因。

2）常用快捷键

如果在循环中设置断点，程序第一次进入断点是在第一次循环的时候，之后如果想查看变量在循环中是如何变化的，可以通过使用 F7、F8、F9 三个快捷键进行下一个操作。

（1）F7 键：step into（进入），按顺序逐行停止，如果遇到函数，会进入到函数内，并在调试界面中显示运行该行代码后得到的变量信息。

（2）F8 键：step over（单步），如果断点设置在一行执行代码处，其效果与 F7 键相同；如果断点设置在函数调用的代码上，F8 键将会忽略，不进入函数，直接外跳到下一行。但是调试界面中仍然会显示函数运行之后得到的变量信息，F8 键适合已经确认某个函数没有错误时的调试，会比较节省时间。

（3）F9 键：resume program，运行到下一个断点处，适合快速调试。

（4）Shift+F8 组合键：跳出函数。当进入函数内，可以使用 Shift+F8 组合键来跳出函数。

3. 观察变量值的变化

单步执行程序时，在变量窗口中观察变量值的变化，看是否与预期设想的一致，如图 6.5 所示。如果一致说明程序逻辑正确，如果不一致就要停止调试，修改程序，直到程序正确为止。

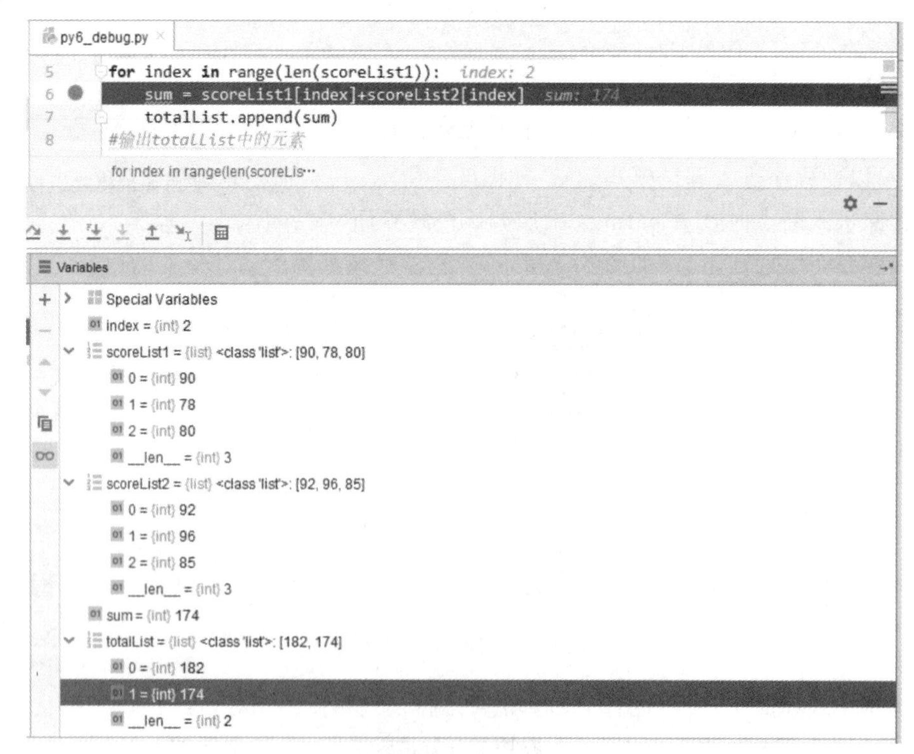

图 6.5 观察变量的值

6.2 异常与异常处理

在这一节，我们将要学习异常这一概念，它是一种可以改变程序中控制流程的程序结构。在 Python 中，异常会根据错误自动被触发，也能由代码触发和捕获。异常由四个相关语句进行处理，分别为 try，except，else 和 finally，下面对它们分别进行介绍。

6.2.1 异常的概念

异常是在程序运行过程中发生的非正常事件，这类事件可能是程序本身的设计错误也可能是外界环境发生了变化，如网络连接不通、算术运算出错、遍历列表超出范围、导入的模块不存在等，异常会中断正在运行的程序。

例如，除数为 0 时，会引发异常，代码如下：

```
res=10/0
print("res:",res)
print('计算结束')
```

以上代码输出的结果如图 6.6 所示。

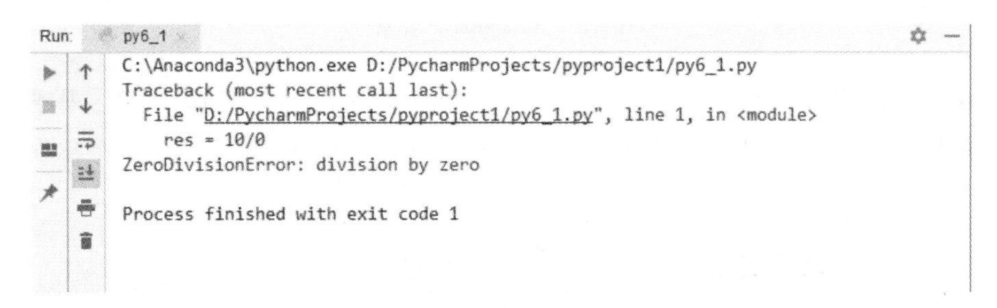

图 6.6 除数为 0 的异常

从输出结果可以看出程序运行到 res=10/0 就终止了，后面的 print 语句都没有输出，程序只输出了异常信息。输出的异常类别为 ZeroDivisionError，这是 Python 中的内建异常类。

Python 中常见的异常类，见表 6.1。

表 6.1 Python 中常见的内建异常类

异常类名	描述
Exception	所有异常的基类
NameError	尝试访问一个没有申明的变量
ZeroDivisionError	除数为 0
SyntaxError	语法错误
IndexError	索引超出序列范围
KeyError	请求一个不存在的字典关键字
IOError	输入/输出错误（如程序员要读的文件不存在）
AttributeError	尝试访问未知的对象属性
ValueError	传给函数的参数类型不正确
EOFError	发现一个不期望的文件尾

异常与异常处理▶

示例 6.1 IndexError 异常示例。

```
list=['三国演义','水浒传','西游记','红楼梦']
print("输出四大名著:")
print(list[4])
print(list[3])
print(list[2])
print(list[1])
print("输出结束")
```

程序运行结果如图 6.7 所示。

```
Run: py6_1
C:\Anaconda3\python.exe D:/PycharmProjects/pyproject1/py6_1.py
Traceback (most recent call last):
输出四大名著:
  File "D:/PycharmProjects/pyproject1/py6_1.py", line 3, in <module>
    print(list[4])
IndexError: list index out of range

Process finished with exit code 1
```

图 6.7 IndexError 异常

从输出结果可以看出程序运行到 print(list[4])出现了 IndexError 异常,程序也终止了。如果想让程序出现异常后还能继续运行,就需要我们捕获与处理异常,保障程序的健壮性。

6.2.2 捕获与处理异常

当程序出现异常时,Python 默认的异常处理行为将启动,停止程序并输出错误消息。但这往往并不是我们想要的。例如,服务器程序一般需要在内部错误发生时依然保持工作。如果不希望默认的异常行为,就需要把调用包装在 try 语句中,自行捕捉异常。

1. try…except…语句

try 子句中的代码块放置可能出现异常的语句,except 子句中的代码放入块处理异常的语句,其语法格式如下。

```
try:
  try 块      # 被监控的语句
except Exception as e:
  except 块   # 处理异常的语句
```

修改示例 6.1 中的代码,显示使用 try…except…语句诊断异常的过程。

```
list= ['三国演义','水浒传','西游记','红楼梦']
print("输出四大名著:")
try:
    print(list[4])
except IndexError as e:
    print('列表元素下标越界')
```

```
print(list[3])
print(list[2])
print(list[1])
print("输出结束")
```

程序运行的结果如图 6.8 所示。

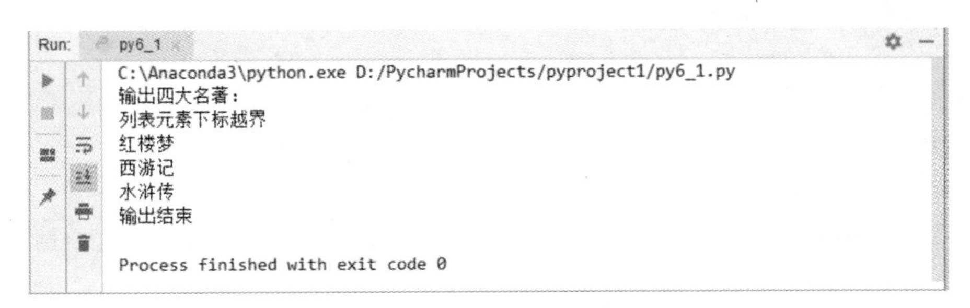

图 6.8　异常处理后的结果

当 try 语句启动时，Python 会标识当前的程序环境，这样一来，如果有异常发生时，才能返回这里。try 首行下的语句会先执行，接下来会发生什么事情，取决于 try 代码块语句执行时是否引发异常。

如果 try 代码块语句执行时的确发生了异常，Python 则回到 try 语句层，寻找后面是否有 except 语句。找到 except 语句后，会调用这个自定义的异常处理器。当 except 代码块执行后，程序就会转到整个 try 语句后继续执行。

如果异常发生在 try 代码块内，没有符合的 except 子句，异常就会向上传递到当前程序之前进入的 try 代码块中，或者如果它是第一条这样的语句，就传递到这个进程的顶层。

如果 try 首行底下执行的语句没有发生异常，Python 就会执行 else 行下的语句（如果有的话），控制权会在整个 try 语句下继续。

2. try…except…else…语句

如果 try 范围内捕获了异常，就执行 except 块；如果 try 范围内没有捕获异常，就执行 else 块，下面的示例修改了上一小节的例子，引入循环结构，可以实现重复输入字符串序号，直到检测序号不越界而输出相应的字符串。

示例 6.2

```
list=['三国演义','水浒传','西游记','红楼梦']
print("输入名著的序号:")
while True:
    no=int(input())
    try:
        print(list[no])
    except IndexError as e:
        print('列表元素下标越界,请重新输入:')
    else:
        break
print("输出结束")
```

运行结果如图 6.9 所示。

```
Run: py6_2
C:\Anaconda3\python.exe D:/PycharmProjects/pyproject1/py6_2.py
输入名著的序号：
6
列表元素下标越界，请重新输入：
7
列表元素下标越界，请重新输入：
3
红楼梦
输出结束
```

图 6.9　示例 6.2 的运行结果

如果没有 else，是无法知道控制流程是否已经通过了 try 语句。在上面这个例子中，没有触发 IndexError，而是执行 else 语句，结束循环。

3. 带有多个 except 的 try 语句

下面的语句是带有多个 except 的 try 语句。

```
try:
    try 块          # 被监控的语句
exceptException1 as e1:
    except 块 1    # 处理异常 1 的语句
except Exception2 as e2:
    except 块 2     # 处理异常 2 的语句
```

请看下面的例子：输入两个数字，求两数相除的结果。在数值输入时应检测输入的被除数和除数是否是数值，如果输入的是字符则视为无效。在进行除操作时，应检测除数是否为零。

示例 6.3

```
try:
    x=float(input("请输入被除数:"))
    y=float(input("请输入除数:"))
    z=x/y
except ZeroDivisionError as e1:
    print("除数不能为零")
except ValueError as e2:
    print("被除数和除数应为数值类型")
else:
    print(z)
```

程序运行结果如图 6.10 所示。

这个例子中，Python 将检查不同类型的异常（ZeroDivisionError 或者 ValueError），一旦发生对应的异常，将匹配执行相应 except 中的代码。

4. 捕获所有异常

BaseException 是所有内建异常的基类，通过它可以捕获所有的异常，KeyboardInterrupt、SystemExit 和 Exception 是从它直接派生出来的子类。按 Ctrl + C 组合键会抛出

```
Run:  py6_3
C:\Anaconda3\python.exe D:/PycharmProjects/pyproject1/py6_3.py
请输入被除数:6
请输入除数:2
3.0

Process finished with exit code 0
```

图 6.10　多个 except 的运行结果

KeyboardInterrupt 类型的异常，sys 模块的 sys. exit()会抛出 SystemExit 类型的异常。其他所有的内建异常都是 Exception 的子类，如图 6.11 所示。

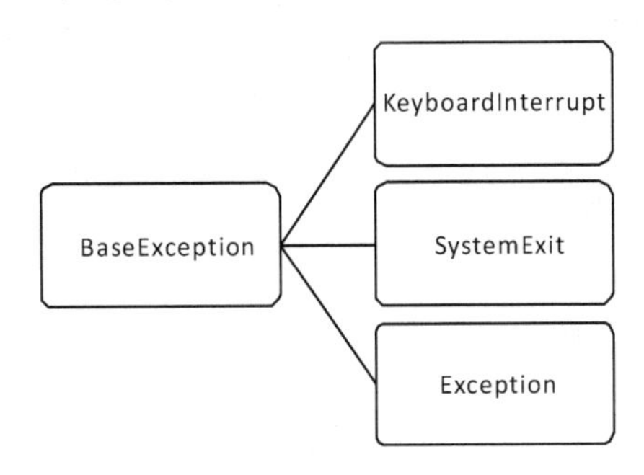

图 6.11　Python 内置异常的层次结构

当程序需要捕获所有异常时，可以使用 BaseException，其 语法格式如下。

```
try:
    try 块
except BaseException as e:
    except 块
```

5. finally 子句

在程序中，有一种情况是，无论是否捕获到异常，都要执行一些终止行为，比如关闭文件、释放资源等，这时可以使用 finally 语句进行处理。其语法格式如下。

```
try:
  # 语句块
except A:
  # 异常 A 处理代码
except:
  # 其他异常处理代码
else:
  # 没有异常处理代码
finally:
  # 最后必须执行的代码
```

正常执行的程序在 try 语句块中执行，在执行的过程中如果发生了异常，则需要中断当前在语句块中的执行，然后跳转到对应的异常处理块中开始执行。

Python 会从第一个 except 处开始查找。如果找到了对应的异常类型，则进入其提供的 except 块中进行处理；如果没有找到，则直接进入不带异常类型的 except 块处进行处理。不带异常型的 except 块是可选项，如果没有提供，这个异常就会被提交给 Python 进行默认处理，处理方式则是终止应用程序并打印提示信息。

如果在 try 语句块的执行过程中没有发生任何异常，则程序在执行完 try 语句块后会进入 else 执行块中(如果存在的话)继续执行。

无论是否发生了异常，只要提供了 finally 语向，程序执行的最后一步总是执行 finally 对应的代码块。

注意：

(1) 关键字出现的顺序为 try-except-else-finally。

(2) else 和 finally 都是可选的，而不是必需的；如果存在的话，finally 必须在整个语句的最后位置。

(3) 有 else 时必须先有 except 语句，else 不能与 try-finally 配合使用。

6.2.3 两种处理异常的特殊方法

1. assert 语句

assert 语句的语法格式如下。

```
assert expression(,reason)
```

当判断表达式 expression 为真时，什么都不做；如果表达式为假，则抛出异常。

以下程序段说明了 assert 语句的用法。

```
try:
    assert 1==2,"1 is no equal 2!"
except AssertionError as reason:
    print("%s:%s"%(reason.__class__.__name__,reason))
```

运行后，控制台输出如下结果。

```
AssertionError:1 is no equal 2!
```

2. with…as 语句

with…as 语句的目的在于从流程图中把 try、except、finally 关键字和资源分配释放的相关代码全部去掉，而不是像 try…except…finally 那样仅仅简化代码使之易于使用。with…as 语句的语法格式如下。

```
with context_expr [as var]:
    with-block
```

这里 context_expr 要返回一个对象。如果选用的 as 子句存在，此对象也返回一个值，赋值给变量名 var。

6.2.4 raise 语句

在 Python 中，程序运行出现错误时就会引发异常。但是有时候，也需要在程序中主动抛出异常，执行这种操作可以使用 raise 语句。其语法格式如下。

```
raise ErrorName()# 抛出 ErrorName 的异常
raise# 重新引发刚刚发生的异常
```

其中，ErrorName 是异常名，类似于 IndexError、ZeroDivisionError 等。

从语法格式中可以看出，raise 语句可以主动抛出各种类型的异常，也可以重新引发之

前刚刚发生的异常。使用 raise 抛出异常时,还可以自定义描述信息。例如:

```
raise IndexError("索引越界异常")
```

示例 6.4 学生考试后,老师批阅试卷,给学生录入成绩,成绩在[0,100]的闭区间,判断输入的成绩是否符合要求,如果超过该范围,抛出成绩范围越界异常。

```
print("学生考试完毕,老师阅卷")
score=int(input('请老师录入考试成绩:'))
if score<0 or score>100:
    raise BaseException("成绩输入有误,超过了范围")
else:
    print('成绩录入完毕')
print("该学生的成绩为:",score)
```

输入超过 100 的数字后,抛出了异常,结果如图 6.12 所示。

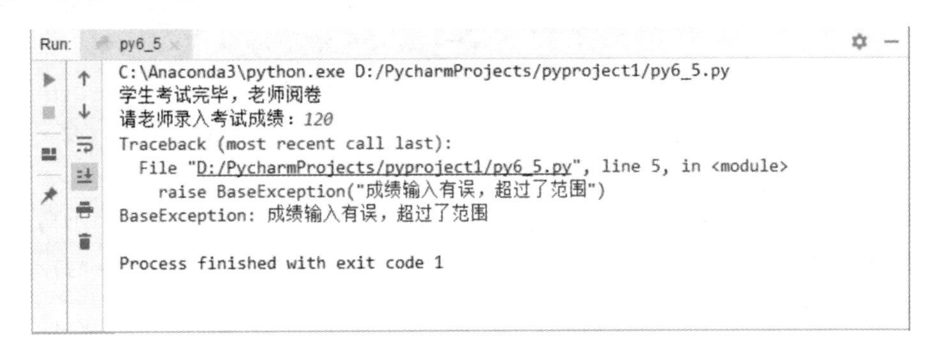

```
C:\Anaconda3\python.exe D:/PycharmProjects/pyproject1/py6_5.py
学生考试完毕，老师阅卷
请老师录入考试成绩：120
Traceback (most recent call last):
  File "D:/PycharmProjects/pyproject1/py6_5.py", line 5, in <module>
    raise BaseException("成绩输入有误，超过了范围")
BaseException: 成绩输入有误，超过了范围

Process finished with exit code 1
```

图 6.12 示例 6.4 引发异常的结果

输入合法的成绩,结果如图 6.13 所示。

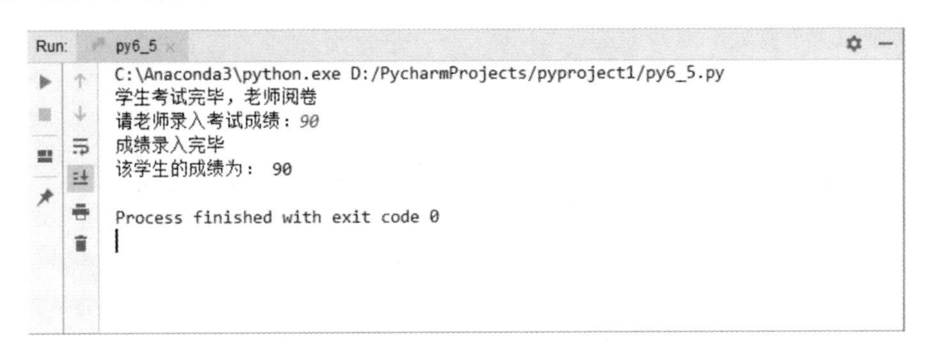

```
C:\Anaconda3\python.exe D:/PycharmProjects/pyproject1/py6_5.py
学生考试完毕，老师阅卷
请老师录入考试成绩：90
成绩录入完毕
该学生的成绩为： 90

Process finished with exit code 0
```

图 6.13 示例 6.4 中录入合法成绩的结果

6.2.5 采用 sys 模块回溯最后的异常

常用的有 sys.exc_info()函数,其通常允许一个异常处理器获取对最近引发的异常的访问。当使用空的 except 子句来盲目地捕获每个异常以确定引发了什么的时候,将其放入 except 代码中会特别有用。

```
import sys
try:
  block
```

```
except:
  tuple=sys.exc_info()
print(tuple)
```

sys. exc_info()的返回值 tuple 是一个三元组(type,value/message,traceback)。

sys 模块的示例如下。

```
import sys
try:
   1/0
except:
   tuple=sys.exc_info()
print(tuple)
```

程序的运行结果如下。

```
(<class 'ZeroDivisionError'>,ZeroDivisionError('division by zero'),<traceback object
at 0x000002C0CE857908>)
```

6.3 Turtle 模块绘图

Turtle 库是 Python 语言中一个很流行的绘制图像的函数库。想象有一个小乌龟,在一个横轴为 x、纵轴为 y 的坐标系中从原点(0,0)位置开始,它根据一组函数指令的控制,在这个平面坐标系中移动,从而在它爬行的路径上绘制出了图形。

6.3.1 创建画布

画布就是 turtle 为我们展开用于绘图区域,我们可以设置它的大小和初始位置。

设置画布大小有如下两种方法。

方法一 其语法格式如下。

```
turtle.screensize(canvwidth=None,canvheight=None,bg=None)
```

其中的参数分别为画布的宽(单位像素)、高、背景颜色。示例代码如下。

```
turtle.screensize(800,600,"green")
turtle.screensize() # 返回默认大小(400,300)
```

方法二 其语法格式如下。

```
turtle.setup(width=0.5,height=0.75,startx=None,starty=None)
```

其参数分别介绍如下。

① width,height:输入宽和高为整数时,表示像素;为小数时,表示占据电脑屏幕的比例。

② (startx,starty):这一坐标表示矩形窗口左上角顶点的位置,如果为空,则窗口位于屏幕中心。

示例代码如下。

```
turtle.setup(width=0.6,height=0.6)
turtle.setup(width=800,height=800,startx=100,starty=100)
```

◀Turtle 模块绘图

6.3.2 设置画笔

在画布上，默认有一个坐标原点为画布中坐标系的中心，坐标原点上有一只面朝 x 轴正方向小乌龟(画笔)。这里我们描述小乌龟(画笔)时使用了两个词语：坐标原点(位置)，面朝 x 轴正方向(方向)。turtle 绘图中，就是使用位置方向描述小乌龟(画笔)的状态。

画笔的属性有：画线的宽度、颜色、移动速度等，常用的方法如下。

(1) turtle.pensize()：设置画笔的宽度。

(2) turtle.pencolor()：没有参数传入，返回当前画笔颜色；有参数传入用传入的参数设置画笔的颜色。参数可以是字符串如“green”“red”，也可以是 RGB 三元组。

(3) turtle.speed(speed)：设置画笔的移动速度，画笔绘制的速度为范围在[0,10]区间内的整数，数字越大越快。

操纵画笔绘图有许多的命令，这些命令可以划分为三种：一种为运动命令，一种为画笔控制命令，还有一种是全局控制命令。画笔运动相关的命令见表 6.2。

表 6.2 画笔运动命令

命令	说明
turtle.forward(distance)	向当前画笔方向移动 distance 像素长度
turtle.backward(distance)	向当前画笔相反方向移动 distance 像素长度
turtle.right(degree)	顺时针移动 degree 角度
turtle.left(degree)	逆时针移动 degree 角度
turtle.pendown()	移动时绘制图形，默认值也为绘制图形
turtle.goto(x,y)	将画笔移动到坐标为(x,y)的位置
turtle.penup()	提起画笔移动，不绘制图形，用于另起一个地方绘制
turtle.circle()	画圆，半径为正(负)，表示圆心在画笔的左边(右边)画圆
setx()	将当前 x 轴移动到指定位置
sety()	将当前 y 轴移动到指定位置
setheading(angle)	设置当前朝向为 angle 角度
home()	设置当前画笔位置为原点，朝向为东
dot(r)	绘制一个指定直径和颜色的圆点

画笔控制命令的见表 6.3。

表 6.3 画笔控制命令

命　　令	说　　明
turtle. fillcolor(colorstring)	绘制图形的填充颜色
turtle. color(color1,color2)	同时设置 pencolor=color1,fillcolor=color2
turtle. filling()	返回当前是否在填充状态
turtle. begin_fill()	准备开始填充图形
turtle. end_fill()	填充完成
turtle. hideturtle()	隐藏画笔的 turtle 形状
turtle. showturtle()	显示画笔的 turtle 形状

全局控制命令见表 6.4。

表 6.4 全局控制命令

命　　令	说　　明
turtle. clear()	清空 turtle 窗口,但是 turtle 的位置和状态不会改变
turtle. reset()	清空窗口,重置 turtle 状态为起始状态
turtle. undo()	撤销上一个 turtle 动作
turtle. isvisible()	返回当前 turtle 是否可见
stamp()	复制当前图形
turtle. write (s [, font = (" font - name",font_size,"font_type")])	写文本,s 为文本内容,font 是字体的参数,分别为字体名称,大小和类型;font 为可选项,font 参数也是可选项

示例 6.5 使用 turtle 库绘制五角星。

```
# coding=utf-8
import turtle
import time

turtle.pensize(5)
turtle.pencolor("yellow")
turtle.fillcolor("red")

turtle.begin_fill()
for _ in range(5) :
    turtle.forward(200)
    turtle.right(144)
turtle.end_fill()
time.sleep(2)

turtle.penup()
turtle.goto(-150,-120)
turtle.color("violet")
turtle.write("Done",font=('Arial',40,'normal'))

turtle.mainloop()
```

运行结果如图 6.14 所示。

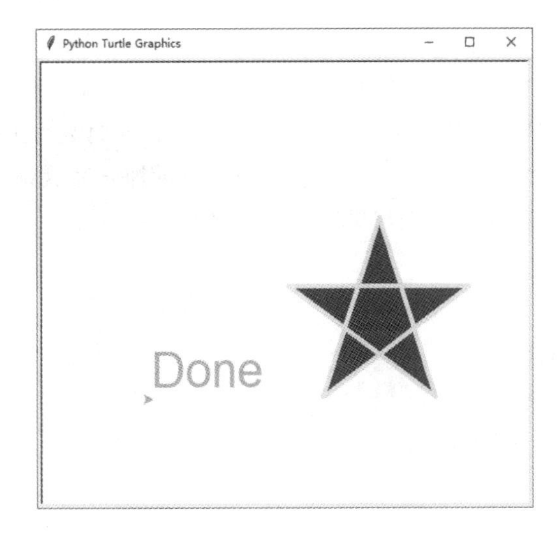

图 6.14　五角星绘制的结果

6.4　项目实践

6.4.1　任务 1——重构学生信息管理系统

完善学生信息管理系统，在可能出现异常的地方进行异常处理。

6.4.2　任务 2——绘制钟表

需求分析

钟表是一种计时器，在表盘上一般有时针、分针、秒针和时间的刻度。使用 Python 绘制出如图 6.15 的钟表，并随着系统时间走动。

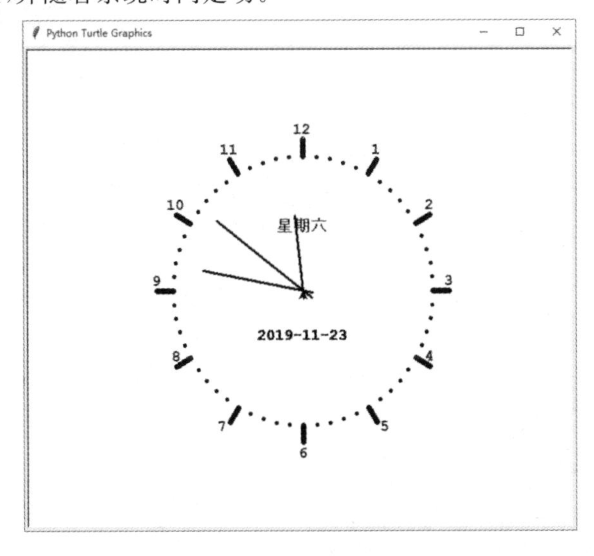

图 6.15　绘制钟表

实现思路

钟表的模拟程序可以分为外观绘制和时间与日期处理两个任务。其中,外观绘制的任务可以细分为绘制表盘刻度、绘制指针和绘制日期显示文本三个子任务;处理日期的任务可以细分为处理日期和处理周日期两个子任务。将所有的任务封装为函数。

绘制动态的钟表创建五个 turtle 对象,包括一个表示钟表表盘刻度的对象、三个表示钟表指针的对象,和一个用于显示日期与星期的表盘对象。

参考代码

```
# coding=utf-8
import turtle
from datetime import *
# 抬起画笔,向前运动一段距离放下
def skip(step):
    turtle.penup()
    turtle.forward(step)
    turtle.pendown()
def mkHand(name,length):
    # 注册 Turtle 形状,建立表针 Turtle
    turtle.reset()
    skip(-length*0.1)
    # 开始记录多边形的顶点。当前的乌龟位置是多边形的第一个顶点
    turtle.begin_poly()
    turtle.forward(length*1.1)
    # 停止记录多边形的顶点。当前的乌龟位置是多边形的最后一个顶点,将其与第一个顶点相连
    turtle.end_poly()
    # 返回最后记录的多边形
    handForm=turtle.get_poly()
    turtle.register_shape(name,handForm)
def init():
    global secHand,minHand,hurHand,printer
    # 重置 Turtle 指向北
    turtle.mode("logo")
    # 建立三个表针 Turtle 并初始化
    mkHand("secHand",135)
    mkHand("minHand",125)
    mkHand("hurHand",90)
    secHand=turtle.Turtle()
    secHand.shape("secHand")
    minHand=turtle.Turtle()
    minHand.shape("minHand")
    hurHand=turtle.Turtle()
    hurHand.shape("hurHand")
```

```
    for hand in secHand,minHand,hurHand:
        hand.shapesize(1,1,3)
        hand.speed(0)
    # 建立输出文字 Turtle
    printer=turtle.Turtle()
    # 隐藏画笔的 Turtle 形状
    printer.hideturtle()
    printer.penup()
def setupClock(radius):
    # 建立表的外框
    turtle.reset()
    turtle.pensize(7)
    for i in range(60):
        skip(radius)
        if i%5==0:
            turtle.forward(20)
            skip(-radius-20)
            skip(radius+20)
            if i==0:
                turtle.write(int(12),align="center",font=("Courier",14,"bold"))
            elif i==30:
                skip(25)
                turtle.write(int(i/5),align="center",font=("Courier",14,"bold"))
                skip(-25)
            elif(i==25 or i==35):
                skip(20)
                turtle.write(int(i/5),align="center",font=("Courier",14,"bold"))
                skip(-20)
            else:
                turtle.write(int(i/5),align="center",font=("Courier",14,"bold"))
            skip(-radius-20)
        else:
            turtle.dot(5)
            skip(-radius)
        turtle.right(6)
def week(t):
    week=["星期一","星期二","星期三","星期四","星期五","星期六","星期日"]
    return week[t.weekday()]
def date(t):
    y=t.year
    m=t.month
    d=t.day
    return "%s-%d-%d" %(y,m,d)
```

```
def tick():
    # 绘制表针的动态显示
    t=datetime.today()
    second=t.second+t.microsecond*0.000001
    minute=t.minute+second / 60.0
    hour=t.hour+minute / 60.0
    secHand.setheading(6*second)
    minHand.setheading(6*minute)
    hurHand.setheading(30*hour)

    turtle.tracer(False)
    printer.forward(65)
    printer.write(week(t),align="center",font=("Courier",14,"bold"))
    printer.back(130)
    printer.write(date(t),align="center",font=("Courier",14,"bold"))
    printer.home()
    turtle.tracer(True)
    # 100ms 后继续调用 tick
    turtle.ontimer(tick,100)

def main():
    # 打开/关闭龟动画,并为更新图纸设置延迟。
    turtle.tracer(False)
    init()
    setupClock(160)
    turtle.tracer(True)
    tick()
    turtle.mainloop()
if __name__=="__main__":
    main()
```

本章总结

1. 程序中存在多种类型的错误,主要包括语法错误、运行时错误和语义错误三类。

2. 异常是在程序运行过程中发生的非正常事件。异常由四个相关语句进行处理,分别为 try,except,else 和 finally。

3. try…except…语句。try 子句中的代码块放置可能出现异常的语句,except 子句中的代码块处理异常。

4. 两种处理异常的特殊方法:assert 语句和 with…as 语句。

5. 使用 raise 语句在程序中主动抛出异常。

6. sys.exc_info()函数通常允许一个异常处理器获取对最近引发的异常的访问。

本章作业

一、简答题

1. 简述一下程序调试的步骤。

2. 异常处理的方法有哪些，分别如何实现？

二、编程题

1. 录入一个学生的成绩，然后把学生的成绩转换为A优秀、B良好、C中等、D及格、E不及格的形式，最后将学生等级打印出来，处理数据类型转换异常，并要求使用assert语句处理分数不合格的情况。

2. 尝试使用turtle模块绘制小猪佩奇或叮当猫。

第7章

类和对象

本章简介

在前面章节中介绍了编程的基础知识，包括程序的顺序结构、选择结构和循环结构以及面向过程的编程思想，能够使用面向过程的编程思想解决编程问题。而 Python 是面向对象的编程语言，面向对象的思想符合人的思维方式，更便于模拟现实生活与解决问题，更利于编写复杂的程序与开发大型项目。本章将介绍 Python 面向对象编程中非常重要的概念，主要内容有类和对象。首先，通过生活中的案例介绍类和对象的基本概念，掌握类和对象的概念后，继续讲解在 Python 中如何定义类，通过类如何创建对象和使用对象。从面向过程编程过渡到面向对象编程，需要大家从思想上进行转变，编程思维的转变需要一个过程，在此过程中要多思考、多练习，只有掌握了面向对象的编程思想，才能掌握 Python 语言的精髓。

本章目标

(1) 理解面向对象的思想。

(2) 掌握定义类。

(3) 掌握定义类的成员方法。

(4) 掌握使用类创建对象。

(5) 掌握对象成员的使用。

实践任务

猜拳游戏。

7.1 类和对象

7.1.1 面向对象的编程思想

在之前的章节中，解决问题的方式是先分析解决这个问题需要的步骤，然后用流程控制语句、函数把这些步骤一步一步地实现出来。这种编程思想被称为面向过程编程。面向过程编程符合人们的思考习惯，容易理解。最初的程序也都是使用面向过程的编程思想开发的。

随着程序规模的不断扩大，人们不断提出新的需求。面向过程编程可扩展性低的问题逐渐凸显出来，于是人们提出了面向对象编程思想。面向对象的编程不再根据解决问题的步骤来设计程序，而是先分析谁参与了问题的解决。这些参与者称为对象，对象之间相互独立，但又相互配合、连接和协调，从而共同完成整个程序要实现的任务和功能。

面向对象编程具有三大特性：封装、继承和多态。这三大特性共同保证了程序的可扩展性需求。

Python 从设计之初就已经是一门面向对象的语言了，因此在 Python 中可以很容易地实现面向对象编程。使用面向对象的编程思想开发程序首先要理解类和对象，下面分别进行介绍。

7.1.2 对象

现实世界中的所有事物都可以视为对象，如一辆自行车、一辆汽车、一本书、一个人、拍打中的篮球等。即现实世界中切实的、可触及的实体都可以视为对象。对象在生活中随处可见，小到一粒沙子，大到一栋大厦，可以说，世界就是由一个个具体的对象所组成。在面向对象编程的思想中，万物皆对象。

Python 是一门面向对象的编程语言，要学会用面向对象的思想思考问题，面向对象(object-oriented，OO)思想的核心就是对象(object)。对象表示现实世界中的实体，因此，面向对象编程(OOP)能够很好地模拟现实世界，符合人们思考问题的方式，从而能更好地解决现实世界中的问题。下面分析身边的对象，如图 7.1 所示。

姓名：马小云 年龄：18 岁 年级：大一 体重：56kg	姓名：艾承旭 年龄：28 岁 职业：老师 体重：60kg
行为：听课、看书、做作业	行为：讲课、编写程序、批阅作业

图 7.1　身边的对象

图 7.1 中显示了两个对象：学生马小云和老师艾承旭。通常，每一个对象都有自己的特

征，例如：

学生马小云的特征是：年龄为 18 岁、年级为大一、体重为 56kg。

老师艾承旭的特征是：年龄为 28 岁、职业为老师、体重为 60kg。

在面向对象编程中将对象具有的特征称为属性，通常情况下，不同对象具有不同的属性或属性值。

对象还能执行某些操作或具备某些行为能力。例如，马小云能执行的操作有：听课、看书和做作业；艾承旭能执行的操作有：讲课、编写程序和批阅作业。

对象能够执行的操作或具备的行为能力称为方法。例如，马小云有听课、看书、做作业的方法。

每一个对象都具有自己的属性和方法，属性是指该对象的特征，方法是指该对象的行为或操作。例如，路边的一条小狗，其属性有：品种、颜色、年龄等；方法有：叫、吃、跑等。不同的对象一般具有不同的属性或属性值。

7.1.3 抽象与类

通过前面的介绍我们了解到每一个具体事物就是对象，在众多具有相同属性和方法的对象中，我们可以提取事物的共性，分门别类。例如，前面提到的学生马小云是一个对象，在教室中还有像马小云一样的学生，如张三、李四、王五等，通常将与马小云具有同样属性和方法的对象统称为学生。从提取事物的共性，进行模板设计的过程就是从对象抽象到类的过程。抽象也就是从具体事物中提取共性的过程，将抽象出来的属性和行为组织在一个单元中，我们将其称为类。

类是具有相同属性和共同行为的一组对象的集合。

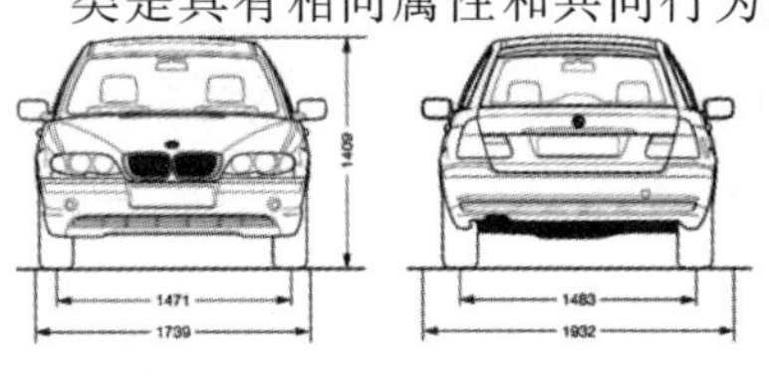

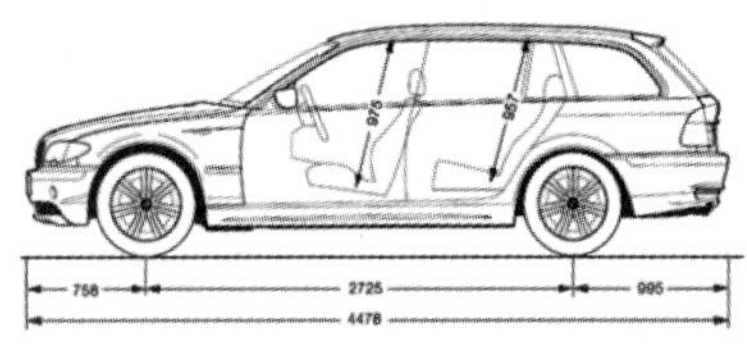

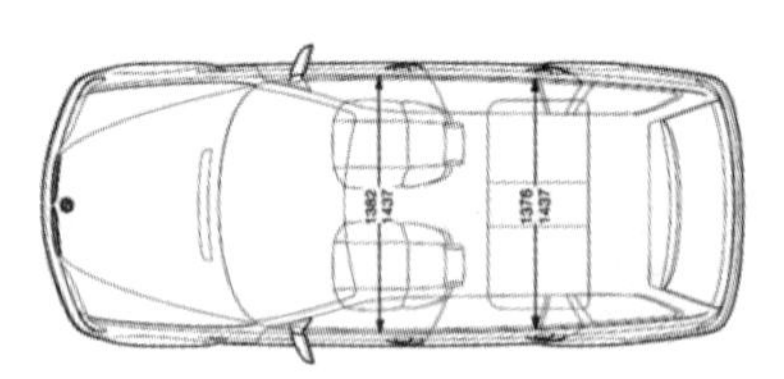

图 7.2　汽车模型图纸

多个对象所拥有的共同特性就称为类的属性。例如，每个学生都有姓名、年龄、体重等共同特征，这些就是学生类的属性。但是每一个对象的属性值又各不相同，如张三和李四的体重值不同。对象具有的行为或能执行的操作称为类的方法，如学生类都具有看书、学习的方法。

通过分析对象，进行抽象思考提取出类，再以类为设计模板去创造更多的对象，这是思维进化的过程。例如，在生产汽车前，首先会设计汽车模型，确定好汽车相关的属性与功能，如图 7.2 所示，然后通过设计出的汽车模型生产一辆辆具体的汽车。人们在生产产品前都会经过一个抽象分析、详细设计再到制造的过程。同理，设计出类的目的，就是要通过类去创造一个个具体的对象。类可以视为对象的模板，其作用是创建对象。

7.1.4 类与对象的关系

了解了类和对象的概念后，可以发现它们之间既有区别又有联系。简言之，类是一个抽象的概念模型，而对象是具体的事物。

从类的来源进行分析，类是具有相同属性和共同方法的所有对象的统称。对象就是类的一个实例，类和对象的示例见表 7.1。

表 7.1 类和对象的示例

类	对　　象
人	阿里巴巴集团创始人马云
	腾讯的创始人马化腾
汽车	学校停车场内的某一辆比亚迪汽车
	正在行驶的一辆奔驰轿车
动物	寝室楼下的一只小花猫
	草丛中的某一朵花

从类的作用来分析，类是对象的“模子”或“原型”，用于创建对象。使用类创建出的对象都具有类的属性和方法，每个对象的属性值可能不同。月饼模子与月饼的示例，如图 7.3 所示。

图 7.3 月饼模子与月饼

类与对象的关系如下：类是抽象的，对象是具体的；类是对象的模板，对象是类创建出的一个实例。在现实世界、抽象世界和程序运行的计算机世界中，类和对象的关系如图 7.4 所示。

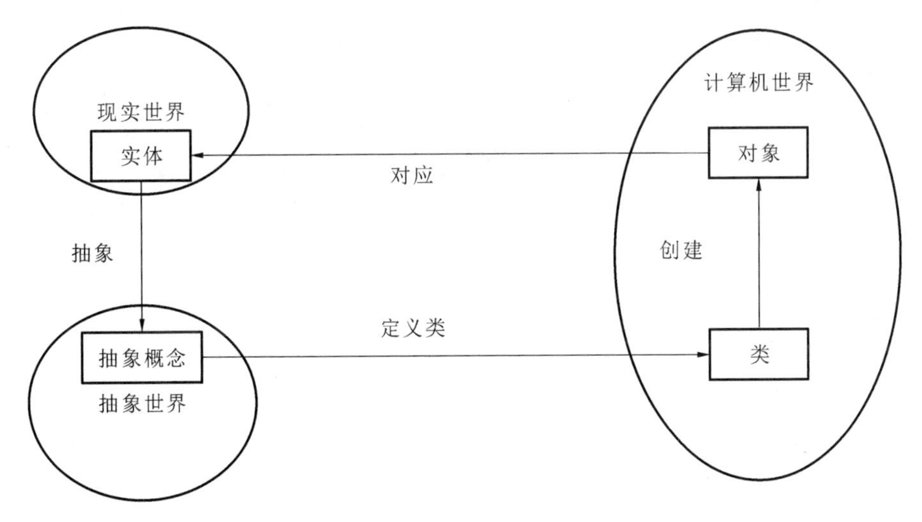

图 7.4 类与对象的关系

> **思考：**
> 下列描述中，哪些是类？哪些是对象？
> (1) 学校中的学生。
> (2) 学校中学号为 2019010228 的学生。
> (3) 城市里的公交车。
> (4) 车牌号为鄂 A 5×××5 的 2 路公交车。

7.2 Python 中的类和对象

7.2.1 定义类和创建对象

在 Python 中使用关键字 class 定义类。其语法格式如下。

```
class 类名()：
    定义类的属性和方法
```

其中，类名的命名方法通常使用单词首字母大写的驼峰命名法；类名后面是一个()，表示类的继承关系，可以不填写，表示默认继承 object 类，本书后面的内容中会详细介绍什么是继承；括号后面接"："号表示换行，并在新的一行缩进定义类的属性和方法；当然，也可以定义一个没有属性和方法的类，这需要用到 pass 关键字。

例如：创建一个学生类，这个类不包含如何属性或方法。

```
class Student():
    pass
```

创建好之后就可以使用这个类来创建实例对象。其语法格式如下。

```
变量=类名()
```

示例 7.1 创建 2 个学生对象，并输出学生的类型。

```
# 定义学生类
class Student():
    pass
# 创建学生对象
s1=Student()
s2=Student()
print(type(s1))
print(type(s2))
```

程序运行结果如图 7.5 所示。

```
Run: py7_1
C:\Anaconda3\python.exe D:/PycharmProjects/pyproject1/py7_1.py
<class '__main__.Student'>
<class '__main__.Student'>

Process finished with exit code 0
```

图 7.5 创建对象并输出类型

◀Python 中的类和对象

从控制台的输出可以看出，s1 和 s2 这两个变量都是 Student 类型，是由 Student 类创建的两个实例对象。

7.2.2 类的实例方法

完成了类的定义之后，就可以给类添加属性和方法了。由于在 Python 中类的属性的情况有些复杂，下面先介绍在如何类中定义方法。

在类中定义方法与定义函数非常相似，实际上方法和函数的功能也是相同的，不同之处是一个定义在类外，一个定义在类内。定义在类外的称为函数，定义在类内的称为类的方法。本章需要读者掌握的是最常用的一种方法的定义及使用实例方法。顾名思义，实例方法是只有在使用类创建了实例对象之后才能调用的方法，即实例方法不能通过类名直接调用。

定义方法的语法格式如下。

```
def 方法名(self,方法参数列表):
    方法体
```

调用实例方法的语法格式如下。

```
对象名.方法名(参数)
```

从语法上看，类的方法定义比函数定义多了一个参数 self，这在定义实例方法的时候是必需的，也就是说在类中定义实例方法，第一个参数必须是 self，这里的 self 代表的含义不是类，而是实例，即通过类创建实例对象后对自身的引用。self 非常重要，在对象内只有通过 self 才能调用实例变量或方法。

示例 7.2 给学生类添加两个实例方法，分别实现学生的吃饭和学习的行为。

```
# 定义学生类
class Student():
    # 定义吃饭的方法
    def eat(self):
        print('吃饭')
    # 定义学习的方法
    def study(self):
        print('学习')
# 创建学生对象
s1=Student()
s1.eat()   # 调用学生对象的方法
s1.study()
```

输出结果如图 7.6 所示。

从示例 7.2 中可以看出，实例对象通过“.”来调用它的实例方法。调用实例方法时并不需要给 self 参数赋值，Python 会自动把 self 赋值为当前实例对象，因此只需要在定义方法的时候定义 self 变量，调用时不用再考虑它。

注意：

实例方法只能通过“对象名.方法名(参数)”来调用，不能使用“类名.方法名(参数)”来调用。

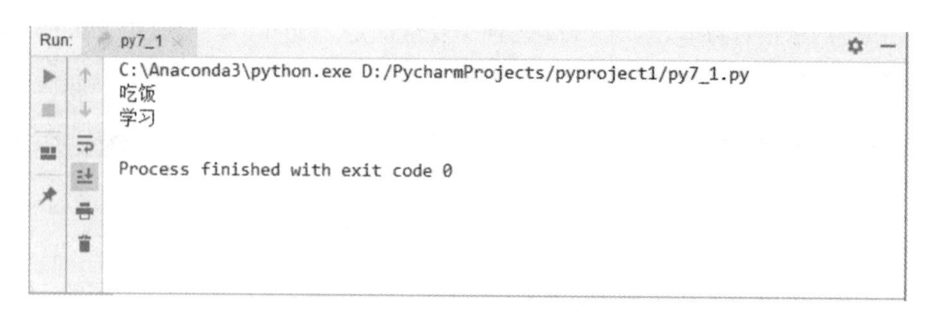

图 7.6 调用方法后输出的结果

7.2.3 构造方法和析构方法

在类中有两个非常特殊的方法：__init__()和__del__()。__init__()方法会在创建实例对象的时候自动调用，__del__()方法会在实例对象被销毁的时候自动调用。因此__init__()被称为构造方法，__del__()被称为析构方法。

这两个方法即便在类中没有显式地定义，实际上也是存在的。在开发中，也可以在类中显式地定义构造方法和析构方法。这样就可以在创建实例对象时，在构造方法里添加上代码完成对象的初始化工作；在对象销毁时，在析构方法里添加一些代码释放对象占用的资源。

示例 7.3 给学生类添加构造方法和析构方法，在构造方法中输出“创建学生实例，构造方法被调用”，在析构方法中输出“实例对象被销毁，析构方法被调用”。

```
# 定义学生类
class Student():
    def __init__(self):
        print("创建学生实例，构造方法被调用")
    def __del__(self):
        print("实例对象被销毁，析构方法被调用")
    # 定义吃饭的方法
    def eat(self):
        print('吃饭')
    # 定义学习的方法
    def study(self):
        print('学习')
# 创建学生对象
s1=Student()
del s1
```

示例 7.3 的输出结果，如图 7.7 所示。

> **注意：**
> 如果将示例 7.3 中的“del s1”删除，在控制台也会有同样的输出，原因是程序运行结束后，会自动销毁所有的示例对象，释放资源。

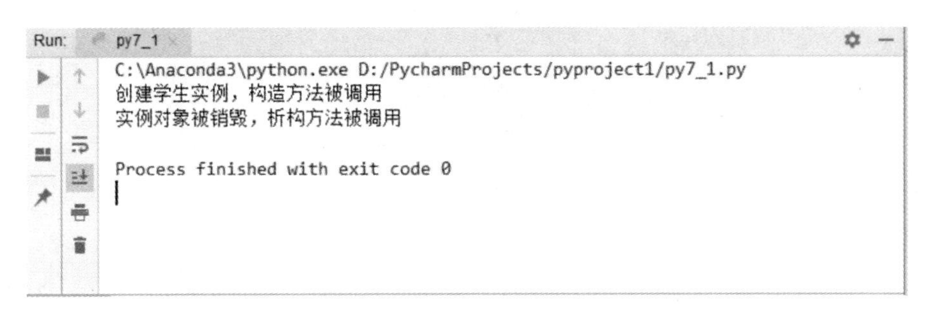

图 7.7　对象的创建和销毁

7.2.4　类中的变量——属性

对象的属性是以变量的形式存在的，在类中可以定义的变量类型分为实例变量和类变量两种。

1. 实例变量

实例变量也称为对象的属性，是类中重要的成员。其语法格式如下。

```
self.变量名=值
```

通常情况下，实例变量定义在构造方法中，这样实例对象被创建时，实例变量就会被定义、赋值，因而可以在类的任意方法中使用。

在 Python 中的变量不支持只声明不赋值，所以在定义类的变量时必须给变量赋初值。常用数据类型的初值如表 7.2 所示。

表 7.2　常用数据类型的初值

变量类型	初　值
数值类型	value=0
字符串	value=" "
列表	value=[ ]
字典	value={ }
元组	value=()

示例 7.4　在学生类的构造函数中，定义学生姓名、学生学号、学生专业。创建学生对象时为学生的属性赋值，然后输出学生属性中的信息。

```
class Student():
    def __init__(self):
        self.no=""
        self.name=""
        self.major=""
    # 定义吃饭的方法
    def eat(self):
        print('吃饭')
    # 定义学习的方法
```

```
    def study(self):
        print('学习')
s1=Student();
s1.no="201901001"
s1.name="艾边城"
s1.major="大数据技术"
print("学生信息如下:")
print("学号:%s,姓名:%s,专业:%s"%(s1.no,s1.name,s1.major))
```

程序运行效果如图7.8所示。

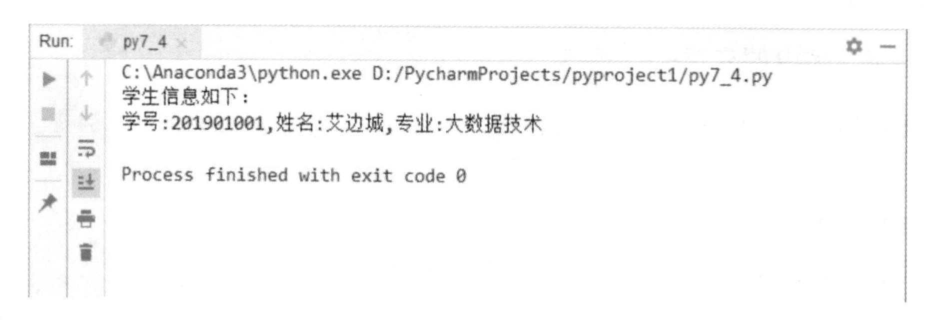

图7.8 示例7.4的运行结果

在示例7.4中,因为三个实例变量是在_init_()方法中创建的,所以在创建实例对象后,就可以对这三个变量赋值了。实例变量的引用方法是实例对象后接“.变量名”,这样就可以给需要的变量赋值。

在类中使用实例变量需要加上“self.”。如果在编程中缺少这部分,那么使用的变量就不是实例变量了,而是方法中的一个局部变量。局部变量的作用域仅限于方法内部,与实例变量的作用域不同。

在示例7.4中需要先创建对象,然后再对属性(实例变量)进行赋值,通过构造方法在创建对象时给实例变量赋值。

示例7.5 在构造函数中添加参数,给实例变量赋值。

```
class Student():
    def __init__(self,no,name,major):
        self.no=no
        self.name=name
        self.major=major
    # 定义吃饭的方法
    def eat(self):
        print('吃饭')
    # 定义学习的方法
    def study(self):
        print('学习')
s1=Student("201901002","马小云","电子商务");
print("学生信息如下:")
print("学号:%s,姓名:%s,专业:%s"%(s1.no,s1.name,s1.major))
```

程序输出的结果如图 7.9 所示。

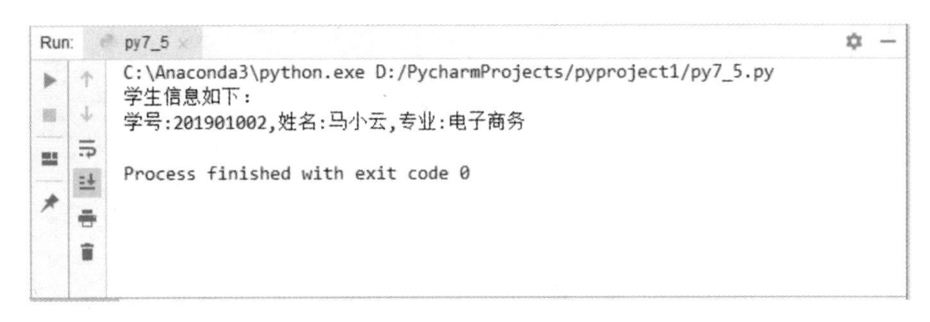

图 7.9　示例 7.5 的运行结果

在示例 7.5 中，创建 s1 对象时调用了该对象的构造方法，该构造方法是有参数的，我们在创建对象时，将实参放入构造方法中，传递给形参，其参数的类型和顺序要对应。

在 Python 中还可以在类外给一个已经创建好的实例对象动态地添加新的实例变量。但是动态添加的实例变量仅对当前实例对象有效，其他由相同类创建的实例对象将无法使用这个动态添加的实例变量。

示例 7.6　创建两个学生，给其中一个学生对象动态添加“age”变量，输出这两个学生的信息。

```
class Student():
    def __init__(self,no,name,major):
        self.no=no
        self.name=name
        self.major=major
    # 定义吃饭的方法
    def eat(self):
        print('吃饭')
    # 定义学习的方法
    def study(self):
        print('学习')
# 创建对象
s1=Student("201901001","艾边城","大数据技术");
s1.age=20   # 动态添加属性
s2=Student("201901002","马小云","电子商务");
print("学生信息如下:")
print("学号:%s,姓名:%s,专业:%s,年龄:%d"%(s1.no,s1.name,s1.major,s1.age))
print("学号:%s,姓名:%s,专业:%s"%(s2.no,s2.name,s2.major))
```

示例 7.6 中，创建了两个对象给对象“s1”动态添加了“age”属性，输出信息时 s1 可以输出年龄，对象 s2 是不能使用“age”的。运行结果如图 7.10 所示。

实例变量除了可以在构造方法中使用，还可以在普通方法中使用已经创建好的实例变量，通过类中每个方法的第一个参数 self 就能调用实例变量。

在学生类中的吃饭和学习方法中输出“×××在吃饭”，“×××在学

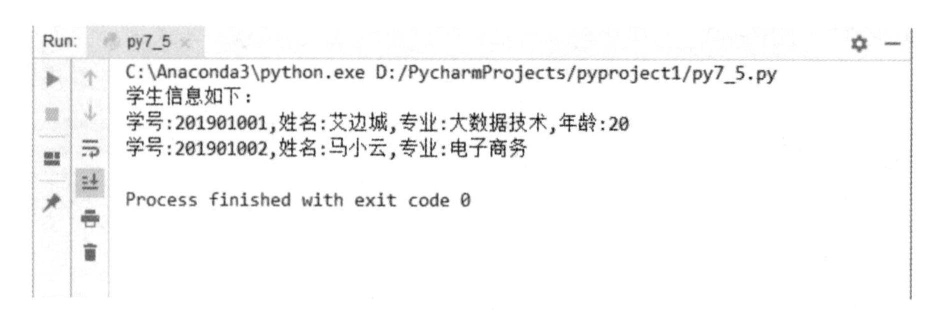
C:\Anaconda3\python.exe D:/PycharmProjects/pyproject1/py7_5.py
学生信息如下：
学号:201901001,姓名:艾边城,专业:大数据技术,年龄:20
学号:201901002,姓名:马小云,专业:电子商务

Process finished with exit code 0

图 7.10　示例 7.6 的运行效果

习×××专业"。

```
class Student():
    def  __init__(self,no,name,major):
        self.no=no
        self.name=name
        self.major=major
    # 定义吃饭的方法
    def eat(self):
        print('%s 在吃饭'%(self.name))
    # 定义学习的方法
    def study(self):
        print('%s 在学习%s 专业的课程'%(self.name,self.major))
# 创建对象
s1=Student("201901001","艾边城","大数据技术");
s1.eat()
s1.study()
```

程序运行的结果如图 7.11 所示。

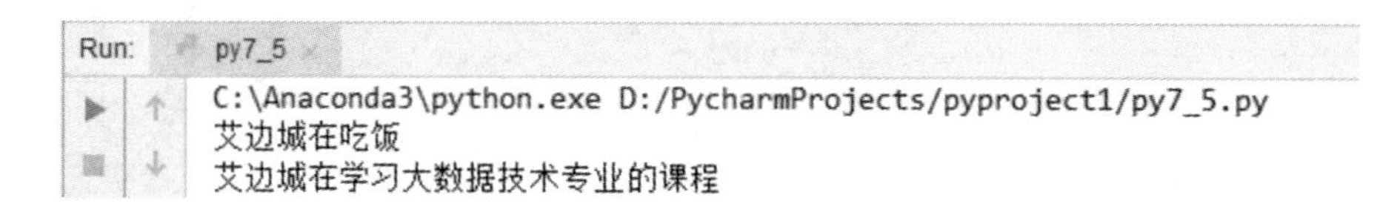
C:\Anaconda3\python.exe D:/PycharmProjects/pyproject1/py7_5.py
艾边城在吃饭
艾边城在学习大数据技术专业的课程

图 7.11　示例 7.7 的输出结果

2. 类变量

实例变量是必须在创建实例对象之后才能使用的变量。在某些场景下，希望通过类名直接调用类中的变量或者希望所有类能够公有某个变量，在这种情况下，就可以使用类变量。

类变量相当于一个全局变量，只要是能够使用这个类的地方都能够访问或修改变量的值。类变量与实例变量不同，不需要创建实例对象就可以使用。其语法格式如下。

```
class 类名():
    变量名=初始值   #定义类变量
```

示例 7.8　定义一个类，添加一个类变量 obj_count 记录创建对象的个数，在__

init__()方法中用于将类变量 obj_count 加 1，在__del__()方法中将类变量 obj_count 减 1。

```
class CountClass():
    obj_count=0
    def  __init__(self):
        CountClass.obj_count+=1
    def __del__(self):
        CountClass.obj_count-=1
list=[] # 存储创建的对象
for index in range(5) :
    obj=CountClass()
    list.append(obj)
print("一共创建了%d个对象"%(CountClass.obj_count))
for index in range(2) :
    obj=list.pop()
    del obj
print("出栈后该类创建的对象还剩下%d个"%(CountClass.obj_count))
```

示例 7.8 运行的结果如图 7.12 所示。

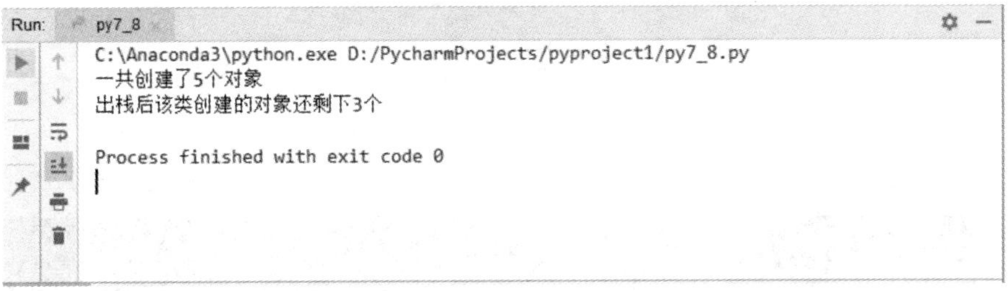

```
Run: py7_8
C:\Anaconda3\python.exe D:/PycharmProjects/pyproject1/py7_8.py
一共创建了5个对象
出栈后该类创建的对象还剩下3个

Process finished with exit code 0
```

图 7.12　示例 7.8 的运行结果

在示例 7.8 中，直接使用类名来调用类变量，这个类名其实对应着一个由 Python 自动创建的对象，这个对象称为类对象，它是一个全局唯一的对象。不建议使用实例对象来使用类变量。

7.3 项目实践

◆ 猜拳游戏

任务需求

猜拳是我们经常玩的小游戏，它通过不同的手势表示石头、剪刀、布。其输赢规则是石头赢剪刀，剪刀赢布，布赢石头。本次实践任务是使用面向对象编程思想，完成一款人机交互的猜拳游戏。

游戏过程如下。

(1) 选取对战角色。

进入游戏后，选择对手，对手是由计算机虚构出的对象。

（2）猜拳。

开始对战，用户出拳，对手出拳，用户与对手进行比较，提示胜负信息。

（3）记录分数。

每局猜拳结束，获胜方加 1 分（平局双方均不加分），游戏结束时，显示对战次数及对战最终结果。

需求分析

因为该游戏是人机对战，通过分析可知，人和电脑分别是游戏的两个角色，所以需要两个类，即用户类和计算机类。在游戏时，分别创建 1 个用户对象和 1 个计算机对象，即可实现两个对象的游戏。在两个角色之间游戏，至少还需要一个裁判进行决断、计分，通过思考，可以再设计一个类，即游戏类（作为裁判），负责游戏的整体管理控制，包括计分、开始、结束等。

根据业务抽象出三个类：用户类、计算机类和游戏类。用户类、计算机类和游戏类的属性和方法，分别如图 7.13、图 7.14 和图 7.15 所示。

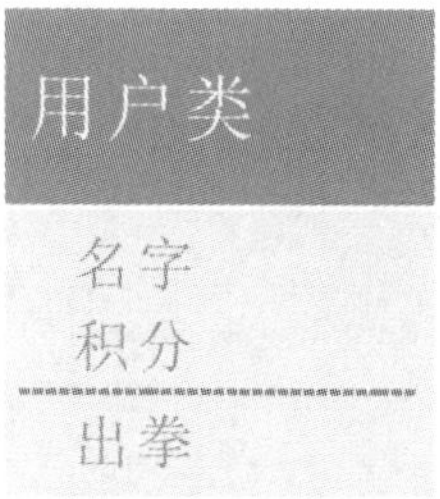

用户类
名字
积分
出拳

图 7.13 用户类的属性和方法

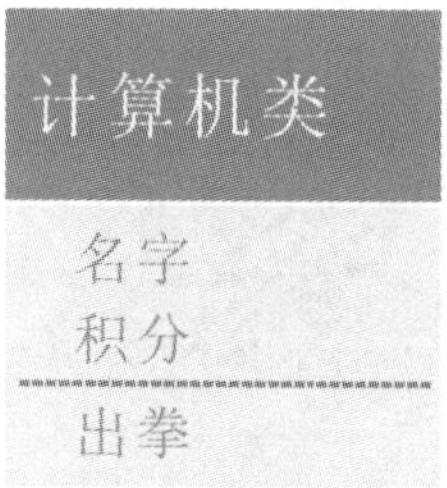

计算机类
名字
积分
出拳

图 7.14 计算机类的属性和方法

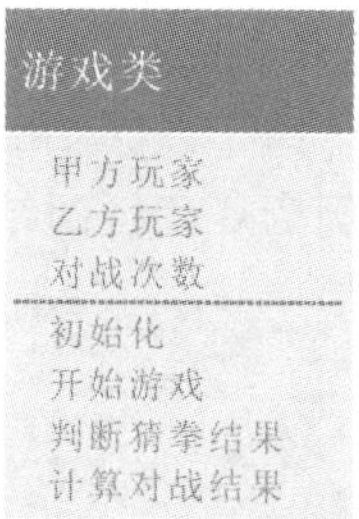

游戏类
甲方玩家
乙方玩家
对战次数
初始化
开始游戏
判断猜拳结果
计算对战结果

图 7.15 游戏类的属性和方法

本章总结

1. 面向对象编程具备三大特性：封装、继承和多态。

2. 类是抽象的，对象是具体的；类是对象的模板，对象是类创建出的一个实例。

3. 在 Python 中使用关键字 class 定义类，类中包含属性与方法。

4. __init__()和__del__()。__init__()方法会在创建实例对象的时候自动调用，__del__()方法会在实例对象被销毁的时候自动调用。

本章作业

一、简答题

1. 简述类和对象的含义，以及它们的区别。

2. 简述构造函数和析构函数的作用与调用的过程。

二、编程题

1. 定义学生类和老师类，通过构造函数给其属性赋值，然后输出它们的对象信息。

2. 设计一个矩形类，包括长和宽的属性，编写构造函数和计算其周长的方法和计算面积的方法，最后编写代码测试矩形类的使用。

第8章 面向对象编程进阶

本章简介

上一章我们学习了面向对象的基本概念，了解了什么是类，什么是对象，以及如何创建和使用对象。面向对象编程的核心是其三大特征，它们也是面向对象编程的精髓。本章将主要介绍面向对象的三大特征，即封装、继承和多态，将通过概念解析和案例分析来讲解面向对象的三大特征。

本章目标

(1) 掌握封装的使用。

(2) 掌握继承的使用。

(3) 理解多态。

实践任务

工厂设计模式的实现。

8.1 封装

封装是面向对象编程的特征之一，封装的目的就是为了隐藏属性、方法与方法实现细节的过程。使用面向对象编程时，会希望类中的变量和方法只能在当前类中调用。对于这样的需求可以采用将变量或方法设置成私有的方式实现。

使用“__”(2 个连续的下画线)放在变量和方法前，即可将变量和方法设置为私有变量和方法，它们只能在方法内部使用，在类外面和子类中都无法直接调用。

设置私有成员的语法规则如下。

```
私有变量：__变量名
私有方法：__方法名()
```

设置私用变量和私有方法就是在变量名或方法名前面加上“__”，即 2 个连续的下画线。设置成私有成员主要是为了保护类的变量，避免外部对其随意赋值；还可以保护内部的方法，不允许外部调用。对私有变量可以添加供外界调用的普通方法，用于修改或读取变量的值。

示例 8.1 设置学生的学号、姓名、成绩为私有变量，并添加相应的访问方法。成绩的区间范围为[0,100]。

```
# 定义类
class Student():
    def __init__(self,sno="",sname="",score=0):
        self.__sno=sno
        self.__sname=sname
        self.__score=score
    def set_sname(self,sname):
        self.__sname=sname
    def get_sname(self):
        return self.__sname
    def set_sno(self,sno):
        self.__sno=sno
    def get_sno(self):
        return self.__sno
    def set_score(self,score):
        if score>=0 and score<=100:
            self.__score=score
        else:
            self.__score=60
    def get_score(self):
        return self.__score
    def check_in(self):
```

◀封装

```
        print("学号为%s的同学%s签到!"%(self.__sno,self.__sname))
# 创建对象
stu1=Student("201910001","Jack",80)
stu1.check_in() # 调用签到的方法
# 输出成绩信息
print("%s的成绩为%d"%(stu1.get_sname(),stu1.get_score()))
```

示例8.1运行后的结果如图8.1所示。

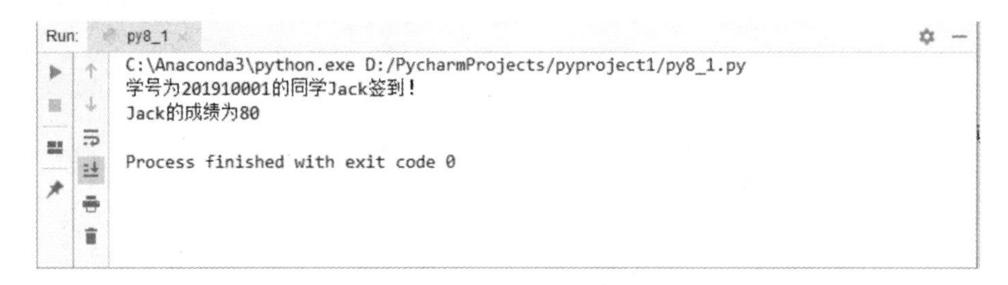
C:\Anaconda3\python.exe D:/PycharmProjects/pyproject1/py8_1.py
学号为201910001的同学Jack签到!
Jack的成绩为80

Process finished with exit code 0

图8.1 输出的学生成绩信息

在示例8.1中，将学生的学号、姓名、成绩设置为私有变量后，这三个变量在其他类中就不能直接访问了，需要通过get_×××或set_×××的方法来访问。在设置成绩时，我们还需要在赋值方法中判断设置的值是否合法，然后再进行赋值。

所谓封装就是将类中的成员设置为私有成员，然后对外提供一种安全的、可控的、公开的访问方式。例如，在学生类中，将成绩score通过两个下画线设置为私有，即外部类不能直接访问，然后针对封装的属性提供公开的方法，在方法中对私有属性的访问进行控制，保护私有属性。

8.2 继承

继承是面向对象编程的三大特征之一，继承可以解决编程中的代码冗余问题，是实现代码重用的重要手段。继承的思想体现了软件的可重用性。新类可以在不增加代码的条件下，通过从已有的类中继承其属性和方法来充实自己的成员，这种机制就是继承。被继承的类称为父类，继承父类的类称为子类。继承最基本的作用就是代码的重用，建立了类与类之间的关系，提高了程序的扩展性。

可以结合现实中的例子理解继承，例如狗和猫继承了动物，如图8.2所示。

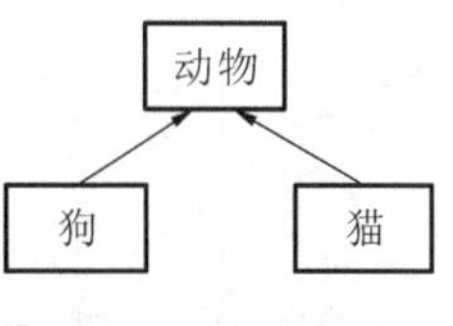

图8.2 动物的继承图

图8.2表示狗和猫继承了动物，如果动物有生命值，猫和狗也有生命值，该属性继承了动物的特征。该继承图还表示了一种关系，即“子类 is a 父类”，例如：狗是动物，猫是动物。

8.2.1 单继承

我们在Python中定义的所有类都会直接或间接地继承object。如果一个类没有显式地说明继承一个类，那么它就默认地继承了object；如果一个类继承了其他类，那么就间接继承了object。下面我们通过Python来表示继承关系。

继承的语法格式如下。

```
class 子类类名(父类类名):
    # 定义子类的变量和方法
```

示例8.2　定义类Person,定义Student和Teacher继承Person类。

```
# 定义父类:人
class Person():
    # 封装私成员
    def __init__(self,name="",age=0):
        self.__name=name
        self.__age=age
    def set_name(self,name):
        self.__name=name
    def get_name(self):
        return self.__name
    def set_age(self,age):
        self.__age=age
    def get_age(self):
        return self.__age
    def print_info(self):
        print('姓名:%s,年龄%d'%(self.__name,self.__age))
```

定义子类Student和Teacher。

```
# 定义学生类继承Person类
class Student(Person):
    def __init__(self,name="",age=0,major=""):
        super().__init__(name,age)
        self.__major=major
    def study(self):
        print("学生在%s专业学习"%(self.__major))
# 定义老师类继承Person类
class Teacher(Person):
    def __init__(self,name="",age=0,department=""):
        super().__init__(name,age)
        self.__department=department
    def work(self):
        print("老师在%s部门工作"%(self.__department))
```

创建子类对象。

```
s1=Student("Jack",21,"计算机科学与技术")
t1=Teacher("Tom",35,"信息工程学院")
s1.print_info()
s1.study()
t1.print_info()
t1.work()
```

示例 8.2 的运行结果如图 8.3 所示。

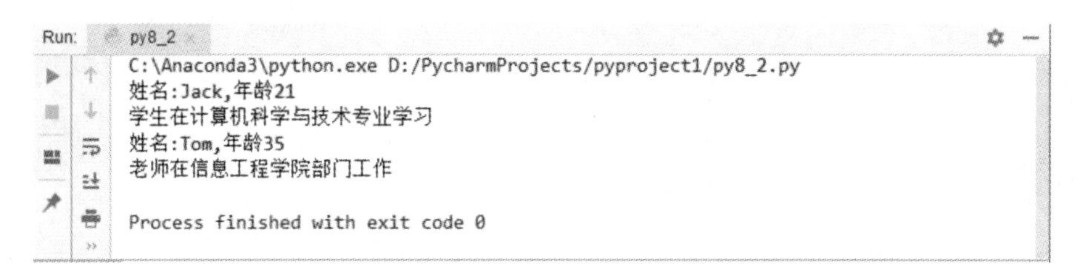

图 8.3 输出子类信息

在示例 8.2 中,类 Student 和 Teacher 继承了 Person 类,即 Person 为父类,Student 和 Teacher 为子类,在子类中可以访问父类的属性和方法,子类拥有父类继承下来的成员。Person 中的属性通过"__"设置为私有的后,外部可以通过 get 和 set 访问其属性,起到封装的目的。

8.2.2 多继承

继承能够解决代码重用的问题,但是有些情况下只继承一个父类仍然无法解决所有的应用场景。例如,一个学校的老师同时也是一个公司的技术顾问,此时他就具备老师和技术顾问两种角色的职责,但是这两个岗位是平行的概念,是无法通过继承一个父类来表现的。Python 语言使用多继承来解决这样的问题,如图 8.4 所示。相对于多继承我们将前面的继承一个类的情况称为单继承。

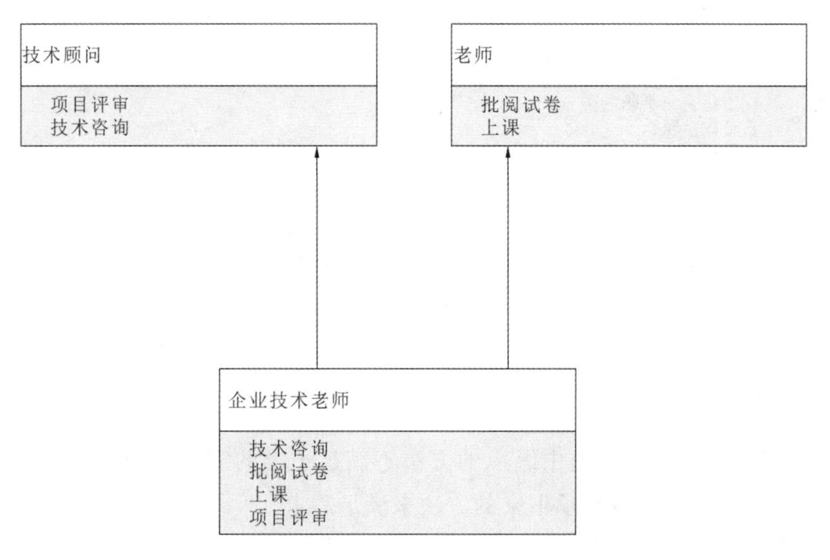

图 8.4 企业技术老师继承技术顾问和老师

多继承的语法格式如下。

```
class 子类类名(父类 1,父类 2):
    # 定义子类的变量和方法
```

示例 8.3 一个企业工程师在学校兼职授课,他是工程师同时也是老师。定义一个企业老师类继承工程师和老师。

```
# 定义工程师类
class Engineer:
    def  __init__(self):
        print("初始化 Engineer")
    def work(self):
      print("在公司上班!")
# 定义老师类
class Teacher:
    def __init__(self):
        print("初始化 Teacher")
    def teach(self):
        print("在学校上课")
# 企业老师继承工程师和老师
class EnterpriseTeacher(Engineer,Teacher):
    def __init__(self):
        print("初始化企业兼职老师")
# 创建子类对象,调用被继承下来的方法
teacher=EnterpriseTeacher()
teacher.work()
teacher.teach()
```

示例 8.3 运行的结果如图 8.5 所示。

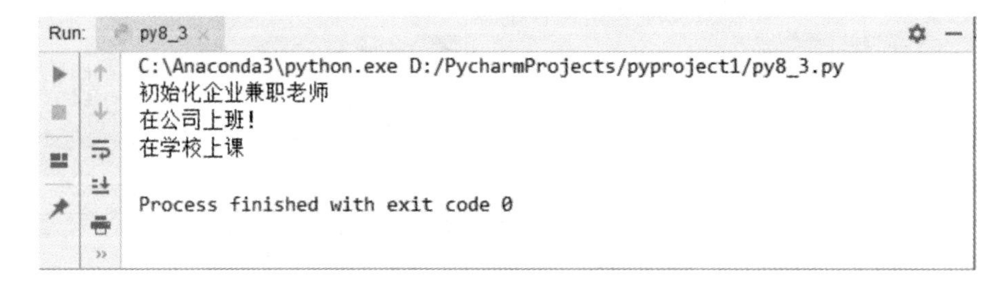

图 8.5　多继承案例的运行结果

8.2.3　重写

方法重写是指当子类从父类中继承的方法不满足子类的需求时,在子类中对父类的同名方法进行重新定义,覆盖被继承下来的方法来满足需求。

重写时,子类中定义的方法名和参数要与父类保持一致。

示例 8.4

```
# 定义父类 Person
class Person:
    def work(self):
        print("人在工作")
# 定义 Teacher 继承 Person
class Teacher(Person):
```

```
    def work(self):  # 重写 work 方法
        print("老师教书")
# 定义 Doctor 继承 Person
class Doctor(Person):
    def work(self):  # 重写 work 方法
        print("医生看病")
# 创建老师对象
teacher=Teacher()
teacher.work()
# 创建医生对象
doctor=Doctor()
doctor.work()
```

在父类 Person 中定义的 work 方法，该方法在其子类 Teacher 和 Doctor 中都无法适用，故在子类中重写了父类的 work 方法。示例 8.4 的运行结果如图 8.6 所示。

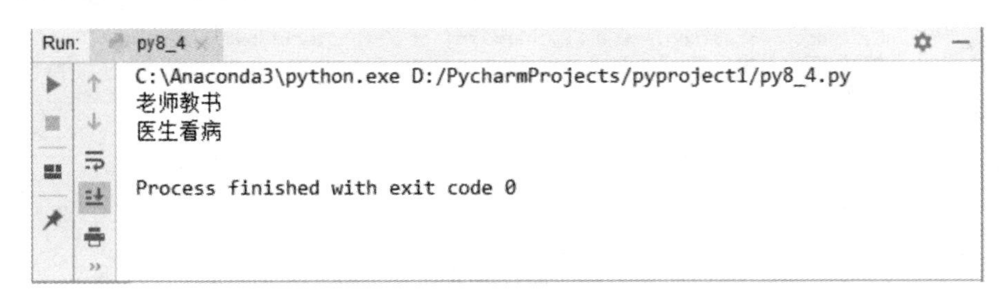

图 8.6 示例 8.4 的运行结果

8.3 多态

多态也是面向对象的三大特征之一。多态通常是指事物能够呈现多种形态，在编程中是指一个变量可以引用不同的对象，调用不同对象重写后的方法时，重写的方法会根据不同的对象执行不同的功能。继承和方法重写是实现多态的基础。

示例 8.5 在“老板”类下面编写一个安排员工工作的方法。如果工作安排给软件工程师，则安排其去编写程序，如果工作安排给测试工程师，则安排其去测试程序。

```
# 定义工程师父类
class Engineer:
    def work(self):
        print("工程师工作")
# 定义软件工程师继承工程师
class SoftEngineer(Engineer):
    def work(self):
        print("编写代码,开发程序")
# 定义测试工程师继承工程师
    class TestEngineer(Engineer):
    def work(self):
```

多态▶

```
        print("测试程序")
# 定义老板
    class Boss:
    def to_work(self,engineer):
        engineer.work()
# 测试多态
boss=Boss()
se=SoftEngineer()
boss.to_work(se)    # 要软件工程师去工作
te=TestEngineer()
boss.to_work(te)    # 要测试工程师去工作
```

在示例 8.5 中,可以看出 boss.to_work 方法可以传入软件工程师类或测试工程师类,该方法能表现出多态。其运行结果如图 8.7 所示。

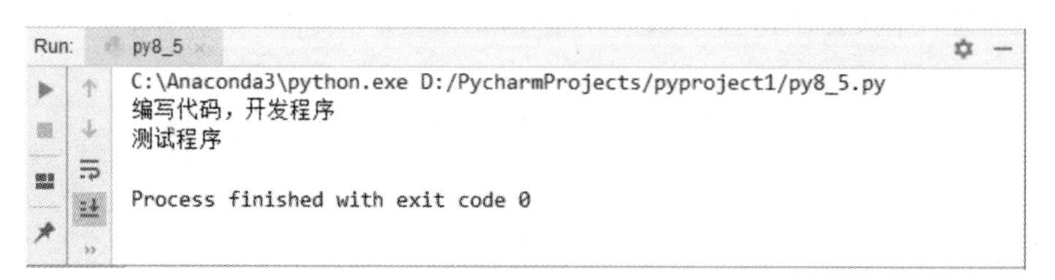

图 8.7 示例 8.5 的运行结果

8.4 运算符重载

在 Python 中使用运算符实际上是调用了对象的方法,例如,"+"运算符是类里提供的__add__方法,当使用"+"运算符实现加法运算的时候,实际上调用了__add__方法。使用运算符重载的目的是让自定义的类生成的对象(实例)能够使用运算符进行操作。运算符重载能够对自定义对象将运算符赋予新的规则,并且使程序编码简洁易读。

运算符与对应的函数见表 8.1。

表 8.1 运算符与特殊函数

方　法	说　明	何时调用方法
__add__	加法运算	x+y,x+=y
__sub__	减法运算	x-y,x-=y
__mul__	乘法运算	x*y,x*=y
__div__	除法运算	x/y,x/=y
__mod__	求余运算	x%y,x%=y
__bool__	真值测试	boo(x)
__repr__	打印	repr(x)
__str__	转换	str(x)

续表

方　法	说　明	何时调用方法
__contains__	成员测试	item in x
__getitem__	索引，分片	x[i]、x[i：j]等
__setitem__	索引赋值	x[i]=值，x[i：j]=序列对象
__delitem__	索引和分片删除	del x[i]、del x[i：j]
__len__	求长度	len(x)
__iter__ __next__	迭代	iter(x)、next(x)、for 循环等
__eq__ __ne__	相等 不等	x==y、x!=y
__ge__ __gt__	大于等于 大于	x>=y、x>y
__le__ __lt__	小于等于 小于	x<=y、x<y

示例 8.6　实现运算符的重载，简化对数组的操作。

```
class MyArray:
    '''All the elements in this array must be numbers'''
    __value=[]
    def __IsNumber(self,n):
        if not isinstance(n,(int,float,complex)):
            return False
        return True
    def __init__(self,*args):
        if not args:
            self.__value=[]
        else:
            for arg in args:
                if not self.__IsNumber(arg):
                    print('All elements must be numbers')
                    return
            self.__value=list(args)
    # 重载运算符+
    # 数组中每个元素都与数字 n 相加，或两个数组相加，返回新数组
    def __add__(self,n):
        if self.__IsNumber(n):
            # 数组中所有元素都与数字 n 相加
            b=MyArray()
            b.__value=[item+n for item in self.__value]
            return b
        elif isinstance(n,MyArray):
```

```
            # 两个等长的数组对应元素相加
            if len(n.__value)==len(self.__value):
                c=MyArray()
                c.__value=[i+j for i,j in zip(self.__value,n.__value)]
                # for i,j in zip(self.__value,n.__value):
                #     c.__value.append(i+j)
                return c
            else:
                print('Lenght not equal')
        else:
            print('Not supported')
    # 重载运算符-
    # # 数组中每个元素都与数字 n 相减,返回新数组
    def __sub__(self,n):
        if not self.__IsNumber(n):
            print('-operating with ',type(n),' and number type is not supported.')
            return
        b=MyArray()
        b.__value=[item-n for item in self.__value]
        return b
    # 重载运算符*
    # 数组中每个元素都与数字 n 相乘,返回新数组
    def __mul__(self,n):
        if not self.__IsNumber(n):
            print('*operating with ',type(n),' and number type is not supported.')
            return
        b=MyArray()
        b.__value=[item*n for item in self.__value]
        return b
    # 重载运算符/
    # 数组中每个元素都与数字 n 相除,返回新数组
    def __truediv__(self,n):
        if not self.__IsNumber(n):
            print(r'/ operating with ',type(n),' and number type is not supported.')
            return
        b=MyArray()
        b.__value=[item/n for item in self.__value]
        return b
    # 重载运算符//     # 数组中每个元素都与数字 n 整除,返回新数组
    def __floordiv__(self,n):
        if not isinstance(n,int):
            print(n,' is not an integer')
            return
```

```
        b=MyArray()
        b.__value=[item//n for item in self.__value]
        return b
    # 重载运算符%
    # 数组中每个元素都与数字 n 求余数，返回新数组
    def __mod__(self,n):
        if not self.__IsNumber(n):
            print(r'%operating with ',type(n),' and number type is not supported.')
            return
        b=MyArray()
        b.__value=[item%n for item in self.__value]
        return b
    # 重载运算符**
    # 数组中每个元素都与数字 n 进行幂计算，返回新数组
    def __pow__(self,n):
        if not self.__IsNumber(n):
            print('** operating with ',type(n),' and number type is not supported.')
            return
        b=MyArray()
        b.__value=[item**n for item in self.__value]
        return b
    def __len__(self):
        return len(self.__value)
    # 直接使用该类对象作为表达式来查看对象的值
    def __repr__(self):
        # equivalent to return 'self.__value'
        return repr(self.__value)
    # 支持使用 print()函数查看对象的值
    def __str__(self):
        return str(self.__value)
    # 追加元素
    def append(self,v):
        if not self.__IsNumber(v):
            print('Only number can be appended.')
            return
        self.__value.append(v)
    # 获取指定下标的元素值，支持使用列表或元组指定多个下标
    def __getitem__(self,index):
        length=len(self.__value)
        # 如果指定单个整数作为下标，则直接返回元素值
        if isinstance(index,int) and 0<=index<length:
            return self.__value[index]
        # 使用列表或元组指定多个整数下标
```

```
        elif isinstance(index,(list,tuple)):
            for i in index:
                if not(isinstance(i,int) and 0<=i<length):
                    return 'index error'
            result=[]
            for item in index:
                result.append(self.__value[item])
            return result
        else:
            return 'index error'
    # 修改元素值,支持使用列表或元组指定多个下标,同时修改多个元素值
    def __setitem__(self,index,value):
        length=len(self.__value)
        # 如果下标合法,则直接修改元素值
        if isinstance(index,int) and 0<=index<length:
            self.__value[index]=value
        # 支持使用列表或元组指定多个下标
        elif isinstance(index,(list,tuple)):
            for i in index:
                if not(isinstance(i,int) and 0<=i<length):
                    raise Exception('index error')
            # 如果下标和给的值都是列表或元组,并且个数一样,则分别为多个下标的元素修改值
            if isinstance(value,(list,tuple)):
                if len(index)==len(value):
                    for i,v in enumerate(index):
                        self.__value[v]=value[i]
                else:
                    raise Exception('values and index must be of the same length')
            # 如果指定多个下标和一个普通值,则把多个元素修改为相同的值
            elif isinstance(value,(int,float,complex)):
                for i in index:
                    self.__value[i]=value
            else:
                raise Exception('value error')
        else:
            raise Exception('index error')
    # 支持成员测试运算符 in,测试数组中是否包含某个元素
    def __contains__(self,v):
        if v in self.__value:
            return True
        return False
    # 模拟向量内积
    def dot(self,v):
```

```
        if not isinstance(v,MyArray):
            print(v,' must be an instance of MyArray.')
            return
        if len(v) !=len(self.__value):
            print('The size must be equal.')
            return
        return sum([i*j for i,j in zip(self.__value,v.__value)])
        # b=MyArray()
        # for m,n in zip(v.__value,self.__value):
        #     b.__value.append(m*n)
        # return sum(b.__value)
    # 重载运算符==,测试两个数组是否相等
    def  __eq__(self,v):
        if not isinstance(v,MyArray):
            print(v,' must be an instance of MyArray.')
            return False
        if self.__value==v.__value:
            return True
        return False
    # 重载运算符<,比较两个数组大小
    def  __lt__(self,v):
        if not isinstance(v,MyArray):
            print(v,' must be an instance of MyArray.')
            return False
        if self.__value<v.__value:
            return True
        return False
if __name__=='__main__':
    print('Please use me as a module.')
```

输入如下测试代码。

```
fromMyArray import MyArray
x=MyArray(1,3,5,7,9)
y=MyArray(2,4,6,8,10)
print(len(x)) # 输出长度
print(x+5)   #执行重载的+运算符的函数
print(y*2)    # 执行重载的乘法函数
print(x.dot(y))
print(x.append(11))  # 追加元素
print(x)  # 输出 x
```

运行后结果如图 8.8 所示。

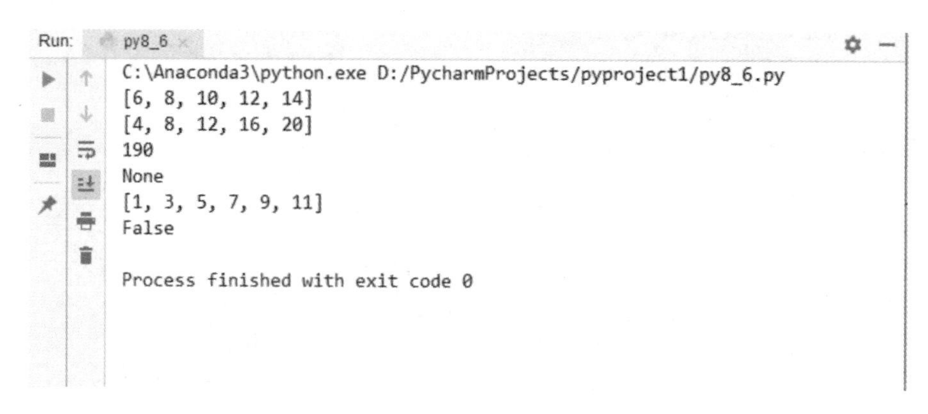
```
C:\Anaconda3\python.exe D:/PycharmProjects/pyproject1/py8_6.py
[6, 8, 10, 12, 14]
[4, 8, 12, 16, 20]
190
None
[1, 3, 5, 7, 9, 11]
False

Process finished with exit code 0
```

图 8.8 运算符的重载运算结果

8.5 项目实践

工厂设计模式的实现

需求分析

现公司预警系统需要对接企业微信公众号，由于未认证企业微信推送消息数量的限制，默认每天推送条数上限为 5000 条，考虑到报警系统多，接收的人员多，每天 5000 条可能不够用，所以需要创建多个未认证的企业微信账号用于发送报警信息。使用工厂方法的设计模式实现需求。

根据软件设计原则中开放封闭原则的指导思想，一个类编写完成后，尽量不要修改其中的内容。

实现思路

采用工厂方法来实现。

参考代码

```
class WeChat:
    def send_message(self,content):
        pass
    def send_image(self,imageid):
        pass
class AccountA(WeChat):
    def send_message(self,content):
        print("使用企业微信账号 A 推送信息:",content)
    def send_image(self,imageid):
        print("使用企业微信账号 A 推送图片:",imageid)
class AccountB(WeChat):
    def send_message(self,content):
```

```
        print("使用企业微信账号 B 推送信息:",content)
    def send_image(self,imageid):
        print("使用企业微信账号 B 推送图片:",imageid)
class WeChatFactory:
    def create_wechat(self):
        pass
class AccountAFactory(WeChatFactory):
    def create_wechat(self):
        return AccountA()
class AccountBFactory(WeChatFactory):
    def create_wechat(self):
        return AccountB()
if __name__=="__main__":
    # 实例化账号 A
    wechat_factory_a=AccountAFactory()
    # 创建账号 A 的微信对象
    wechat1=wechat_factory_a.create_wechat()
    wechat2=wechat_factory_a.create_wechat()
    wechat3=wechat_factory_a.create_wechat()
    # 使用账号 A 对象发送信息
    wechat1.send_message(content="测试信息 1")
    wechat2.send_message(content="测试信息 2")
    wechat3.send_message(content="测试信息 3")
    # 实例化账号 B
    wechat_factory_b=AccountBFactory()
    # 创建账号 B 的微信对象
    wechat4=wechat_factory_b.create_wechat()
    wechat5=wechat_factory_b.create_wechat()
    # 使用账号 B 对象发送信息
    wechat4.send_message(content="测试信息 4")
    wechat5.send_message(content="测试信息 5")
```

需要增加第三个账号时，所有的类都不需要修改，只需创建新的类即可，符合开放封闭原则，其代码如下。

```
class AccountC(WeChat):
    def send_message(self,content):
        print("使用企业微信账号 C 推送信息:",content)
    def send_image(self,imageid):
        print("使用企业微信账号 C 推送图片:",imageid)
class AccountCFactory(WeChatFactory):
    def create_wechat(self):
        return AccountC()
```

本章总结

1. 封装的目的就是为了隐藏属性、方法与方法实现细节的过程。通过设置类的成员为私有来限制外部对类成员的访问，保护类的成员。

2. 继承可以解决编程中的代码冗余问题，是实现代码重用的重要手段。继承分为单继承和多继承。

3. 方法重写是指当子类从父类中继承的方法不满足子类的需求时，在子类中对父类的同名方法进行重新定义，覆盖被继承下来的方法。

4. 多态是指一个变量可以引用不同的对象，调用不同对象重写后的方法时，重写的方法会根据不同的对象执行不同的功能。

本章作业

一、简答题

1. 简述面向对象编程的三大特征。

2. 如何实现多态，需要哪些步骤和技术基础。

二、编程题

1. 定义 Animal(动物)类，定义 Cat(猫)类和 Dog(狗)类继承 Animal 类，在 Animal 定义 show 方法显示信息，Cat 和 Dog 重写 show 方法各自输出自己的动物信息。

2. 定义一个 USB 类，其有发送和接收数据的方法，创建鼠标和键盘类继承 USB 类。创建一个计算机类，在计算机类中添加一个 connect 方法参数为 USB 类，在该方法中分别能够实现与各种 USB 设备进行数据的接收和发送。

第9章 文件操作

本章简介

Python 作为一种优秀的数据分析的工具语言，其文件的操作非常重要，如文件的读写等。本章将介绍各种不同类型文件的处理方法，包括文本文件和二进制文件的处理、文件编码及其他一些相关内容，以及如何进行各种文件读写等。

本章目标

(1) 理解文件与编码的概念。

(2) 掌握文件的打开与关闭的操作。

(3) 掌握文件的读写操作。

(4) 掌握目录与文件的操作。

实践任务

(1) 使用文件存储学生信息。

(2) 西游记人物出场统计。

9.1 文件的基础知识

9.1.1 文件概述

所谓“文件”是指一组相关数据的有序集合，这个数据集有一个名称，称为文件名。实际上在前面的各章中我们已经多次使用了文件，如源程序文件、Word 文件、记事本文件等。文件通常是驻留在外部介质(如磁盘、U 盘等)上的，在使用时才调入内存中来。从文件编码的方式来看，文件可分为 ASCII 码文件和二进制文件两种。ASCII 文件也称为文本文件，这种文件在磁盘中存放时每个字符对应一个字符编码，用于存放对应的 ASCII 码。例如，字符串“1234”的存储形式在磁盘上是 31H、32H、33H、34H 等 4 个字符，即“1”、“2”、“3”、“4”的 ASCII 码，在 Windows 的记事本程序中输入“1234”后保存为一个文件，就可以看到该文件在磁盘中占 4 个字符，打开此文件后可以看到“1234”的字符串。ASCII 码文件可在屏幕上按字符显示，因为各个字符对应其 ASCII，每个 ASCII 二进制数都被解释成为一个可见字符。ASCII 文件很多，如源程序文件就是 ASCII 文件。

9.1.2 文件的编码

在 Python 中，文件编码除了 ASCII 码，常见的还有 GBK、UTF-8 等，下面对常用的编码进行说明，见表 9.1。

表 9.1 常用的文件编码

文件编码	说明
ASCII 码	使用 1 个字节存储英文和字符，包括除英文外很多其他国家的语言符号
Unicode	使用 2 个字节来存储大约 65535 个字符，包括除英文外很多国家的语言符号
UTF-8	是 Unicode 的实现方式之一，对中文友好
GBK	汉字内码扩展规范，将汉字对应成一个数字编码

常用的支持中文的编码有 UTF-8 和 GBK，在出现中文字符的编码格式错误的时候，可以尝试用这两种方式打开。在打开文件时，使用 encoding 参数指定编码格式。

文件在进行读写操作之前要先打开，使用完毕后要关闭。所谓打开文件，实际上是建立文件的各种有关信息，并使文件指针指向该文件，以便进行其他操作。关闭文件则断开指针与文件之间的联系，也就禁止再对该文件进行操作，同时释放文件占用的资源。

9.2 文件的打开与关闭

在 Python 中进行文件的打开和关闭操作使用两个内置方法：open 方法和 close 方法。当需要对文件进行操作时，首先使用 open 方法打开一个文件；对文件操作完毕后，使用 close 方法关闭文件。

◀文件的基础知识

Python 内置的 open()函数打开一个文件，创建一个 file 对象，相关的方法才可以调用它进行读写。其语法格式如下。

```
file object=open(file_name [,access_mode][,buffering])
```

各个参数分别介绍如下。

(1) file_name：该变量是一个包含了将要访问的文件名称的字符串值。

(2) access_mode：决定了打开文件的模式，包括只读、写入、追加等。这个参数是非强制的，默认文件访问模式为只读(r)。

(3) buffering：如果 buffering 的值被设为 0，就不会有寄存；如果 buffering 的值取 1，访问文件时会寄存行；如果将 buffering 的值设为大于 1 的整数，则表明其值就是寄存区的缓冲大小；如果 buffering 取负值，寄存区的缓冲大小则为系统默认值。

使用 open 方法时，需要指定打开文件的保存位置、打开文件的模式，以及文件的编码格式。这三个参数的简要介绍见表 9.2。

表 9.2　open 方法主要参数介绍

主要参数	是否必须	释　义
path	是	文件路径
mode	否，默认“r”	打开模式
encoding	否，默认 None	编码格式

path 是使用 open 方法的必备参数，代表文件所在的路径。路径可以是绝对路径，也可以是相对路径。绝对路径是指文件在操作系统中准确的存放路径，相对路径是指与目前引用文件的相对位置，如果在同一个目录结构下，直接输入文件名即可。

使用 open 方法打开 info.txt 文件时，其参数 mode 用于表示文件打开模式，最常用的模式有 w(只写)模式、r(只读)模式和 a(追加)模式，默认为只读模式。mode 参数选项见表 9.3。

表 9.3　open 方法中的 mode 参数选项

模式	描　述
t	文本模式(默认)
x	写模式，新建一个文件，如果该文件已存在则会报错
b	二进制模式
+	打开一个文件进行更新(可读可写)
U	通用换行模式(不推荐)
r	以只读方式打开文件。文件的指针将会放在文件的开头，其为默认模式
rb	以二进制格式打开一个文件用于只读。文件指针将会放在文件的开头，其为默认模式，一般用于非文本文件如图片等
r+	打开一个文件用于读写。文件指针将会放在文件的开头
rb+	以二进制格式打开一个文件用于读写。文件指针将会放在文件的开头，其一般用于非文本文件如图片等
w	打开一个文件只用于写入。如果该文件已存在则打开文件，并从开头开始编辑，即原有内容会被删除；如果该文件不存在，则创建新文件

续表

模式	描　　述
wb	以二进制格式打开一个文件只用于写入。如果该文件已存在则打开文件，并从开头开始编辑，即原有内容会被删除；如果该文件不存在，则创建新文件。其一般用于非文本文件如图片等
w+	打开一个文件用于读写。如果该文件已存在则打开文件，并从开头开始编辑，即原有内容会被删除；如果该文件不存在，则创建新文件
wb+	以二进制格式打开一个文件用于读写。如果该文件已存在则打开文件，并从开头开始编辑，即原有内容会被删除；如果该文件不存在，则创建新文件。其一般用于非文本文件如图片等
a	打开一个文件用于追加。如果该文件已存在，文件指针将会放在文件的结尾，也就是说，新的内容将会被写入到已有内容之后；如果该文件不存在，则创建新文件进行写入
ab	以二进制格式打开一个文件用于追加。如果该文件已存在，文件指针将会放在文件的结尾，也就是说，新的内容将会被写入到已有内容之后；如果该文件不存在，则创建新文件进行写入
a+	打开一个文件用于读写。如果该文件已存在，文件指针将会放在文件的结尾，文件打开时会是追加模式；如果该文件不存在，则创建新文件用于读写
ab+	以二进制格式打开一个文件用于追加。如果该文件已存在，文件指针将会放在文件的结尾；如果该文件不存在，则创建新文件用于读写

注：默认为文本模式，如果要以二进制模式打开，加上 b。

打开文件操作完毕后要关闭文件释放文件资源。关闭文件的语法格式如下。

```
文件对象.close()
```

其中，“文件对象”是用 open 函数打开后返回的对象。

示例 9.1 使用相对路径和绝对路径打开指定目录下的文件，然后关闭文件对象。

```
# 打开文件
myfile=open("test.txt","r+",encoding="UTF-8")
print(myfile) # 输出文件对象
myfile.close() # 关闭文件
myfile=open("D:\\doit.log","r+")
print(myfile)
myfile.close()
```

程序运行的结果如下。

```
<_io.TextIOWrapper name='test.txt' mode='r+' encoding='UTF-8'>
<_io.TextIOWrapper name='D:\\doit.log' mode='r+' encoding='cp936'>
```

输出的结果是对象信息，包含文件名、打开模式和编码格式。

通过上述示例可以发现，每一次调用完 open 方法，都需要用 close 方法将文件关闭。这样能避免一些不必要的冲突和错误出现，也能起到节约内存的作用。

9.3 文件的读写

9.3.1 read 和 write 方法读写文件

◀文件的读写

在打开文件之后，最常见的对文件的操作是读操作和写操作，分别使用 read 方法和

write 方法。但是并不是打开的文件都能使用 read 方法和 write 方法，例如 read 方法只能在可读的情况下调用而不能在只写或其他不可读的情况下调用，write 方法只能在可写的情况下调用。

read 方法用于读取整个文件的内容并返回，返回类型是 str；write 方法是写入方法，接收 str 类型的数据作为参数，将内容写入用可写模式打开的文件中。

1. 读文件

常用的读取文件的方法，如表 9.4 所示。

表 9.4　读文件的方法

方　法　名	说　　明
read(size)	从文件中读取数据，size 表示要从文件中读取的数据长度，单位为字节。如果没有指定 size，那么就表示读取文件的全部数据
readlines	若文件的内容很少，则可以使用 readlines 方法把整个文件中的内容进行一次性读取
readline	使用 readline 方法可以一行一行地读取文件中的数据

示例 9.2　使用 read()方法读取 test.txt 文件中的数据。

```
myfile=open("test.txt","r")          # 打开文件
content=myfile.read(15)              # 读取 15 字节
print(content)                       # 输出读取的内容
print("-"*30)                        # 输出 30 个“-”
content=myfile.read()                # 读取剩余的信息
print(content)                       # 输出文件信息
myfile.close()                       # 关闭文件
```

示例 9.2 运行后，结果如图 9.1 所示。

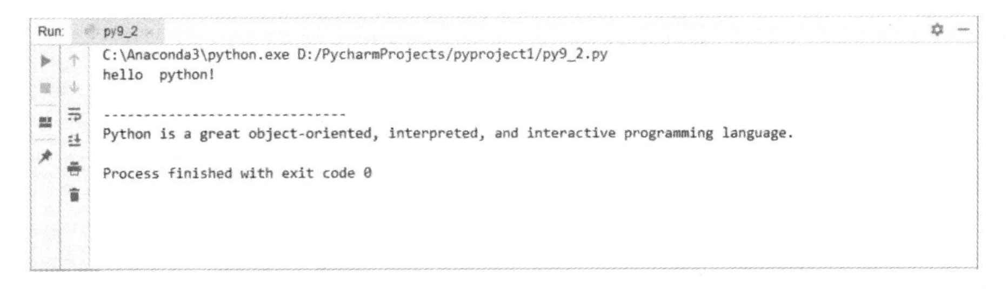

图 9.1　示例 9.2 的运行结果

示例 9.3　使用 readlines()方法读取 test.txt 文件中的数据。

```
myfile=open("test.txt","r")
content=myfile.readlines()
i=1
for line in content:
    print("%d:%s"%(i,line))
    i+=1
myfile.close()
```

示例 9.3 的运行结果如图 9.2 所示。

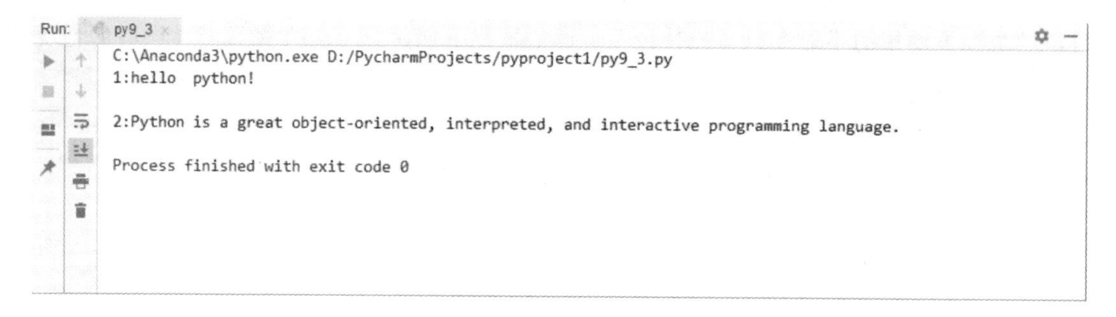

图 9.2 示例 9.3 的运行结果

使用 readline 方法读取 test. txt 文件中的数据。

```
myfile=open("test.txt","r")
# 读取第一行数据
content=myfile.readline()
print("1:%s"%content)
# 读取第二行数据
content=myfile.readline()
print("2:%s"%content)
myfile.close()
```

示例 9.4 的运行结果如下。

```
1:hello  python!
2:Python is a great object-oriented,interpreted,and interactive programming language.
```

2. 写文件

向文件中写入数据，需要使用 write 方法来完成。在操作某个文件时，每调用一次 write 方法，写入的数据就会追加到文件末尾。

示例 9.5 创建一个文件 test2. txt，写入三段“hello python”内容。

```
file=open("test2.txt","w")
file.write("hello python!\n")
file.write("hello python!\n")
file.write("hello python!\n")
file.close()
```

程序运行后，test2. txt 的文件内容如图 9.3 所示。

3. 文件的定位读写

文件的读写默认是顺序进行的。但是在实际开发中，可能会需要从文件的某个特定位置开始读写，这时，我们需要对文件的读写位置进行定位，包括获取文件当前的读写位置，以及定位到文件的指定读写位置。下面将详细介绍这两种定位方式。

1）使用 tell 方法来获取文件当前的读写位置

在读写文件过程中，如果想知道当前读取到的文件在哪个位置，则可以使用 tell()方法来获取，该方法会返回文件指针的当前位置。

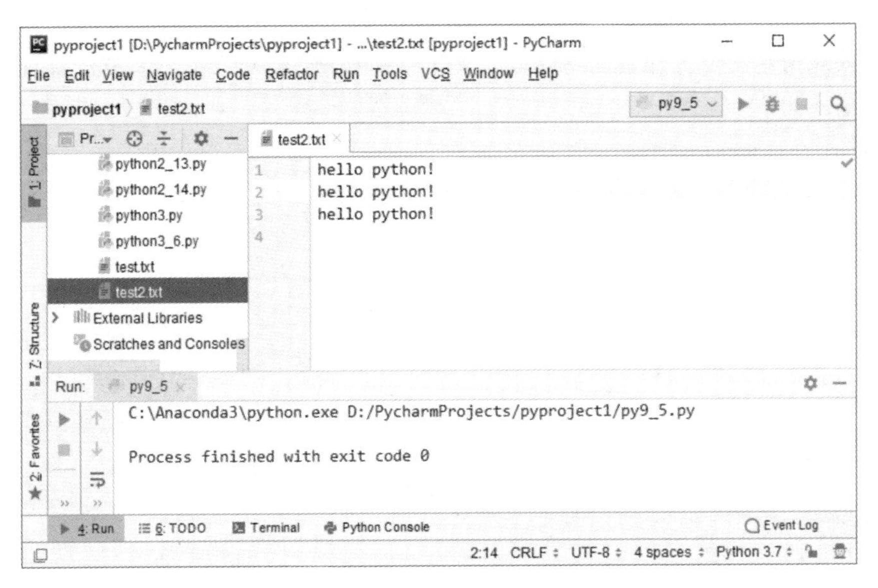

图 9.3　示例 9.5 的运行结果

示例 9.6

```
# 打开一个已经存在的文件
file=open("test.txt","r")
# 读取 5 个字节
words=file.read(5)
print("读取到的数据是:",words)
# 获取文件指针的位置
position=file.tell();
print("当前文件位置:",position)  # 输出文件指针的位置
words=file.read(9)
print("读取到的数据是:",words)
position=file.tell();
print("当前文件位置:",position)
words=file.read()
print("读取到的数据是:",words)
position=file.tell();
print("当前文件位置:",position)
file.close()
```

示例 9.6 的运行结果如下。

```
读取到的数据是: hello
当前文件位置: 5
读取到的数据是: python!
当前文件位置: 14
读取到的数据是:
Python is a great object-oriented,interpreted,and interactive programming language.
当前文件位置: 101
```

2）使用 seek 方法定位到文件的指定读写位置

如果要从指定的位置开始读取或写入文件的数据，则可以使用 seek 方法实现。seek 方法的语法格式如下。

```
seek(offset[,whence])
```

其中，offset 表示偏移，即移动的字节数；whence 表示方向，该参数的值有 0、1、2，分别表示文件的起始位置、文件的当前位置和文件末尾。

示例 9.7

```
# 打开一个已经存在的文件
file=open("test.txt","r")
# 读取 5 个字节
words=file.read(5)
print("读取到的数据是:",words)
# 获取文件指针的位置
position=file.tell();
print("当前文件位置:",position)  # 输出文件指针的位置
file.seek(16,0) # 文件指针从文件开始偏移 16 个字节后开始读取文件
position=file.tell();
print("当前文件位置:",position)
words=file.read()
print("读取到的数据是:",words)
position=file.tell();
print("当前文件位置:",position)
file.close()
```

示例 9.7 的运行结果如下。

```
读取到的数据是：hello
当前文件位置：5
当前文件位置：16
读取到的数据是：Python is a great object - oriented, interpreted, and interactive programming language.
当前文件位置：101
```

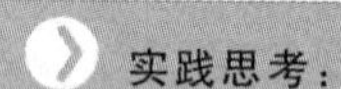

实践思考：

使用文件读写的方法实现文本文件的复制操作。

4. with 语句

在操作完文件后，我们需要关闭文件。这样既能避免文件 IO 的冲突，也能节约内存的使用，但每次打开关闭会比较麻烦，Python 提供了 with 语句来解决这个问题。在 with 语句下对文件操作，可以不用执行 close 方法关闭，with 语句会自动关闭。

with 语句的主要作用是解决异常退出时的资源释放问题，自动关闭文件不必在程序中通过 close 关闭，其语法格式如下。

```
with open(…) as name:
    name.read()
    ……
```

其中,name是给这个打开的文件取的名字,不能与其他变量或关键字冲突。

示例9.8 with语句的使用,自动关闭文件。

```
with open("test.txt","r") as file1:
    content=file1.read()
    with open("test_bak.txt","w") as file2:
        file2.write(content)
print(file1.read())
print(file2.read())
```

文件备份成功后,或自动关闭2个文件,如果再读取文件则会输出异常结果,如图9.4所示。

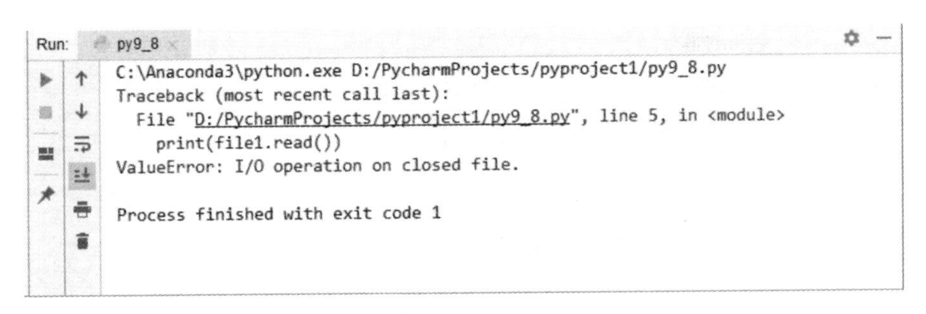

图9.4　示例9.8的运行结果

9.3.2　csv和json文件读写

cvs全称为comma-separated values,即逗号分隔的值,经常用来作为不同程序之间数据交互的格式。解析之后与数据库表的格式类似,是数据分析最常用的数据类型之一。在数据分析中,许多元素数据就是以这种格式保存的。

cvs格式的数据示例如下。

```
姓名,课程,成绩
Jack,数据库技术,98
lucy,数据库技术,87
```

json格式用于在网络上传输结构化数据。json格式的文件可以很容易使用任何编程语言来读取,在Python中,它是一种类似列表和字典的多维嵌套的形式。这种格式经常在网站接口中使用,特别是数据爬虫或者前后端交互时会用到。

json格式的数据示例如下。

```
[{"姓名":"Jack","课程":"数据库技术","成绩":"98"},
{"姓名":"Lucy","课程":"数据库技术","成绩":"87"}]
```

要在Python中操作或处理这两种格式的文件,需要用到Python的两种内置模块:csv和json。

1. csv 模块

在 csv 模块中，提供了最重要的读写 csv 文件的方法：reader 和 writer，这两个方法都接受一个可迭代对象作为参数，这个参数可以理解为一个打开的.csv 文件。reader 方法返回一个生成器，可以通过循环对其整体遍历。writer 方法返回一个 writer 对象，该对象提供 writerow 方法，将内容按行的方式写入 csv 文件中。

示例 9.9　将数据写入 csv 文件中。

```
importcsv  # 导入 csv 模块
with open('student.csv','w',encoding='utf-8',newline=") as csvfile:
    writer=csv.writer(csvfile)
    writer.writerow(['姓名','课程','成绩'])
    writer.writerows([['Jack','数据库技术',98],['Lucy','数据库技术','87']])
print("write over!")
```

读取 csv 文件中的数据。

```
importcsv # 导入 csv 模块
with open('student.csv','r',encoding='utf-8') as csvfile:
    reader=csv.reader(csvfile)
    for line in reader:
        print(line)
```

数据读取后，显示的结果如图 9.5 所示。

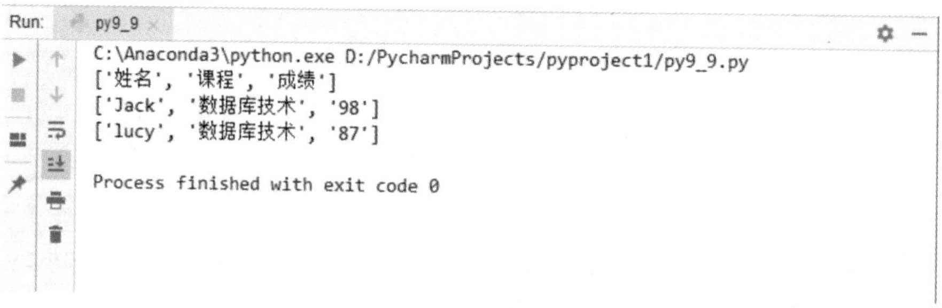

```
Run: py9_9
C:\Anaconda3\python.exe D:/PycharmProjects/pyproject1/py9_9.py
['姓名', '课程', '成绩']
['Jack', '数据库技术', '98']
['lucy', '数据库技术', '87']

Process finished with exit code 0
```

图 9.5　读取数据的结果

2. json 模块

在 json 模块中，最常用的两个方法是将 Python 对象编码成 json 字符串的 json. jumps 方法和将 json 字符串解码为 Python 对象的 json. loads 方法。要将 Python 对象编码存放到.json 文件中，需要用到 json. dump 方法；要从.json 文件中将内容解析成 Python 对象，则需要用到 json. load 方法。json 常用方法如表 9.5 所示。

表 9.5　json 常用的方法

方法名	方法功能
json. dump	将 Python 对象编码存入.json 文件中
json. dumps	将 Python 对象编码存入.json 字符串
json. load	将.json 文件解析成 Python 对象
json. loads	将已编码的 json 字符串编码为 Python 对象

示例 9.10 使用 json. dumps 方法将 data 数据编码成 json 字符串，再使用 json. loads 方法将 json 字符串解析成原来的 data 数据。

```
import json
data=[{"姓名":"Jack","课程":"数据库技术","成绩":"98"},
        {"姓名":"Lucy","课程":"数据库技术","成绩":"87"}]  # 一个简单字典数据的列表
json_data=json.dumps(data) # 编码程 json
print(json_data)
print(type(json_data))
py_obj=json.loads(json_data) # 解析成 Python 对象
print(py_obj)
print(type(py_obj))
```

运行结果如下。

```
[{"\u59d3\u540d":"Jack","\u8bfe\u7a0b":"\u6570\u636e\u5e93\u6280\u672f","\u6210\u7ee9":"98"},{"\u59d3\u540d":"Lucy","\u8bfe\u7a0b":"\u6570\u636e\u5e93\u6280\u672f","\u6210\u7ee9":"87"}]
< class 'str'>
[{'姓名':'Jack','课程':'数据库技术','成绩':'98'},{'姓名':'Lucy','课程':'数据库技术','成绩':'87'}]
<class 'list'>
```

通过输出结果可以看出，json. dumps 和 json. loads 方法实现 Python 对象与 json 字符串之间的相互转换。

9.4 目录和文件的操作

在 Python 中，能对目录和文件的操作有很多，本节主要介绍常用的三个模块：os、glob 和 shutil。

1. os 模块

os 模块是 Python 标准库中的一个用于访问操作系统的模块，包括了普遍的操作系统功能，如复制、创建、修改、删除文件和文件夹，以及设置用户权限等功能。在本任务中，需要用到 os 模块中的 mkdir 方法创建目录和 path 子模块中的 exist 方法判断一个目录是否存在。os 模块中的常用属性如表 9.6 所示。

表 9.6　os 模块中的常用属性

os 模块常用属性	对应的功能
os. name	返回计算机的操作系统(Windows 系统下会返回'nt')
os. curdir	指代当前目录，也可以用'.'来表示当前目录
os. pardir	指代当前目录的上一级目录，也可以用'..'表示
os. sep	返回路径名分隔符，'//'，也可以是'\'
os. extsep	返回文件扩展名分隔符，Windows 下扩展名分隔符为'.'
os. linesep	返回文本文件的行分隔符，'\n\r'

os 模块的部分常用方法，如表 9.7 所示。

表 9.7　os 模块的常用方法

os 模块常用方法	对应的功能
os. chdir(path)	改变当前工作目录,path 必须为字符串形式的目录
os. getcwd()	返回当前工作目录
os. listdir(path)	列举指定目录的文件名
os. mkdir(path)	创建 path 指定的文件夹,只能创建一个单层文件,而不能嵌套创建,若文件夹不存在则会抛出异常
os. makedirs(path)	创建多层目录,可以嵌套创建
os. move(file_name)	删除指定文件
os. rmdir(path)	删除单层目录,遇见目录非空时则会抛出异常
os. removedirs(path)	逐层删除多层目录
os. rename(old,new)	文件 old 重命名为 new
os. system(command)	运行系统的命令窗口

os. path 模块常用方法如表 9.8 所示。

表 9.8　os. path 模块的常用方法

os. path 模块常用方法	对应的功能
abspath(path)	返回文件或目录的绝对路径
basename(path)	返回 path 路径最后一个\\后的内容,可以为空
dirname(path)	返回 path 路径最后一个\\之前的内容
split(path)	返回一个(head,tail)元组,head 为最后\\之前的内容;tail 为最后\\之后的内容,可以为空
splitext(path)	返回指向文件的路径和扩展名
exists(path)	查询路径 path 是否存在
isabs(s)	判断指定路径 s 是否为绝对路径
isdir(path)	判断 path 指向的是否是文件夹
isfile(path)	判断 path 是否指向文件
join(path, * path)	将两个 path 通过\\组合在一起,或将更多 path 组合在一起
getatime(filename)	返回文件的最近访问时间,返回的是浮点数时间
getctime(filename)	返回文件的创建时间
getmtime(filename)	返回文件的修改时间

示例 9.11

```
import os
path="C:/MyTest"
if not os.path.exists(path):
    os.mkdir(path)
    print("创建成功!")
```

示例 9.11 成功运行后,在系统的 C 盘成功创建 MyTest 文件夹。

2. glob 模块

利用os模块可以完成绝大部分对文件及路径的操作，但有时需要在一个文件夹下查找某个类型的文件，此时利用os模块较难实现。glob模块提供了一个很好用的方法来查找某个类型的文件glob方法，它接受一个路径作为参数，返回所有匹配到的文件，类型是list。最重要的是glob方法提供模糊匹配的方式，可以查找到自己想要类型的文件。例如，查找路径“C:/”下的所有json文件，只需要写下语句glob. glob(‘C:/ *. json’)，就会找到路径“C:/”下的所有json文件，并以列表的形式返回，这里的“ * ”是一个通配符，可以匹配0个或者多个字符。通过这种方式可以匹配到所有后缀名为json的文件。

示例 9.12 输出文件的具体路径。

```
import glob
path="D:/PycharmProjects/pyproject1/";
print(glob.glob(path+"*.csv")) # 只输出该目录下的 csv 文件
```

glob. glob方法返回的是list，示例9.12运行的结果如下。

```
['D:/PycharmProjects/pyproject1\\student.csv','D:/PycharmProjects/pyproject1\\test.
csv']
```

3. shutil

shutil模块是对os模块中文件操作的进一步补充，是Python自带的关于文件、文件夹、压缩文件的高层次的操作工具。本任务还剩下最后两个步骤的工作，即在“D:/test/学生数据”目录下新建两个文件夹，然后通过复制和移动的方式分别将student. csv和student. json文件放到相应的文件夹中。shutil模块中提供了文件复制的方法copy和文件移动剪切的方法move。它们都接收两个参数，第一个参数是原文件路径，第二个参数是目的文件路径。

示例 9.13 移动和复制文件，将student. csv和test. csv文件分别复制到C盘中的data1文件夹中。

```
import shutil
import os
import glob
path1="C:/data1/" # 复制文件存储的地方
if not(os.path.exists(path1)):# 创建该目录结构
    os.mkdir(path1)
# 获取 csv 文件
list=glob.glob("D:/PycharmProjects/pyproject1/*.csv")
print(list) # 输出文件列表
count=1;# 文件计数
for filepath in list:
    shutil.copy(filepath,path1+str(count)+".csv");# 复制文件
    count+=1
# 输出目的文件夹中的文件信息
for filepath in glob.glob(path1+"*.csv"):
    print(filepath)
```

9.5 内存读写

程序设计过程中，有时候需要操作内存中的数据，实现数据的读写。Python 标准库 IO 模块中的 StringIO 和 BytesIO 对象用于实现内存文本和内存二进制文件的操作。

9.5.1 StringIO

很多时候，数据读写不一定是文件，也可以在内存中读写。StringIO 顾名思义就是在内存中读写 str。要把 str 写入 StringIO，我们需要先创建一个 StringIO，然后，像文件一样写入即可。StringIO 与文件操作的接口保存一致，包括 read、readline、readlines、write、writelines 等，即相同的文本文件操作代码，也可以用于 StringIO。

创建内存文本文件的语法格式如下。

```
from io import StringIO
f=StringIO(s)
```

(1) 写入文字信息，参考代码如下。

```
from io import StringIO
f=StringIO()
f.write('hello')
f.write(' ')
f.write('world! ')
print(f.getvalue())
```

getvalue()方法用于获得写入后的 str。程序的输出结果如下。

```
hello world!
```

(2) 读取文字信息，参考代码如下。

```
from io import StringIO
str=StringIO('Hello!\nPython!\nDo it! ')
while True:
    s=str.readline()
    if s=='':
        break
    print(s.strip())
```

程序的运行结果如下。

```
Hello!
Python!
Do it!
```

9.5.2 BytesIO

BytesIO 实现了内存二进制文件的读写操作，常用于字节码的缓存。BytesIO 与文件操作的接口保持一致，包括 read、write 等，即同样的二进制文件操作代码，可以用于 BytesIO 操作。

创建内存二进制文件的语法格式如下。

```
from io import BytesIO
f=BytesIO(b)
```

内存二进制文件创建后，可以使用内存文件对象 f 的 read、write 等方法，实现各种文件读写操作。

示例 9.14　内存二进制文件的读写操作。

```
from io import BytesIO
f=BytesIO()
f.write("Python 程序设计".encode('UTF- 8'))
f.seek(0)  # 定位到开始位置
b=f.read() # 读取文件内容
print(b)     # 输出读取内容
print(f.getvalue())  # 输出文件内容
```

程序的运行结果如下。

```
b'Python\xe7\xa8\x8b\xe5\xba\x8f\xe8\xae\xbe\xe8\xae\xa1'
b'Python\xe7\xa8\x8b\xe5\xba\x8f\xe8\xae\xbe\xe8\xae\xa1'
```

9.6 利用 jieba 实现中文分词

中文分词是指将一个中文句子切分为一个个单独的词。例如，句子“我今天去上课”经过分词处理后，其被分为“我”，“今天”，“去”，“上课”四个中文词汇。

jieba 是目前比较受欢迎的 Python 中文分词组件，可以采用如下方式安装。

```
pip install jieba
```

若使用 PyCharm 安装，选择【File】/【Settings】/【Project：工程名】/【Project Interpreter】，点击右侧的“+”，在弹出界面的搜索栏中输入“jieba”，然后点击安装即可。

jieba 模块具有以下特点。

(1) 支持三种分词模式。

①精确模式：试图将句子最精确地切开，适用于文本分析。

②全模式：把句子中所有的可以成词的词语都扫描出来，速度非常快，但是不能解决歧义。

③搜索引擎模式：在精确模式的基础上，对长词再次切分，提高召回率，适用于搜索引擎分词。

(2) 支持繁体分词。

(3) 支持自定义词典。

(4) MIT 授权协议。

jieba 模块中常用的分词方法如下。

(1) jieba.cut 方法接受三个输入参数：需要分词的字符串；cut_all 参数用来控制是否采用全模式；HMM 参数用来控制是否使用 HMM 模型。

(2) jieba.cut_for_search 方法接受两个参数：需要分词的字符串；是否使用 HMM 模型。该方法适用于搜索引擎构建倒排索引的分词，粒度比较细。

> **注意：**
> 在待分词的字符串可以是 Unicode 或 UTF-8 字符串、GBK 字符串。不建议直接输入 GBK 字符串，因为可能会被无法预料的错误解码成 UTF-8。

jieba. cut 以及 jieba. cut_for_search 方法返回的结构都是一个可迭代的生成器(generator)，可以使用 for 循环来获得分词后得到的每一个词语(Unicode)，或者用 jieba. lcut 以及 jieba. lcut_for_search 方法直接返回 list。

新建自定义分词器，可用于同时使用不同词典，其语法格式如下。

```
jieba.Tokenizer(dictionary= DEFAULT_DICT)
```

jieba. dt 为默认分词器，所有全局分词相关函数都是该分词器的映射。

jieba 模块分词的示例代码如下。

```
# encoding=utf-8
import jieba
seg_list=jieba.cut("我今天去上学",cut_all=True)
print("全模式:"+"/ ".join(seg_list))  # 全模式
seg_list=jieba.cut("我来到清华大学",cut_all=True)
print("全模式:"+"/ ".join(seg_list))  # 全模式
seg_list=jieba.cut("我来到清华大学",cut_all=False)
print("默认精确模式:"+"/ ".join(seg_list))  # 精确模式
seg_list=jieba.cut("他来到了网易杭研大厦")  # 默认是精确模式
print("默认精确模式:"+",".join(seg_list))
seg_list=jieba.cut_for_search("小明硕士毕业于中国科学院计算所，后在日本京都大学深造")
# 搜索引擎模式
print("搜索引擎模式:"+",".join(seg_list))
```

输出结果如下。

```
全模式：我/ 今天/ 去/ 上学
全模式：我/ 来到/ 清华/ 清华大学/ 华大/ 大学
默认精确模式：我/ 来到/ 清华大学
默认精确模式：他，来到，了，网易，杭研，大厦
搜索引擎模式：小明，硕士，毕业，于，中国，科学，学院，科学院，中国科学院，计算，计算所，后，在，日本，京都，大学，日本京都大学，深造
```

9.7 项目实践

9.7.1 任务 1——使用文件存储学生信息

任务需求

重构学生信息管理系统，之前我们完成的学生信息管理系统中的数据保存在变量中，系统退出后，信息会丢失。为了防止这种情况发生，我们可以借助文件保存数据，本任务需求是在前面第 5 章的基础上，增加了保存学生信息的功能。

实现思路

(1) 创建文件,打开文件。

(2) 使用 write 方法将信息写入文件中。

(3) 使用 read 方法读取文件信息。

参考代码

```
# 加载学生信息
def load_data():
    global students
    f=open("info_data.data")
    content=f.read()
    students=eval(content)
    f.close()
# 保存学生信息数据
def save_data():
    file=open("info_data.data","w")
    file.write(str(students))
    file.close()
```

9.7.2 任务 2——西游记人物出场统计

任务需求

西游记中有四个主要角色:唐僧、孙悟空、猪八戒和沙僧。编写 Python 程序统计这些主要角色出场的次数,再按出场次数排序。

在开发程序前下载一本《西游记》的电子书,并保存为“西游记.txt”。

思路分析

(1) 打开并读取文件的内容,将其转换为字符串。

(2) 对文本进行分词并提取词语。

(3) 对每个词语进行计数,并删除一些无意义的词语。

(4) 将词语及其数量按从高到低进行排序。

参考代码

```
import jieba
# 打开并读取西游记文件内容
xyjTxt=open(r"西游记电子书.txt","rb").read()
# 构建一个排除词库
excludes={"一个","那里","正是","两个","不知","我们","只见","不是","只是","什么","不敢","怎么","原来","什么","闻言","如何","不曾","这个"}
# 分词
words=jieba.lcut(xyjTxt)
# 对分词进行统计
counts={}
```

```
for word in words:
    if len(word)==1 or word.isspace():
        continue
    elif word=="大圣" or word=="老孙" or word=="孙行者" or word=="行者":
        rword="悟空"
    elif word=="三藏" or word=="长老" or word=="师父":
        rword="唐僧"
    elif word=="悟净" or word=="老孙" or word=="沙和尚":
        rword="沙僧"
    elif word=="呆子":
        rword=="八戒"
    else:
        rword=word
    counts[rword]=counts.get(rword,0)+1
# 删除无意义的词语
for word in excludes:
    del counts[word]
# 按词语出现的次数排序
items=list(counts.items())
items.sort(key=lambda  x:x[1],reverse=True)
# 采用固定格式输出
for i in range(9) :
    word,count=items[i]
    print("{0:<10} {1:>5}".format(word,count))
```

本章总结

1. 在 Python 中，文件编码有 ASCII 码、GBK、UTF-8 等。
2. 对文件进行操作时，首先使用 open 方法打开一个文件，对文件操作完毕后，使用 close 方法关闭文件。
3. 对文件的操作包括读和写，分别使用 read 和 write 方法。
4. cvs 即逗号分隔的值，经常用来作为不同程序之间数据交互的格式。
5. json 格式用于在网络上传输结构化数据。
6. 目录和文件的操作常用三个模块：os、glob 和 shutil。
7. 使用 jieba 模块的方法可以实现中文分词。

本章作业

一、选择题

1. 以下选项中，不是 Python 对文件的打开模式的是(　　)。

A. 'r'　　B. '+'　　C. 'w'　　D. 'c'

2. 关于 Python 文件打开模式的描述，以下选项中错误的是(　　)。

A. 只读模式 r　　B. 追加写模式 a　　C. 创建写模式 n　　D. 覆盖写模式 w

3. 关于 csv 文件的描述，以下选项中错误的是(　　)。

A. csv 文件格式是一种通用的、相对简单的文件格式，应用于程序之间转移表格数据

B. csv 文件通过多种编码表示字符

C. 整个 csv 文件是一个二维数据

D. csv 文件的每一行是一维数据，可以使用 Python 中的列表类型表示

4. 以下选项中，不是 Python 文件处理. seek()方法的参数是(　　)。

A. 0　　B. 1　　C. −1　　D. 2

5. 以下选项中，不是 Python 文件打开的合法模式组合是(　　)。

A. "br+"　　B. ""　　C. "wr"　　D. "bw"

6. 关于二维数据 csv 存储问题，以下选项中描述错误的是(　　)。

A. csv 文件的每一行表示一个具体的一维数据

B. csv 文件的每行采用逗号分隔多个元素

C. csv 文件不是存储二维数据的唯一方式

D. csv 文件不能包含二维数据的表头信息

7. 两次调用文件的 write 方法，以下选项中描述正确的是(　　)。

A. 连续写入的数据之间无分隔符

B. 连续写入的数据之间默认采用换行分隔

C. 连续写入的数据之间默认采用空格分隔

D. 连续写入的数据之间默认采用逗号分隔

8. Python 语句：f=open()，以下选项中对 f 的描述错误的是(　　)。

A. f 是文件句柄，用来在程序中表达文件

B. 表达式 print(f)执行将报错

C. f 是一个 Python 内部变量类型

D. 将 f 当作文件对象，f. read()可以读入文件全部信息

二、简答题

1. 简述常用的字符编码及其特点。

2. 在 Python 中文件读写的步骤有哪些？

3. 阐述 csv 和 json 格式文件的区别。

三、编程题

1. 读取一个英文文本文件，将其中的大写字母变成小写字母，然后将文件保存。

2. 使用递归，输出 D 盘中指定文件夹中的所有文件。

3. 将如下信息写入 json 文件，并通过 Python 程序输出。

```
[{"工号":"2019001","姓名":"Jack","职位":"工程师"},{"工号":"2019002","姓名":"TOM",
"职位":"项目经理"}]
```

第10章 数据分析与可视化

本章简介

信息技术已经融入我们的生活，每天产生的数据量也不断增长，数据已经成为宝贵的资源。在大数据环境下，从数据中发现并挖掘有价值的信息变得愈发重要，通过数据分析技术处理数据，用于进行科学研究与决策，这些都是未来发展的重要方向。本章将介绍数据分析和可视化相关的技术，主要包括使用NumPy模块进行科学计算，使用matplotlib模块绘制图表，使用pandas模块处理数据。

本章目标

(1) 了解数据分析的流程与工具。

(2) 理解可视化的概念。

(3) 掌握NumPy模块的使用。

(4) 掌握matplotlib模块的使用。

(5) 掌握pandas模块的使用。

实践任务

(1) 国际象棋棋盘。

(2) 芝麻信用雷达图的绘制。

10.1 数据分析与应用概述

10.1.1 数据分析的流程

数据分析是指使用适当的统计分析方法对收集来的大量数据进行分析,从中提取有用信息形成结论,并加以详细研究和概括总结的过程。数据分析一般分为以下几步。

1. 明确需求和目的

需求分析一词来源于产品设计,主要是指从用户提出的需求出发,挖掘用户内心的真实意图,并转化为产品需求的过程。需求分析决定了产品方向。错误的需求分析可能导致在产品实现过程中走入错误的方向,甚至对企业造成损失。在进行分析之前,首先必须要有清晰的目标并明确几个问题:数据对象是谁,以及要解决什么业务问题;其次需要基于对项目的深刻理解,整理出完整的分析框架和思路。对目的的分析与把握是数据分析成败的关键。

2. 数据收集

按照确定的框架和思路,有目的地从多个渠道获取结构化或非结构化数据。数据收集是数据分析工作的基础,是指根据需求分析的结果来提取、收集数据。数据获取主要有两种方式:网络数据与本地数据。网络数据是指存储在互联网中的各类视频、图片、语音和文字等信息;本地数据则是指存储在本地数据库中的生产、营销和财务等系统的数据。本地数据按照数据时间又可以划分为两类:历史数据与实时数据。历史数据是指系统在运行过程中遗存下来的数据,其数据量随系统运行时间的增加而增长;实时数据是指最近一个单位时间周期(如月、周、日、小时等)内产生的数据。在数据分析的过程中,具体使用哪种数据获取方式,应依据需求分析的结果而定。

3. 数据预处理

数据预处理是指对数据进行数据合并、数据清洗、数据标准化和数据变换,以保证数据的质量,方便后续开展数据分析工作,并直接用于分析建模的这一过程的总称。其中,数据合并可以将多张互相关联的表格合并为一张表格;数据清洗可以去掉重复、缺失、异常、不一致的数据;数据标准化可以去除特征间的量纲差异;数据变换则可以通过离散化、哑变量处理等技术满足后期分析与建模的数据要求。在数据分析的过程中,数据预处理的各个过程互相交叉,并没有明确的先后顺序。

4. 数据分析与建模

数据分析是指通过分析手段、方法和技巧对准备好的数据进行探索、分析,从中发现因果关系、内部联系和业务规律,为目标提供决策参考的过程。

分析与建模是指通过对比分析、分组分析、交叉分析和回归分析等分析方法,以及聚类模型、分类模型、关联规则和智能推荐等模型与算法,发现数据中的有价值信息,并得出结论的过程分析与建模的方法,按照目标的不同可以分为以下几个大类。如果分析目标是描述客户行为模式的,可采用描述型数据分析方法,同时还可以考虑关联规则、序列规则和聚类模型等;如果分析目标是量化未来一段时间内某个事件发生概率的,则可以使用两大预测分析模型,即分类预测模型和回归预测模型。在常见的分类预测模型中,目标特征通常都是二

数据分析与应用概述▶

元数据，如是否合格、品质好坏、信用好坏等。在回归预测模型中，目标特征通常都是连续型数据，常见的有股票价格预测和违约损失率预测等。

5. 数据展现

通过数据分析，隐藏在数据内部的关系和规律就会逐渐浮现出来，那么通过什么方式展现出这些关系和规律，才能让别人一目了然呢？一般情况下，数据是通过表格和图形的方式来呈现的，即用图表说话。

常用的数据图表包括饼图、柱形图、条形图、折线图、散点图和雷达图等，当然可以对这些图表进一步整理加工，使之变为我们所需要的图形，如金字塔图、矩阵图、瀑布图、漏斗图和帕雷托图等。

多数情况下，人们更愿意接受图形这种数据展现方式，因为它能更加有效、直观地传递出分析师所要表达的观点。一般情况下，能用图说明问题的，就不用表格，能用表格说明问题的，就不用文字。

6. 报告撰写

最后一步是报告撰写，数据分析报告其实是对整个数据分析过程的一个总结与呈现。通过报告，把数据分析的起因、过程、结果及建议完整地呈现出来，以供决策者参考。所以数据分析报告是通过对数据全方位的科学分析来评估企业运营质量，为决策者提供科学、严谨的决策依据，以降低企业运营风险，提高企业核心竞争力。一份优秀的报告，需要有明确的主题，清晰的目录、图文并茂的数据描述、明确的结论与建议等。

在一些生产系统中，数据分析过程还引入了模型评价与优化。其可以根据模型的类别，使用不同的指标评价其性能优劣。最后还会将数据分析结果与结论应用至生产系统。

10.1.2 Python 数据分析常用类库

Python 凭借着自身的优势，已广泛地应用于数据科学领域，并逐渐衍生为该领域的主流语言。Python 自带的数据分析模块并不强，它需要安装一些第三方的扩展模块来增强其数据分析能力。最常用的第三方模块主要有 NumPy、matplotlib 和 pandas。matplotlib 是最出色的绘图库，它可以与 NumPy 一起使用实现数据可视化。pandas 是基于 NumPy 的一种工具，其功能十分强大，不仅可以灵活地处理数据，而且可以实现数据可视化。

上述这些模块使用之前需要进行安装，可以使用我们之前安装的 Anaconda 来安装，还可以采用以下方式安装。

```
python  -m pip install  -user numpy matplotlib pandas
```

下面对这三个模块介绍如下。

1. NumPy

NumPy 是 Python 中科学计算的基础包。它是一个 Python 库，可以提供多维数组对象、各种派生对象（如掩码数组和矩阵），以及用于数组快速操作的各种 API，包括数学、逻辑、形状操作、排序、选择、输入/输出、离散傅立叶变换、基本线性代数、基本统计运算和随机模拟等等。NumPy 包的核心是 ndarray 对象。它封装了 Python 原生的同数据类型的 n 维数组，为了保证其性能优良，其中有许多操作都是代码在本地进行编译后执行的。

2. matplotlib

matplotlib 是最流行的用于绘制数据图表的 Python 库，是 Python 的 2D 绘图库。它非常适合创建出版物中用的图表。matplotlib 最初由 John D. Hunter(JDH)创建，目前由一个庞大的开发团队维护。matplotlib 的操作比较容易，用户只需用几行代码即可生成直方图、功率谱图、条形图、错误图和散点图等图形。matplotlib 提供了 pylab 的模块，其中包括了 NumPy 和 pyplot 中许多常用的函数，方便用户快速进行计算和绘图。matplotlib 与 Python 结合得很好，提供了一种非常好用的交互式数据绘图环境。绘制的图表也是交互式的，读者可以利用绘图窗口中工具栏中的相应工具放大图表中的某个区域，或对整个图表进行平移浏览。

3. pandas

pandas 是 Python 的一个数据分析包，最初由 AQR Capital Management 于 2008 年 4 月开发，并于 2009 年底开源出来，目前由专注于 Python 数据包开发的 PyData 开发团队继续开发和维护，属于 PyData 项目的一部分。pandas 最初被作为金融数据分析工具而开发出来，因此，pandas 对时间序列分析提供了很好的支持。pandas 的名称来自于面板数据(panel data)和 Python 数据分析(data analysis)。pandas 提供了一系列能够快速、便捷地处理结构化数据的数据结构和函数。Python 之所以成为强大而高效的数据分析环境与 pandas 息息相关。pandas 兼具 NumPy 高性能的数组计算功能以及电子表格和关系型数据库(如 SQL)灵活的数据处理功能。pandas 提供了复杂精细的索引功能，以便便捷地完成重塑、切片和切块聚合及选取数据子集等操作。

10.2 NumPy 模块的使用

Python 内置模块中有一个 array 类型，用于保存数组类型的数据，但是 array 类型只能处理一维数组，其内部提供的功能较少，不适用于数值计算。相比之下，NumPy 拥有对多维数组的处理能力。因此，由 Python 编写的第三方库 NumPy 得到了迅速发展，并逐渐成为数据分析与处理的专用模块。

NumPy 库处理的最基础数据类型是由同种元素构成的多维数组(ndarray)，简称“数组”。数组中所有元素的类型必须相同，数组中元素可以用整数索引，序号从 0 开始。ndarray 类型的维度(dimensions)称为轴(axes)，轴的个数称为秩(rank)。一维数组的秩为 1，二维数组的秩为 2。

在导入 NumPy 模块时可以为其设置别名，其具体代码如下。

```
import numpy as np
```

在后续内容中，将使用 np 代替 NumPy。

10.2.1 NumPy 数组对象 ndarray

NumPy 中包含一个 n 维数组对象，即 ndarray 对象，该对象具有矢量运算能力和复杂的广播能力，常用于科学计算。ndarray 对象中的元素可以通过索引访问，索引序号从 0 开始，ndarray 对象中存储的所有元素类型必须相同。

NumPy 数组和原生 Python array(数组)之间有以下几个重要的区别。

(1) NumPy 数组在创建时具有固定的大小，与 Python 的原生数组对象(可以动态增长)不同。更改 ndarray 的大小将创建一个新数组并删除原来的数组。

(2) NumPy 数组中的元素都需要具有相同的数据类型，因此在内存中的大小相同。例

外情况:Python的原生数组中包含了NumPy的对象的时候,这种情况下就允许不同大小元素的数组。

(3) NumPy数组有助于对大量数据进行高级数学和其他类型的操作。通常,这些操作的执行效率更高,比使用Python原生数组的代码更少。

(4) 越来越多的基于Python的科学和数学软件包使用NumPy数组,虽然这些工具通常都支持Python的原生数组作为参数,但它们在处理之前还是会将输入的数组转换为NumPy的数组,而且也通常输出为NumPy数组。

创建ndarry对象的函数有很多,关于这些方法的描述见表10.1。

表10.1 NumPy中创建数组的常用函数

函数	描述
np. array(object)	利用常规Python列表或元组创建数组
np. zeros((m,n))	创建一个m行n列且元素均为0的数组,返回给定形状和类型的新数组,并用零填充
np. ones((m,n))	创建一个m行n列且元素均为1的数组,返回给定形状和类型的新数组,并填充为1
np. empty((m,n))	返回给定形状和类型的新数组,而无须初始化条目
np. arange(x,y,i)	创建一个由x到y且步长为i的数组
np. linspace(x,y,n)	创建一个由x到y且等分成n个元素的数组
np. random. rand(m,n)	创建一个m行n列且元素为随机值的数组

创建数组有五种常规机制,分别介绍如下。

(1) 从其他的Python结构(如列表、元组等)转换,参考代码如下。

```
>>>import numpy as np
>>>x=np.array([2,3,4,1])
>>>x
array([2,3,4,1])
```

(2) NumPy原生数组的创建(如arange、ones、zeros等),参考代码如下。

```
>>>arr1=np.arange(0,10,2)
>>>arr1
array([0,2,4,6,8])
>>>arr2=np.ones((2,3))
>>>arr2
array([[1.,1.,1.],
       [1.,1.,1.]])
>>>arr3=np.linspace(1,6,3)
>>>arr3
array([1.,3.5,6. ])
```

(3) 从磁盘读取数组,无论是标准格式还是自定义格式。

(4) 通过使用字符串或缓冲区从原始字节创建数组。

(5) 使用特殊库函数(如random),参考代码如下。

```
>>>ran_arr=np.random.rand(3,3)
>>>ran_arr
array([[0.63375076,0.2725894,0.6139322],
       [0.25508464,0.34390869,0.87928931],
       [0.53221403,0.28791702,0.06695627]])
```

数组属性反映了数组本身固有的信息。通常，通过其属性访问数组允许用户获取并设置数组的内部属性，而无须创建新数组。公开的属性是数组的核心部分，只有一些属性可以有意义地重置而无须创建新数组。相关属性的信息见表10.2。

表10.2　ndarray对象的属性

函　数	描　述
ndarray. flags	有关数组内存布局的信息
ndarray. shape	数组维度的元组
ndarray. strides	遍历数组时每个维度中的字节元组
ndarray. ndim	数组维数
ndarray. data	Python缓冲区对象指向数组的数据的开头
ndarray. size	数组中的元素数
ndarray. itemsize	一个数组元素的长度，以字节为单位
ndarray. nbytes	数组元素消耗的总字节数
ndarray. base	如果内存来自其他对象，则为基础对象
ndarray. dtype	数组元素的数据类型

下面创建一个二维数组arr，查看这个数组的一些属性，参考代码如下。

```
>>>arr=np.array([[2,3,4,1],[1,2,3,4]])
>>>print(arr)
[[2 3 4 1]
   [1 2 3 4]]
>>>print(arr.ndim) # 数组的维度
2
>>>print(arr.shape) # 数组每个维度上的大小
(2,4)
>>>print(arr.size) # 数组元素的总个数
8
>>>print(arr.dtype) # 数组元素的数据类型
int32
>>>print(arr.itemsize) # 数组中每个元素的字节大小
4
```

10.2.2　NumPy的基本操作

ndarray对象提供了一些便捷的方法操作数组，例如，改变数组形状、转置操作、更改维度数、改变数组的种类、组合数组、拆分数组、平铺数组、添加和删除元素、重新排列元素等，常用的方法见表10.3。

表10.3 操作数组的常用方法

函　数	描　述
reshape(a,newshape[,order])	在不更改数据的情况下为数组赋予新的形状
ravel(a[,order])	返回一个连续的扁平数组
ndarray.flat	数组上的一维迭代器
ndarray.flatten([order])	返回折叠成一维的数组的副本
moveaxis(a,source,destination)	将数组的轴移到新位置
rollaxis(a,axis[,start])	向后滚动指定的轴，直到其位于给定的位置
swapaxes(a,axis1,axis2)	互换数组的两个轴
ndarray.T	转置数组
transpose(a[,axes])	排列数组的尺寸
delete(arr,obj[,axis])	返回一个新的数组，该数组具有沿删除的轴的子数组
insert(arr,obj,values[,axis])	沿给定轴在给定索引之前插入值
append(arr,values[,axis])	将值附加到数组的末尾
resize(a,new_shape)	返回具有指定形状的新数组，如有必要可重复填充所实数量的元素

通过索引访问数组中的元素，参数代码如下。

```
>>>arr=np.arange(1,10).reshape((3,3)) # 生成 3 行 3 列的数组
>>>arr
array([[1,2,3],
       [4,5,6],
       [7,8,9]])
>>>arr[2]          # 获取第 2 行数据，索引是从 0 开始
array([7,8,9])
>>>arr[1,2]          # 获取第 1 行第 2 列的数据
6
>>>arr[1:3]          # 获取第 1~2 行数据
array([[4,5,6],
       [7,8,9]])
```

除了ndarray类型方法外，NumPy库提供了一批运算函数。表10.4中列出了NumPy模块中的算术运算函数，这些函数中，输出参数y可选，如果没有指定参数，将创建并返回一个新的数组保存计算结果；如果指定参数，则将结果保存到参数中。例如，两个数组相加可以简单地写为a+b，而np.add(a,b,a)则表示a+=b。

表 10.4　NumPy 中的算术运算函数

函　　数	描　　述
np. add(x1,x2[,y])	y=x1+x2
np. subtract(x1,x2[,y])	y=x1−x2
np. multiply(x1,x2[,y])	y=x1 * x2
np. divide(x1,x2[,y])	y=x1/x2
np. floor_divide(x1,x2[,y])	y=x1//x2,返回值取整
np. negative(x1,x2[,y])	y=−x
np. power(x1,x2[,y])	y=x1 * * x2
np. remainder(x1,x2[,y])	y=x1%x2

NumPy 模块中的比较运算函数,见表 10.5。

表 10.5　NumPy 模块中的比较运算符

函　　数	描　　述
np. equal(x1,x2[,y])	y=x1==x2
np. not_equal(x1,x2[,y])	y=x1 ! =x2
np. less(x1,x2[,y])	y=x1<x2
np. less_equal(x1,x2[,y])	y=x1<=x2
np. greater(x1,x2[,y])	y=x1>x2
np. greater_equal(x1,x2[,y])	y=x1>=x2
np. where(condition[x,y])	根据给出的条件判断输出是 x 还是 y

数组无须循环遍历就可以对每个元素执行批量的算术操作,也就是说形状相同的数组之间执行算术运算时,会应用到位置相同的元素上进行计算。例如,数组 x=[1,2,3]和数组 y=[7,8,9],x+y 的结果为 1+7,2+8,3+9 组成的一个新数组。若两个数组的基础形状不同,NumPy 可能会出发广播机制,该机制需要满足以下任一条件:① 数组在某维度上元素的长度相等;② 数组在某维度上元素的长度为 1。

广播机制描述了 NumPy 如何在算术运算期间处理具有不同形状的数组,较小的数组被“广播”到较大的数组中,使得它们具有兼容的形状。具体示例如下。

```
>>>x=np.array([1,2,3])
>>>y=np.array([7,8,9])
>>>x+y
Array([8,10,12])
>>>c=np.array([[1,2,3],[4,5,6]])
>>>x+c
array([[2,4,6],
       [5,7,9]])
```

NumPy 模块还包括三角运算函数、傅里叶变换、随机和概率分布、基本数值统计、位运算、矩阵运算等非常丰富的功能,读者可以在使用时到 NumPy 的官方网站上查询。

10.3 matplotlib 模块的使用

通过数值来展示数据不够形象，难以直观地展示数据之间的关系与规律。实际应用中人们常常借助数据可视化工具以图表的形式来展现数据，以便更直观地传达信息。

matplotlib 是一个强大的绘图工具，它提供了多种输出格式，可以帮助数据分析人员轻松地建立自己需要的图形。matplotlib 中提供了子模块 pyplot，该模块封装了一套 Matlab 命令式绘图函数，给用户提供了更友好的接口，用户只要调用 pyplot 模块中的函数，就可以快速绘制图形并设置图表的各种细节。

使用以下代码导入 pyplot 子模块。

```
import matplotlib.pyplot as plt
```

在本节中使用 plt 代替 matplotlib. pyplot。

大部分的 pyplot 图形绘制都遵循一个流程，按照这个流程可以完成大部分图形的绘制，下面详细介绍该流程。

1. 创建绘图区域

plt 子模块中与绘图区域有关的函数，见表 10.6。

表 10.6　有关绘图区域的函数

函　　数	描　　述
plt. figure(figsize=None, facecolor=None)	创建绘图区域
plt. axes(rect, projection, axisbg)	创建坐标系风格的子绘图区域
plt. subplot(nrows, ncols, index)	在当前绘图区域中创建一个子绘图区域
plt. subplots(nrows, ncols, index)	在当前绘图区域中创建多个子绘图区域

使用 figure()函数创建一个全局绘图区域，并且使它成为当前的绘图对象，figsize 参数可以指定绘图区域的宽度和高度，单位为英寸。鉴于 figure()函数的参数比较多，这里采用指定参数名称的方式输入参数。创建绘图区域的参考代码如下。

```
import matplotlib.pyplot as plt
plt.figure(figsize=(8,4))  # 创建绘图区域
plt.subplot(3,2,1)       # 在 3×2 的网格的第 1 个位置创建子绘图区域
plt.subplot(3,2,2)      # 在 3×2 的网格的第 2 个位置创建子绘图区域
plt.show() # 显示绘图区域
```

上述代码运行结果如图 10.1 所示。

2. 风格控制和添加内容

在 pyplot 中使用几行代码就可以生成图表，如直方图、功率谱、条形图、箱线图、散点图等。pyplot 模块中包含了一组快速生成基础图标的函数，这些函数见表 10.7。

◀matplotlib 模块的使用

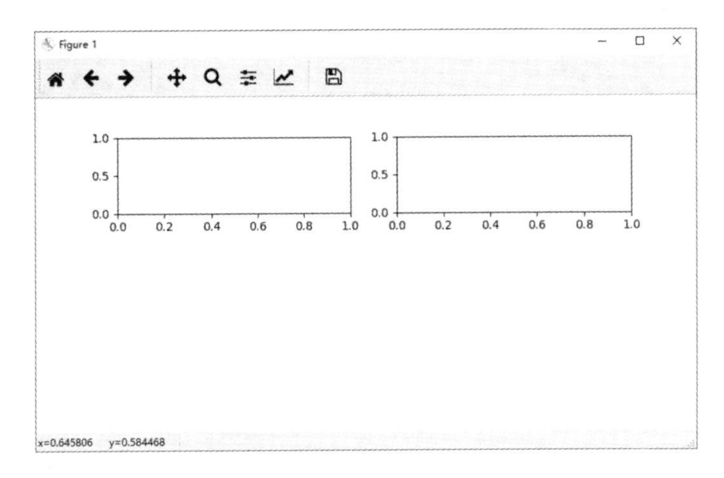

图 10.1　创建绘图区域的运行结果

表 10.7　pyplot 模块的绘图函数

函　　数	描　　述
plt. plot(x,y,label,color,width)	绘制直、曲线
plt. boxplot(x,notch,position)	绘制箱型图
plt. bar(x,height,width,bottom)	绘制条形图
plt. barh(y,width,height,left)	绘制水平条形图
plt. hist(x,bins)	绘制直方图
plt. pie(data)	绘制饼图
plt. scatter(x,y)	绘制散点图
plt. specgram(x,NFFT,fs)	绘制光谱图
plt. stackplot(x)	绘制堆积区域图
plt. step(x,y,where)	绘制步阶图
plt. violinplot(dataset,positions,vert)	绘制小提琴图
plt. vlines(x,ymin,ymax)	绘制垂直线
plt. polar(theta,r)	绘制雷达图(极坐标图)

plot()函数是用于绘制直线的最基础的函数,其调用方式很灵活,x 和 y 可以是 NumPy 计算出的数组,并用关键字参数指定各种属性。其中,label 表示设置标签并在图例中显示,color 表示曲线的颜色,width 表示曲线的宽度。

示例 10.1　绘制一元一次函数、一元二次函数、指数函数和正弦函数。

```
import matplotlib.pyplot as plt
import numpy as np
plt.figure(figsize=(8,6))
# 用来正常显示中文标签,SimHei 是字体名称,字体必须在系统中存在
plt.rcParams['font.sans-serif']=['SimHei']
# 用来正常显示负号
plt.rcParams['axes.unicode_minus']=False
```

```
x1=np.arange(0,10,0.1)
y1=x1*2
plt.subplot(2,2,1)
plt.title("一元一次函数")
plt.plot(x1,y1)
plt.tight_layout()  # 调整每个子图之间的距离

x2=np.arange(-10,10,0.1)
y2=x2**2+2*x2+1
plt.subplot(2,2,2)
plt.title("一元二次函数")
plt.plot(x2,y2)
plt.tight_layout()

x3=np.arange(0,10,0.1)
y3=2**x3
plt.subplot(2,2,3)
plt.title("指数函数")
plt.plot(x3,y3)
plt.tight_layout()

x4=np.linspace(-np.pi,np.pi,100)
y4=np.sin(x4)
plt.subplot(2,2,4)
plt.title("正弦函数")
plt.plot(x4,y4)
plt.tight_layout()

plt.show()
```

示例10.1的运行结果如图10.2所示。

pyplot使用rc配置文件来自定义图形的各种默认属性，被称为rc配置或rc参数。在pyplot中，几乎所有的默认属性都是可以控制的，如视图窗口的大小以及每英寸点数、线条宽度、颜色和样式、坐标轴、坐标、网格属性、文本和字体等。线条常用的rc参数名称、解释与取值如表10.8所示。

表10.8 线条常用的rc参数名称、解释与取值

rc参数名称	解　　释	取　　值
lines.linewidth	线条宽度	取0～10之间的数值，默认为1.5
lines.linestyle	线条样式	可取实线"-"，长虚线"--"，点线"-."，短虚线":"4种。默认为"-"
lines.marker	线条上点的形状	可取圆圈"o"，菱形"D"，六边形"h"，点"."，像素","，正方形"S"等20种，默认为None
lines.markersize	点的大小	取0～10之间的数值，默认为1

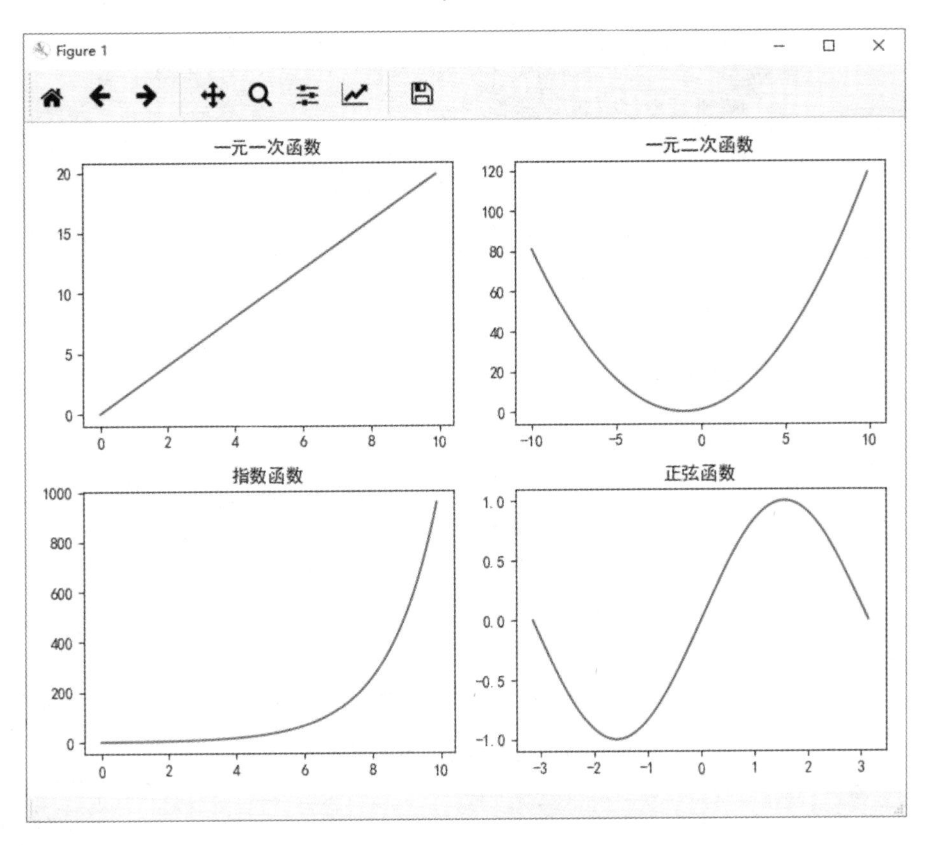

图 10.2　示例 10.1 的运行结果

示例 10.2　绘制 sin 曲线，设置为点线和线条宽度为 3。

```
import matplotlib.pyplot as plt
import numpy as np
plt.figure(figsize=(8,6))
# 用来正常显示中文标签，SimHei 是字体名称，字体必须在系统中存在
plt.rcParams['font.sans-serif']=['SimHei']
# 用来正常显示负号
plt.rcParams['axes.unicode_minus']=False
plt.rcParams['lines.linestyle']='-.'
plt.rcParams['lines.linewidth']=3
x=np.linspace(0,4*np.pi)  # 生成 x 轴数据
y=np.sin(x)  # 生成 y 轴
plt.plot(x,y,label="$sin(x)$")  # 绘制三角函数
plt.title("sin")
plt.show()
```

示例 10.2 的运行结果如图 10.3 所示。

3. 保存和显示图形

保存和显示图形常用的函数只有两个，并且参数很少，见表 10.9。

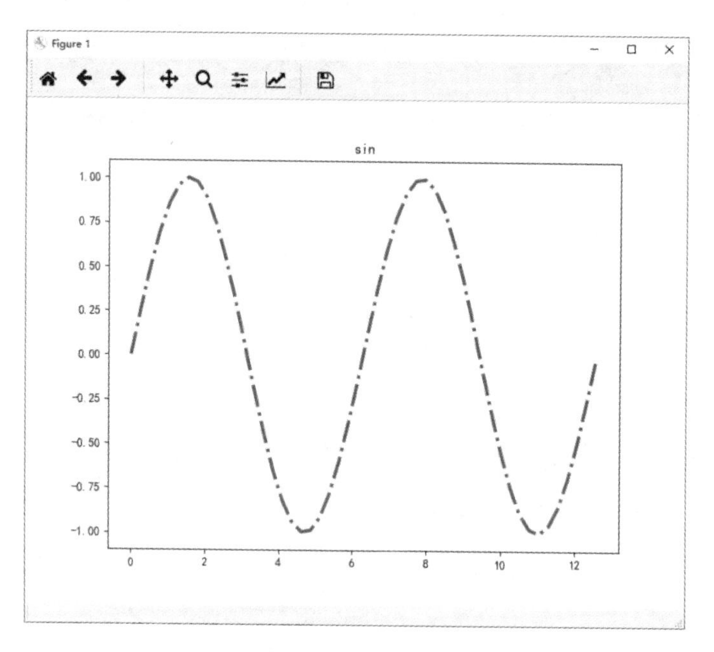

图 10.3 绘制 sin 曲线

表 10.9 保存和显示图形的函数

函　　数	描　　述
plt. savafig	保存绘制的图形,可以指定图形的分辨率、边缘的颜色等参数
plt. show	在本机显示图形

10.4 pandas 模块的使用

第一节我们介绍了 NumPy,但 NumPy 的特长并不在数据处理方面,而是在于其能非常方便地实现科学计算,所以我们日常对数据进行处理时使用 NumPy 的情况并不多,我们需要处理的数据一般都是带有列标签和 index 索引,而 NumPy 并不支持这些,这时我们就需要 pandas。

pandas 是专门为解决数据分析任务而建立的模块,它包含了与数据处理、数据分析和数据可视相关的功能。pandas 模块的引入代码如下。

```
import pandas as pd
```

下面我们将介绍 pandas 的使用。

10.4.1 pandas 数据结构

pandas 是基于 NumPy 构建的库,在数据处理方面可以把它看成 NumPy 的加强版,同时 pandas 也是一项开源项目。不同于 NumPy 的是,pandas 中有两个主要的数据结构:Series 和 DataFrame。Series 是一维的数据结构,DataFrame 是二维的数据结构,关于 Series 和 DataFrame 的介绍如下。

◀ pandas 模块的使用

1. Series

Series 表示一维数据，类似于一维数组，能够保存任意类型的数据，如整型、浮点型等。Series 由数据和与其相关的整数索引或自定义标签组成，默认它会给每一项数据分配编号，编号的范围从 0～n－1(n 是长度)。Series 的结构如图 10.4 所示。

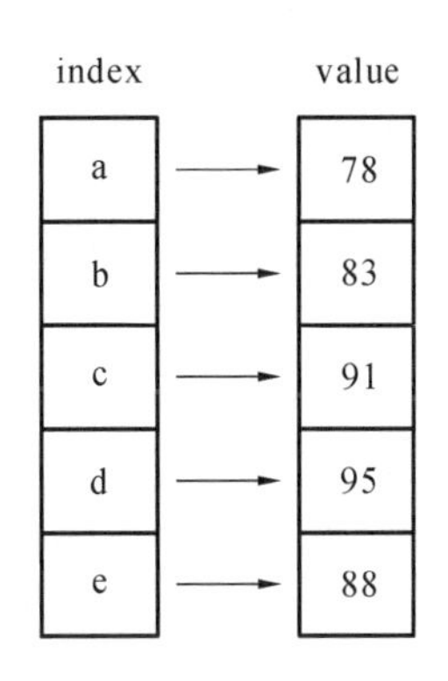

图 10.4　Series 的结构

使用 Series()函数可以直接创建 Series 对象，该函数的语法格式如下。

```
pd.Series(data=None,index=None,dtype=None)
```

其中：data 参数代表接收的数据，该参数可接收一组数组、列表或字典等；index 参数代表自定义行标签索引，若该参数没有接收到数据，默认使用 0～n 的整数索引；dtype 参数代表数据类型。

示例 10.3 分别创建两个 Series 对象，其中一个 Series 对象使用的是整数索引，另一个 Series 对象使用的是标签索引。

```
>>>ser_1=pd.Series([2,4,8,9])
>>>print(ser_1)
0    2
1    4
2    8
3    9
dtype: int64
>>>ser_2=pd.Series([78,83,91,95,88],index=['a','b','c','d','e'])
>>>print(ser_2)
a    78
b    83
c    91
d    95
e    88
dtype: int64
```

2. DataFrame

DataFrame 类似于电子表格或数据库表，由行和列组成。DataFrame 也可以视为一组共享行索引的 Series 对象，其结构示意如图 10.5 所示。

通过 DataFrame()函数可直接创建 DataFrame 对象，该函数的语法格式如下。

```
pd.DataFrame(data= None,index= None,columns= None,dtype= None)
```

其中：data 参数表示接收的数据，该参数可以是二维数组、字典(包含 Series 对象)、Series 对象或另一个 DataFrame 对象等；index 参数代表自定义的行标签，columns 参数代表自定义的列标签，若这两个参数没有接收到数据，默认使用从 0～n 的整数索引；dtype 参数代表数据类型。

下面分别创建带有整数索引和标签索引的 DataFrame 对象，代码如下。

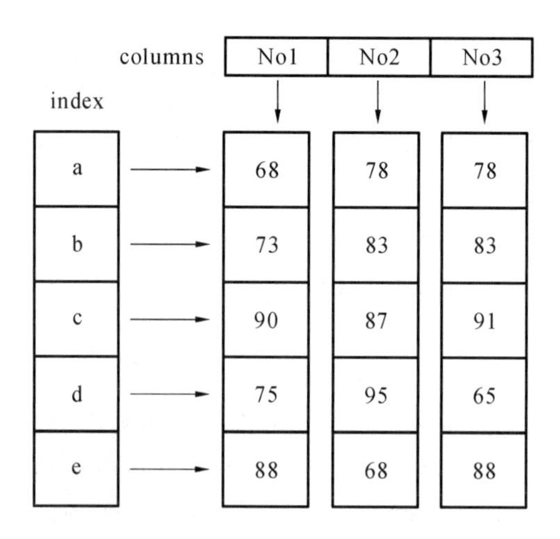

图 10.5 DataFrame 的结构示例图

```
>>>import pandas as pd
>>>import numpy as np
>>>arr_scores=np.array([[90,91,89],[80,86,98]])
>>>df_scores=pd.DataFrame(arr_scores)
>>>df_scores
    0   1   2
0  90  91  89
1  80  86  98
>>>df_scores2=pd.DataFrame(arr_scores,columns=['Python','Java','C'])
>>>df_scores2
   Python Java   C
0      90   91  89
1      80   86  98
```

Series 和 DataFrame 对象中一些常见属性的具体说明如表 10.10 所示。

表 10.10 Series 和 DataFrame 的常见属性

属　　性	描　　述
Series/DataFrame. index	获取行索引(列标签)
Series/DataFrame. values	返回包含数据的数组
Series/DataFrame. dtype	返回基础的数据类型对象
Series/DataFrame. shape	返回基础形状的元组
Series/DataFrame. size	返回元素个数
Series/DataFrame. columns	获取 DataFrame 对象的列索引(列标签)

创建一个带自定义列标签的 DataFrame 对象,查看它的行索引、列索引和数据的代码如下。

```
>>>import pandas as pd
>>>df_scores=pd.DataFrame([[89,90],[78,94],[67,80]],columns=['Python','Java'])
>>>df_scores
    Python  Java
0       89    90
1       78    94
2       67    80
>>>df_scores.index
RangeIndex(start=0,stop=3,step=1)
>>>df_scores.columns
Index(['Python','Java'],dtype='object')
>>>df_scores.values
array([[89,90],
       [78,94],
       [67,80]],dtype=int64)
```

10.4.2 pandas 数据操作

pandas 是数据分析的优选工具，它提供了大量使用户能够快速便捷处理数据的函数，包括 I/O 工具、算术运算与数据对齐、数据预处理和可视化等。下面将对 pandas 的常见功能进行介绍。

1. I/O 工具

pandas 的 I/O API 是一组 read 函数，如 pandas.read_csv()函数。这类函数可以返回 pandas 对象。相应的 write 函数是类似 DataFrame.to_csv()的对象方法。下面是一个方法列表，见表 10.11，其中包含了所有 read 函数和 write 函数。

表 10.11 I/O 操作的方法

Format Type	Data Description	Read	Write
text	CSV	read_csv	to_csv
text	JSON	read_json	to_json
text	HTML	read_html	to_html
text	Local clipboard	read_clipboard	to_clipboard
binary	MS Excel	read_excel	to_excel
binary	OpenDocument	read_excel	—
binary	HDF5 Format	read_hdf	to_hdf
binary	Feather Format	read_feather	to_feather
binary	Parquet Format	read_parquet	to_parquet
binary	Msgpack	read_msgpack	to_msgpack
binary	Stata	read_stata	to_stata
binary	SAS	read_sas	—
binary	Python Pickle Format	read_pickle	to_pickle
SQL	SQL	read_sql	to_sql
SQL	Google Big Query	read_gbq	to_gbq

pandas 读取文件后，系统会自动生成 DataFrame 数据结构的二维表，我们将结合成绩

表的公开数据集 score_data. csv 介绍相关内容。

该数据集为学生成绩数据，包含以下特征。

Chinese	Math	English
语文	数学	英语

成绩数据如表 10. 12 所示。

表 10. 12　score_data. csv 中的数据

Chinese	Math	English
90	87	70
97	76	68
93	80	88

示例 10. 4　使用 read_csv()函数读取 csv 文件，代码如下。

```
import pandas as pd
score_data=pd.read_csv('score_data.csv')
print(type(score_data))
print(score_data)
```

read_csv()函数的第一个参数为读取文件的路径，读取后将返回一个 DataFrame 对象，运行结果如图 10. 6 所示。

```
C:\Anaconda3\python.exe D:/PycharmProjects/pyproject1/ch10/demo10_4.py
<class 'pandas.core.frame.DataFrame'>
   Chinese  Math  English
0       90    87       70
1       97    76       68
2       93    80       88

Process finished with exit code 0
```

图 10. 6　示例 10. 4 的运行结果

从文件读取数据很常用，把计算结果或数据结构所包含的数据写入数据文件也是一个必要操作，随时将中间结果持久化保存实际上也是一个非常良好的习惯。

在 pandas 中，如果是一个 DataFrame 对象，可以使用 to_csv 方法将该数据结构存入一个文件，示例代码如下。

```
import sys
import pandas as pd
df=pd.read_csv('score_data.csv',header=0,index_col=2) ;
df.to_csv('score.csv')
```

2. I/O 数据运算与对齐

pandas 具有自动对齐的功能，其能够将两个数据结构的索引对齐，这可能是与 pandas 数据索引有关的最强大的功能。这一点尤其体现在运算上。参与运算的两个数据结构不同，具有的索引也可以不同。当 pandas 中的两个数据结构进行运算时，它们会自动寻找重叠的索引进行计算；若索引不重叠，则自动赋值为NaN。若原来的数据都是整数，生成NaN以后会自动换成浮点型。任何数与NaN计算的结果为NaN。常见的运算方法见表10.13所示。

表10.13 常见的运算方法

方法	说明
x.add(y.fill_value)	等价于x+y
x.sub(y.fill_value)	等价于x-y
x.mul(y.fill_value)	等价于x*y
x.div(y.fill_value)	等价于x/y
x.mod(y.fill_value)	等价于x%y
x.pow(y.fill_value)	等价于x**y

Series和DataFrame进行算术运算时，它们都支持数据自动对齐功能，同时也支持使用fill_value参数指定NaN为填充值。例如，有以下代码：

```
>>>import pandas as pd
>>>df1=pd.DataFrame([[1,3,5],[2,4,6]])
>>>df1
   0  1  2
0  1  3  5
1  2  4  6
>>>df2=pd.DataFrame([3,2,1])
>>>df2
   0
0  3
1  2
2  1
>>>df1+df2
     0   1   2
0  4.0 NaN NaN
1  4.0 NaN NaN
2  NaN NaN NaN
>>>df1.add(df2,fill_value=0.0)
     0    1    2
0  4.0  3.0  5.0
1  4.0  4.0  6.0
2  1.0  NaN  NaN
```

3. 数据预处理

在实际中获取的数据有很多不完整、冗余和模糊的情况，这些数据是不能直接进行数据分析的。为了提高数据的质量，在进行数据分析之前，必须对原始数据进行一定的预处理操作。数据预处理是整个数据分析过程中最为耗时的操作，使用经过规范化处理后的数据不但可以节约分析时间，而且可以保证分析结果能够更好地起到决策和预测作用。目前，数据预处理的方法有很多，主要分为数据清洗、数据集成、数据变换、数据规约等。具体方法见表 10.14。

表 10.14　数据的预处理方法

分　类	函数或方法	说　明
数据清洗	isnull(obj)	检查 obj 中是否有空值
	notnull(obj)	检查 obj 中是否有非空值,返回布尔数组
	dropna(axis)	删除所有包含空值的行或列
	fillna(x)	使用 x 替换所有的 NaN
	duplicated()	标记重复记录
	astype(dtype)	将数据转换为 dtype 类型
	to_numeric(x)	将 x 转换为数字类型
数据集成	concat(objs,axis,join)	沿着轴方向将 objs 进行堆叠合并
	merge(left,right,how,on)	根据不同的键将 left 和 right 进行连接
	join(other,on,how)	通过制定的列连接 other
	combine_first(other)	使用 other 填充缺失的数据
数据变换	stack(level,dropna)	将 DataFrame 对象的列索引转换为行索引
	unstack(level,fill_value)	将 Series/DataFrame 的行索引转换为列索引
	pivot(index,columns,values)	根据 index 和 columns 重新组织 DataFrame 对象
	rename(mapper,index,columns)	重命名行(或列)索引的名称
数据规约	cut(x,bins,right)	对数据进行离散化处理
	get_dummies(data,prefix)	对类别数据进行哑变量处理

在读取的数据时可能会出现一些无效值,为了避免无效值带来的干扰和影响,一般会忽略无效值或将无效值替换成有效值。

1) *忽略无效值*

例如,接着上面的代码使用 isnull()函数检查是否有空值,使用 dropna()函数删除无效值,代码如下。

```
>>>df_res=df1.add(df2,fill_value=0.0)
>>>df_res
    0    1    2
0  4.0  3.0  5.0
1  4.0  4.0  6.0
2  1.0  NaN  NaN
>>>df_res.isnull()
      0      1      2
0  False  False  False
1  False  False  False
2  False   True   True
>>>df_res.dropna(axis=1)
```

```
     0
0  4.0
1  4.0
2  1.0
>>>df_res
     0    1    2
0  4.0  3.0  5.0
1  4.0  4.0  6.0
2  1.0  NaN  NaN
>>>df_res.dropna(axis=0)
     0    1    2
0  4.0  3.0  5.0
1  4.0  4.0  6.0
```

2）将无效值替换为有效值

使用 fillna()函数将无效值替换为有效值，但是将全部无效值替换为同样的值通常意义不大，实际应用中一般使用不同的值进行填充。例如，使用 rename()方法修改 df_res 对象的行标签和列标签，再使用 fillna()方法将第 2 行第 1 列的 NaN 值替换为 2.0，将第 2 行第 2 列的 NaN 值替换为 3.0，代码如下。

```
>>>df_res
     0    1    2
0  4.0  3.0  5.0
1  4.0  4.0  6.0
2  1.0  NaN  NaN
>>>df_res.rename(index={0:'row1',1:'row2',2:'row3'},columns={0:'col1',1:'col2',2:'
col3'},inplace=True)
3>>>df_res
4       col1  col2  col3
5  row1  4.0   3.0   5.0
6  row2  4.0   4.0   6.0
7  row3  1.0   NaN   NaN
>>>df_res.fillna(value={'col2':2,'col3':3},inplace=True)
>>>df_res
      col1  col2  col3
row1  4.0   3.0   5.0
row2  4.0   4.0   6.0
row3  1.0   2.0   3.0
```

4. 数据可视化

前面我们介绍了 matplotlib 可视化工具，它的功能非常强大。目前，很多开源框架的绘图功能都是基于 matplotlib 实现的，pandas 也是其中之一。对于 pandas 的数据结构来说，直接使用自身的绘图功能要比使用 matplotlib 更简单方便。表 10.15 介绍了几个 pandas 绘制图形的常用方法。

表 10.15 pandas 绘制图形的常用方法

方法	说明
Series/DataFrame. plot(x,y,kind)	绘制线形图
Series/DataFrame. plot. area(x,y)	绘制面积图
Series/DataFrame. plot. bar(x,y)	绘制柱状图
Series/DataFrame. plot. barh(x,y)	绘制条形图
Series/DataFrame. plot. box(by)	绘制箱形图
Series/DataFrame. plot. density()	绘制密度图
Series/DataFrame. plot. hist(by,bins)	绘制直方图
Series/DataFrame. plot. kde()	绘制核密度估计曲线
Series/DataFrame. plot. line(x,y)	将一列绘制为线
Series/DataFrame. plot. pie(y)	绘制饼图
DataFrame. boxplot(column,by)	绘制箱形图
DataFrame. plot. scatter(x,y)	绘制散点图

通常使用 pandas 的 plot 的 kind 参数快速绘制不同的图形，其参数的常用取值为：

(1) "line"或"barh" for bar plots;

(2) "hist" for histogram;

(3) "box" for boxplot;

(4) "area" for area plots;

(5) "scatter" for scatter plots;

(6) "pie" for pie plots。

一维表数据使用 pd. Series 绘图，参考代码如下。

```
import numpy as np
import pandas as pd
import matplotlib as mpl
from matplotlib import pyplot as plt
ts=pd.Series(np.random.randn(5),index=(pd.date_range('2020-1-2',periods=5)))
print("\n",ts)
ts.plot(title="series figure",label="normal")
ts_cumsum=ts.cumsum()                # 累积求合
ts_cumsum.plot(style="r--",title="cumsum",label="cumsum")
plt.legend()
plt.tight_layout()
plt.show()
```

运行结果如图 10.7 所示。

二维表数据使用 pd. DataFrame 绘图,代码如下。

```
import numpy as np
import pandas as pd
import matplotlib as mpl
from matplotlib import pyplot as plt
df=pd.DataFrame(np.random.randn(5,3),columns=["col1","col2","col3"])
# 索引可仍使用其他数据表的索引
df_cumsum=df.cumsum()
df.plot(title="df_normal")
df_cumsum.plot(title="df_cumsum")  # 对各列数值累积求和
plt.legend()
plt.tight_layout()
plt.show()                  # 图 df_normal
print(df)
print(df_cumsum)
print(df_cumsum.describe())
df_cumsum.plot(title="df_cumsum,share x",subplots=True,figsize=(6,6))
# 启用子图模式,将各列分成子图,x 轴共享
plt.legend()
plt.tight_layout()
plt.show()
df_cumsum.plot(title="df_cumsum,share y",subplots=True,sharey=True)
# y 轴共享,同一尺度
plt.show()
```

代码运行结果如图 10.8、图 10.9 和图 10.10 所示。

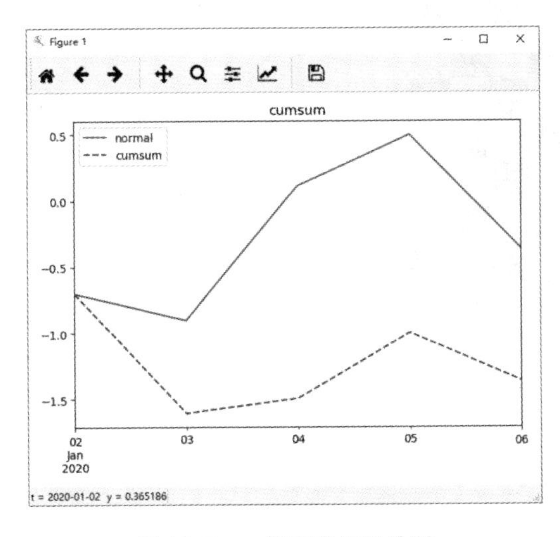

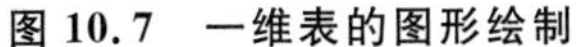
图 10.7 一维表的图形绘制

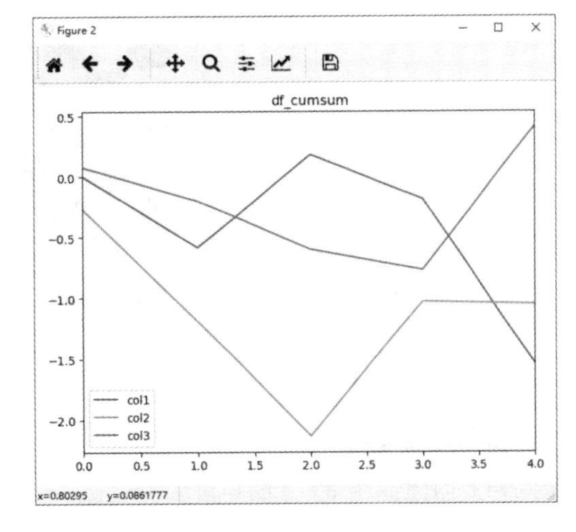

图 10.8 运行结果图一

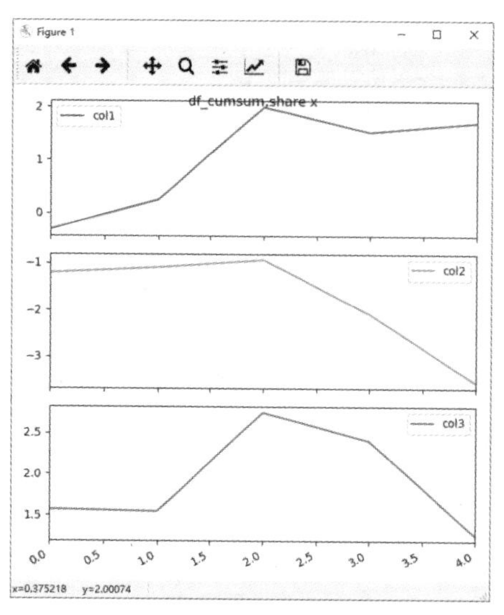

图 10.9 运行结果图二

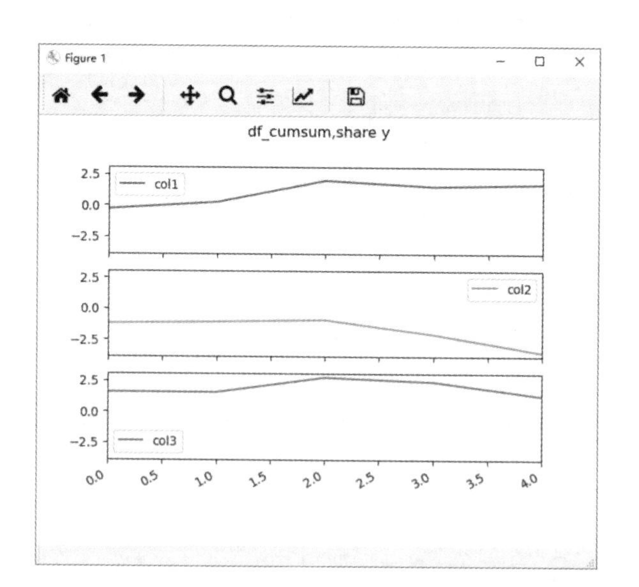

图 10.10 运行结果图三

10.5 项目实践

10.5.1 国际象棋棋盘的表示

任务需求

创建国际象棋的棋盘,填充 8×8 的矩阵。国际象棋棋盘是正方形,由横纵各 8 格、颜色一深一浅交错排列的 64 个小方格组成,深色为黑格,浅色为白格,如图 10.11 所示,棋子就在这些格子上移动。本任务使用数组表示棋盘。

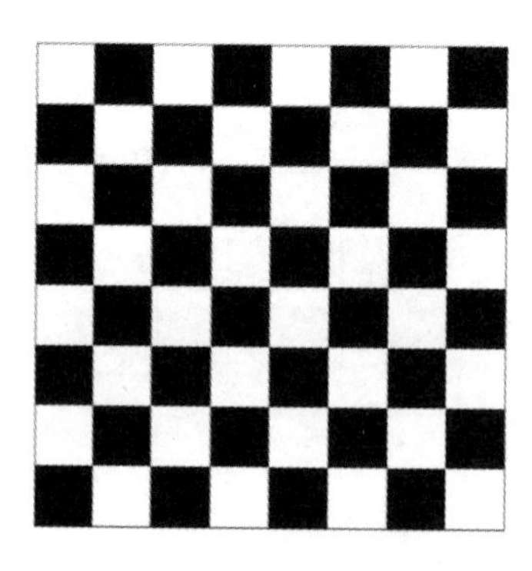

图 10.11 国际象棋棋盘

实现思路

(1) 创建一个 8×8 的矩阵。

(2) 把 1、3、5、7 行和 2、4、6 列设置为 1,其他设置为 0。

10.5.2 芝麻信用分析

任务需求

芝麻信用评分(简称芝麻分),是在用户授权的情况下,依据用户各维度数据(涵盖金融借贷、转账支付、投资、购物、出行、住宿、生活和公益等场景),运用云计算及机器学习等技术,通过逻辑回归、决策树、随机森林等模型算法,对各维度数据进行综合处理和评估,在用户信用历史、行为偏好、履约能力、身份特质、人脉关系等五个维度客观呈现个人信用状况的综合评分。

芝麻信用评分的分值范围为 350～950。持续的数据跟踪表明,芝麻信用评分越高代表信用水平较高,其在金融借贷、生活服务等场景中都表现出了较低的违约概率,较高的芝麻信用评分可以帮助个人获得更高效、更优质的服务。

芝麻信用评分的构成如下。

(1) 信用历史:过往信用账户还款记录及信用账户历史。

(2) 行为偏好:在购物、缴费、转账、理财等活动中的偏好及稳定性。

(3) 履约能力:稳定的经济来源和个人资产。

(4) 身份特质:在使用相关服务过程中留下的足够丰富和可靠的个人基本信息。

(5) 人脉关系:好友的身份特征以及跟好友互动程度。

现有三个人的芝麻信用评分汇总如表 10.16 所示。

表 10.16 芝麻信用评分汇总表

姓　名	信用历史	行为偏好	履约能力	人脉关系	身份特质
张三	760	600	500	630	520
李四	660	780	560	460	500
王五	700	650	450	500	560

使用雷达图显示三个人的芝麻信用数据。

实现思路

(1) 保存读取数据。

(2) 设置绘图参数。

(3) 在图片上显示芝麻信用评分。

本章总结

1. 数据分析的流程一般为:明确需求和目的、数据收集、数据预处理、数据分析与建模、数据展现、报告撰写。

2. NumPy 中包含一个 n 维数组对象,即 ndarray 对象,该对象具有矢量运算能力和复杂的广播能力,常用于科学计算。

3. matplotlib 是一个强大的绘图工具,它提供了多种输出格式,可以帮助数据分析人员轻松地建立自己需要的图形。

4. pandas 是专门为解决数据分析任务而建立的模块,它包含了与数据处理、数据分析和数据可视等相关的功能。

本章作业

一、选择题

1. NumPy 提供的两种基本对象是(　　)。

A. array　　B. ndarray　　C. ufunc　　D. matrix

2. 下列代码中绘制散点图的是(　　)。

A. plt. scatter(x,y)　　B. plt. plot(x,y)

C. plt. xlabel('散点图')　　D. plt. legend(' upper left')

3. 下列字符串表示 plot 线条颜色、点的形状和类型为红色五角星短虚线的是(　　)。

A. 'bs-'　　B. 'go-'　　C. 'r+-'　　D. 'r * :'

4. 下列关于 pandas 数据读/写说法错误的是(　　)。

A. read_csv 能够读取所有文本文档的数据

B. read_sql 能够读取数据库中的数据

C. to_csv 函数能将结构化数据写入. csv 文件

D. to_excel 函数能够将结构化数据写入 Excel 文件

二、简答题

1. 简述数据分析的一般流程。

2. 简述 NumPy、matplotlib、pandas 三个模块的作用。

三、编程题

1. 生成两个 3×3 矩阵,并计算矩阵的乘积。

2. 自定义一个能够自动实现数据去重、缺失值中位数填补的函数。

第11章

网络爬虫与信息提取

本章简介

通过网络爬虫可以在互联网上获取和提交信息，Python 语言提供了很多模块能够实现网络爬虫和自动化提交，使用 Python 语言实现网络爬虫简单易学。本章我们将详细介绍最主要的两个模块 requests 和 beautifulsoup4，通过它们来实现抓取网页数据和解析网页数据。

本章目标

(1) 理解网络爬虫的基本方法。

(2) 掌握 requests 模块的使用。

(3) 掌握 beautifulsoup4 模块的使用。

(4) 掌握自动化提交关键字的方法。

实践任务

(1) 爬取豆瓣网的电影与评分信息。

(2) 爬取当当网的图书排行总榜的信息。

11.1 网络爬虫简介

11.1.1 网络爬虫概述

随着网络的迅速发展，万维网成为大量信息的载体，如何有效地提取并利用这些信息成为一个巨大的挑战。特别是在大数据时代，若单纯地靠人工采集信息，不仅效率低，而且成本也比较高。如何自动且高效地获取互联网中的有用信息，是开发人员需要考虑的问题，为此爬虫技术应运而生，并迅速发展成为一项成熟的技术。

网络爬虫又称为网页蜘蛛、网络机器人，它是一种按照一定的规则，自动爬取万维网上信息的程序或脚本。如果把网络比作一张网，那么爬虫就是在网上爬行的过程中采集网络中的数据。

根据使用场景的不同，网络爬虫可分为通用网络爬虫和聚焦网络爬虫两种。

(1) 通用网络爬虫又称全网爬虫(scalable web crawler)，爬行对象从一些种子 URL 扩充到整个 Web，主要为门户站点搜索引擎和大型 Web 服务提供商采集数据。由于商业原因，它们的技术细节很少公布出来。这类网络爬虫的爬取范围和采集数据的数量巨大，对于爬取速度和存储空间要求较高，对于爬取页面的顺序要求相对较低，同时由于待刷新的页面太多，通常采用并行工作方式，但需要较长时间才能刷新一次页面。虽然通用网络爬虫存在一定缺陷，但其适用于为搜索引擎搜索广泛的主题，有较强的应用价值。通用网络爬虫的结构大致可以分为页面爬取模块、页面分析模块、链接过滤模块、页面数据库、URL 队列、初始 URL 集合等几个部分。为了提高工作效率，通用网络爬虫会采取一定的爬取策略。常用的爬取策略有：深度优先策略、广度优先策略。

(2) 聚焦网络爬虫(focused web crawler)，又称为主题网络爬虫(topical web crawler)，是指选择性地爬取那些与预先定义好的主题相关页面的网络爬虫。与通用网络爬虫相比，聚焦网络爬虫只需要爬取与主题相关的页面，极大地节省了硬件和网络资源，保存的页面也由于数量少而更新快，还可以很好地满足一些特定人群对特定领域信息的需求。

聚焦网络爬虫和通用网络爬虫相比，增加了链接评价模块以及内容评价模块。聚焦网络爬虫爬行策略实现的关键是评价页面内容和链接的重要性，不同的方法计算出的重要性不同，由此导致链接的访问顺序也不同。

11.1.2 聚焦网络爬虫的工作原理

网络爬虫是一个自动提取网页的程序，它为搜索引擎从万维网上下载网页，是搜索引擎的重要组成部分。传统网络爬虫从一个或若干个初始网页的 URL 开始，获取初始网页上的 URL，在抓取网页的过程中，不断从当前页面上抽取新的 URL 放入队列，直到满足系统的一定停止条件为止。聚焦网络爬虫的工作流程较为复杂，需要根据一定的网页分析算法过滤与主题无关的链接，保留有用的链接并将其放入等待抓取的 URL 队列。然后，它将根据一定的搜索策略从队列中选择下一步要抓取的网页 URL，并重复上述过程，直到达到系统的某一条件时停止。另外，所有被网络爬虫抓取的网页将会被系统存储，进行一定的分析、过滤，并建立索引，以便之后的查询和检索；对于聚焦网络爬虫来说，这一过程所得到的分析

◀网络爬虫简介

结果还可能对以后的抓取过程给出反馈和指导。

相对于通用网络爬虫，聚焦网络爬虫还需要解决以下三个主要问题：

(1) 对抓取目标的描述或定义；

(2) 对网页或数据的分析与过滤；

(3) 对URL的搜索策略。

11.1.3 爬取网页的流程与技术

在爬虫技术中，通用网络爬虫爬取网页的流程如图11.1所示。

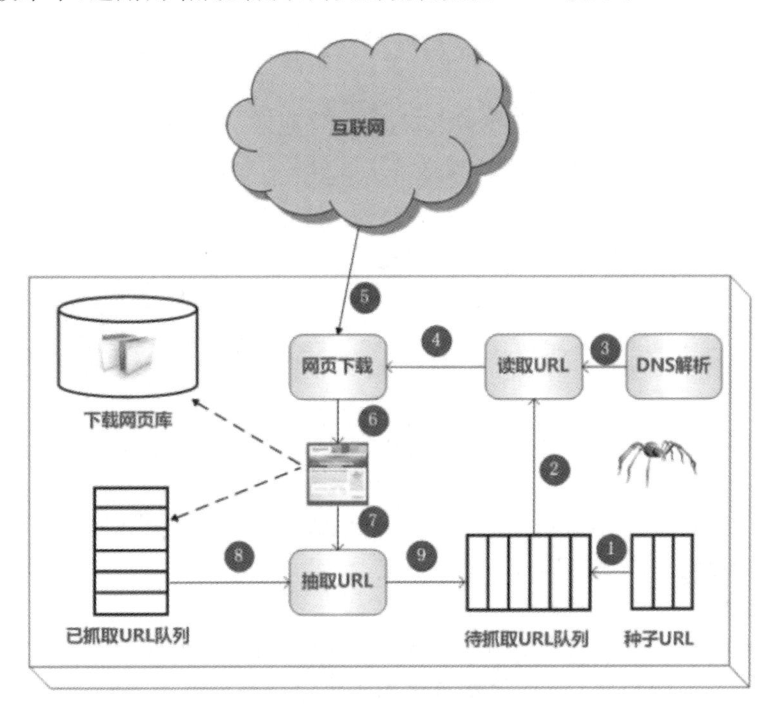

图11.1 通用网络爬虫爬取网页的流程

首先，从互联网页面中精心选择一部分网页，以这些网页的链接地址作为种子URL，将这些种子URL放入待抓取的URL队列中，爬虫从待抓取的URL队列依次读取，并将URL通过DNS解析，把链接地址转换为网站服务器对应的IP地址。然后将其与网页相对路径名称交给网页下载器，网页下载器负责页面内容的下载。对于下载到本地的网页，一方面将其存储到页面库中，等待建立索引等后续处理；另一方面将下载网页的URL放入已抓取URL队列中，这个队列记载了爬虫系统已经下载过的网页URL，以避免网页的重复抓取。对于刚下载的网页，从中抽取出所包含的所有链接信息，并在已抓取URL队列中检查，如果发现链接还没有被抓取过，则将这个URL放入待抓取URL队列末尾，在之后的抓取调度中会下载这个URL对应的网页。如此这般，形成循环，直到待抓取URL队列为空，这代表着爬虫系统已将能够抓取的网页尽数抓完，此时完成了一轮完整的抓取过程。

绝大多数爬虫系统遵循上述流程，但是并非意味着所有爬虫都如此一致。根据具体应用的不同，爬虫系统在许多方面存在差异。Python语言提供了很多类似的函数库，包括urllib,urllib2,urllib3,wget,scrapy,requests等。这些模块的作用不同、使用方式不同、用户体验不同。对于爬取回来的网页内容，可以通过正则表达式、beautifulsoup4等模块来处理。

本章主要使用 requests 和 beautifulsoup4，它们都是第三方模块。其安装代码如下。

```
pip install requests
pip install beautifulsoup4
```

11.2 抓取网页数据

11.2.1 浏览网页过程

网络爬虫抓取网页数据的过程可以理解为模拟浏览器操作的过程，浏览器浏览网页的基本过程可分为以下四个步骤。

(1) 浏览器通过 DNS 服务器查找域名对应的 IP 地址。

(2) 向 IP 地址对应的 Web 服务器发送请求。

(3) Web 服务器响应请求，返回 HTML 页面。

(4) 浏览器打开 HTML 页面并显示出来。

扩展知识：

浏览网页是基于 HTTP 协议的，HTTP(超文本传输协议)是一个基于请求与响应模式的、无状态的、应用层的协议，常基于 TCP 的连接方式，HTTP 1.1 版本中给出一种持续连接的机制，绝大多数的 Web 开发，都是构建在 HTTP 协议之上的 Web 应用。HTTP 协议的主要特点可概括如下。

(1) 支持客户/服务器模式。

(2) 简单快速：客户向服务器请求服务时，只需传送请求方法和路径。请求方法常用的有 GET、HEAD、POST。每种方法规定了客户与服务器联系的类型不同。由于 HTTP 协议简单，使得 HTTP 服务器的程序规模小，因而通信速度很快。

(3) 灵活：HTTP 允许传输任意类型的数据对象。正在传输的类型由 Content-Type 加以标记。

(4) 无连接：无连接的含义是限制每次连接只处理一个请求。服务器处理完客户的请求，并收到客户的应答后，即断开连接。采用这种方式可以节省传输时间。

(5) 无状态：HTTP 协议是无状态协议。无状态是指协议对于事务处理没有记忆能力。缺少状态意味着如果后续处理需要前面的信息，则它必须重传，这样可能导致每次连接传送的数据量增大。另一方面，当服务器不需要先前信息时它的应答就较快。

HTTP URL(URL 是一种特殊类型的 URI，包含了用于查找某个资源的足够的信息)的格式如下：

```
http://host[":"port][abs_path]
```

其中，http 表示要通过 HTTP 协议来定位网络资源；host 表示合法的 Internet 主机域名或者 IP 地址；port 指定一个端口号，为空则使用默认端口 80；abs_path 指定请求资源的 URI，如果 URL 中没有给出 abs_path，那么当它作为请求 URI 时，必须以“/”的形式给出，通常这个工作由浏览器自动帮我们完成。

举个例子，在浏览中输入 www.baidu.com 网站时，浏览器首先会向服务器发起 HTTP 请求，然后会接收到服务器返回的 HTTP 响应。HTTP 是网络中用于传输 HTML 等超文本的应用层协议，在该协议中规定了 HTTP 请求消息与 HTTP 响应消息的格式，如图 11.2 所示。

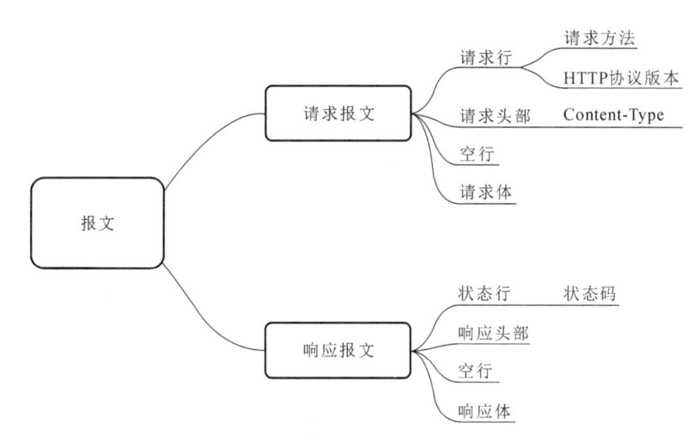

图 11.2 请求报文和响应报文结构

HTTP 请求与 HTTP 响应的格式介绍分别如下。

1. HTTP 请求

HTTP 协议使用 TCP 协议进行传输，在应用层协议发起交互之前，首先是 TCP 的三次握手。完成了 TCP 三次握手后，客户端会向服务器发出一个请求报文。一个 HTTP 请求报文由请求行(request line)、请求头部(request header)、空行和请求数据四个部分组成。请求报文的格式如下。

```
GET /JQ1803/success.html? username=admin&email=luosword% 40126.com HTTP/1.1
Host:localhost:63343
Connection:keep-alive Upgrade-Insecure-Requests:1
User-Agent:Mozilla/5.0(Windows NT 10.0;Win64;x64) AppleWebKit/537.36(KHTML,like Gecko)
Chrome/74.0.3729.131 Safari/537.36
Accept:text/html,application/xhtml+xml,application/xml;q=0.9,image/webp,image/apng,
*/*;q=0.8,application/signed-exchange;v=b3
Referer:http://localhost:63343/JQ1803/demo10-1.html? _ijt=f00tdlu61nfelheoj8eon1d855
Accept-Encoding:gzip,deflate,br
Accept-Language:zh-CN,zh;q=0.9
Cookie:Webstorm-66923e82=4a55e087-b7cf-4388-96d4-47deb8563283; Pycharm-7ccbbe23=
ecc821c7-9d29-411a-97ad-98c9f74e9268 If-Modified-Since:Thu,21 Nov 2019 02:46:28 GMT
```

前三行为请求行，其余部分称为请求头部。请求行中的“GET”表示这次请求使用的请求方法是 get 方法。请求方法的种类比较多，如 option、get、post、head、put、delete、trace 等，常用的主要是 get、post。get 表示请求页面信息，返回页面实体。

2. HTTP 响应

当收到 get 或 post 等方法发来的请求后，服务器就要对报文进行响应。同样，响应报文分为响应行、响应头和响应体三个部分。响应报文的前两行称为响应行，响应行给出了服务器的 HTTP 版本，以及一个响应代码。响应报文的格式如下。

```
HTTP/1.1 200 OK
content-type:text/html
server:WebStorm 2018.2.2
date:Thu,28 Nov 2019 16:40:09 GMT
X-Frame-Options:SameOrigin
X-Content-Type-Options:nosniff
x-xss-protection:1;mode=block
cache-control:private,must-revalidate
last-modified:Thu,21 Nov 2019 02:46:28 GMTcontent-length:167
```

上述响应消息中，第 1 行是响应行，响应行中包含 HTTP 协议版本、状态码以及对状态码的描述信息；响应行后面的是响应头，空行代表响应头的结束，空行后面的内容是响应体。

状态码是服务器根据请求进行查找后得到的结果的一种反馈，共分为别五大类，分别以 1、2、3、4、5 开头。

- 1××表示接收到请求，继续进程，在发送 post 后可以收到该应答。
- 2××表示请求的操作成功，在发送 get 后返回。
- 3××表示重发，为了完成操作必须进一步动作。
- 4××表示客户端出现错误。
- 5××表示服务器端出现错误。

其余部分称为应答实体。

网络爬虫程序可以简单地理解为模拟浏览器发送 HTTP 请求，获取网页数据的过程，如果想深入理解网络爬虫，必须掌握 HTTP 请求的基础知识。由于篇幅有限，只能粗略地介绍 HTTP，关于 HTTP 的更多内容大家可以自行查阅相关资料了解。

11.2.2 使用 requests 模块抓取网页

requests 模块是一个简洁的用于处理 HTTP 请求的第三方库，其最大的优点是程序编写过程更接近正常 URL 访问过程。这个库建立在 Python 语言的 urllib3 库的基础上，类似这种在其他函数库之上再封装功能、提供更友好函数的方式在 Python 语言中十分常见。在 Python 生态圈里，任何人都有通过技术创新或体验创新发表意见和展示才华的机会。

requests 库支持非常丰富的链接访问功能，包括国际域名和 URL 获取、HTTP 长连接和连接缓存、HTTP 会话和 Cookie 保持、浏览器使用风格的 SSL 验证、基本的摘要认证、有效的 Cookie 记录、自动解压缩、自动内容解码、文件分块上传、HTTP(S)代理功能、连接超时处理、流数据下载等。

网络爬虫和信息提交是 requests 模块的基本功能，本节重点介绍与这两个功能相关的常用函数。其中，与请求相关的函数如表 11.1 所示。

◀使用 requests 模块抓取网页

表 11.1　requests 模块中请求相关的函数

函　　数	说　　明
get(url[,timeout=n])	对应 HTTP 的 GET 方式,获取网页最常用的方法
post(url,data={'key':'value'})	对应 HTTP 的 POST 方式,其中字典用于传递客户数据
delete(url)	对应 HTTP 的 DELETE 方式
head(url)	对应 HTTP 的 HEAD 方式
options(url)	对应 HTTP 的 OPTIONS 方式
put(url,data={'key':'value'})	对应 HTTP 的 PUT 方式,其中字典用于传递数据
request. request()	构造一个请求,支撑以上各方法的基础方法

get()是获取网页最常用的方式,在调用 request. get()函数后,返回的网页内容会保存为一个 Response 对象,其中,get()函数的参数 url 链接必须采用 HTTP 或 HTTPS 方式访问,例如:

```
>>>import requests
>>>resp=requests.get("http://www.baidu.com")
>>>type(resp)
<class 'requests.models.Response'>
```

与浏览器的交互过程相同,requests. get()代表了请求,返回的 Response 对象代表响应,返回内容作为一个对象更便于操作,Response 对象的属性如表 11.2 所示,需要采用〈a〉.〈b〉形式。

表 11.2　Response 对象的属性

属　　性	说　　明
status_code	HTTP 请求的返回状态,200 表示成功
text	HTTP 请求内容的字符串形式,即 URL 对应的页面内容
encoding	从 HTTP 请求头中分析出的响应编码的方式
content	HTTP 响应内容的二进制形式

除了属性,Response 对象还提供了一些方法,如表 11.3 所示。

表 11.3　Response 对象提供的方法

方　　法	说　　明
json	如果 HTTP 响应内容包含 JSON 格式数据,则该方法解析 JSON 格式的数据
raise_for_status()	如果不是 200,则产生异常

属性的使用见如下代码。

```
>>>resp.status_code
200
>>>resp.encoding
'ISO-8859-1'
>>>resp.text
'<! DOCTYPE html>\r\n<! --STATUS OK--><html><head><meta http-equiv=content-type
content=text/html;……
```

requests 会自动解码来自服务器的内容。大多数 Unicode 字符集都能被无缝解码。

请求发出后，requests 会基于 HTTP 头部对响应的编码做出有根据的推测。当用户访问 resp. text 之时，requests 会使用其推测的文本编码。用户可以找出 requests 使用了什么编码，并且能够使用 resp. encoding 属性来改变它，示例代码如下。

```
>>>resp.encoding
'utf-8'
>>>resp.encoding='ISO-8859-1'
```

如果用户改变了编码，则每当用户访问 resp. text，requests 都将会使用 resp. encoding 的新值。用户可能希望在使用特殊逻辑计算出文本的编码的情况下来修改编码，如 HTTP 和 XML 自身可以指定编码。这样的话，用户应该使用 resp. content 来找到编码，然后设置 resp. encoding 为相应的编码。这样就能使用正确的编码解析 resp. text 了。

在用户需要的情况下，requests 也可以使用定制的编码。如果用户创建了自己的编码，并使用 codecs 模块进行注册，用户就可以轻松地使用这个解码器名称作为 resp. encoding 的值，然后由 requests 来为用户处理编码。

单响应内容为 JSON 格式时，requests 中也有一个内置的 JSON 解码器，帮助用户处理 JSON 数据，示例代码如下。

```
>>>import requests
>>>r=requests.get('https://api.github.com/events')
>>>r.json()
[{u'repository': {u'open_issues': 0,u'url': 'https://github.com/...
```

如果 JSON 解码失败，r. json() 就会抛出一个异常。例如，响应内容是 401(Unauthorized)，尝试访问 r. json() 将会抛出 ValueError：No JSON object could be decoded 异常。

注意：

成功调用 r. json() 并不意味着响应的成功。有的服务器会在失败的响应中包含一个 JSON 对象(如 HTTP 500 的错误细节)，这种 JSON 会被解码返回。要检查请求是否成功，应使用 r. raise_for_status() 或者检查 r. status_code 是否与用户的期望相同。

错误与异常：

- 遇到网络问题(如 DNS 查询失败、拒绝连接等)时，requests 会抛出一个 ConnectionError 异常。
- 如果 HTTP 请求返回了不成功的状态码，response. raise_for_status() 会抛出一个 HTTPError 异常。
- 若请求超时，则抛出一个 Timeout 异常。
- 若请求超过了设定的最大重定向次数，则会抛出一个 TooManyRedirects 异常。
- 所有 requests 显式抛出的异常都继承自 requests. exceptions. RequestException。

11.3 解析网页数据

11.3.1 网页数据结构分析

通过 requests 模块抓取的是整个 HTML 网页的数据，如果希望对网页的数据进行过滤筛选，需要先了解 HTML 网页结构与内容。

HTML 是用来描述网页的一种语言，它包含了文字、按钮、图片、视频等各种复杂的元素，不同类型的元素使用不同类型的标签来表示。例如，超链接使用 a 标签标示，图片使用 img 表示，段落使用 p 标签表示，布局通过 div 标签排列或嵌套形成。例如，Google Chrome 浏览器中打开“华中科技大学”首页，右击选择【检查】，这时在【Elements】选项卡中可以看到“华中科技大学”首页的源代码，具体如图 11.3 所示。

图 11.3　网页的源代码

由图 11.3 可以看出，整个网页由各种标签嵌套组合而成，这些标签定义的节点元素相互嵌套和组合形成了复杂的结构，这就是网页的 HTML 结构。

11.3.2　解析网页

网页解析器，简单来说就是用来解析 HTML 网页的工具，准确来说它是一个 HTML 网页信息提取工具，就是从 HTML 网页中解析提取出“我们需要的有价值的数据”或者“新的 URL 链接”的工具。网页解析如图 11.4 所示。

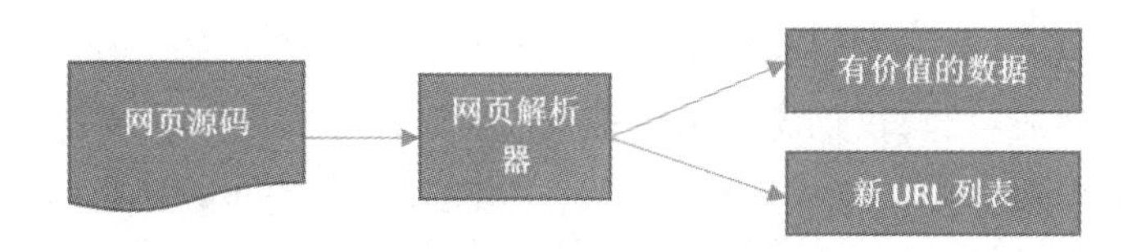

图 11.4　网页解析的示意图

Python 支持一些解析网页的技术，分别为正则表达式、XPath、BeautifulSoup 和 JSONPath 等。

（1）正则表达式基于文本的特征来匹配或查找指定的数据，它可以处理任何格式字符串文档，类似于模糊匹配的效果。

（2）Xpath 和 BeautifulSoup 基于 HTML 或 XML 文档的层次结构来确定到达指定节点的路径，所以它们更适合处理层级比较明显的数据。

（3）JSONPath 专门用于 JSON 文档的数据解析。

针对不同的网页解析技术，Python 分别提供支持不同技术的模块。其中，re 模块支持正则表达式语法的使用，lxml 模块支持 XPath 语法的使用，json 模块支持 JSONPath 语法的使用。此外，Beautiful Soup 本身就是一个 Python 模块，官方推荐使用 Beautiful Soup 进行开发。接下来通过一张表来比较一下 re、lxml 和 Beautiful Soup4 的性能。如表 11.4 所示。

表 11.4 解析技术对比表

抓取工具	速度	使用难度	安装难度
re	最快	困难	无
lxml	快	简单	一般
beautifulsoup4	慢	最简单	简单

11.3.3 使用 beautifulsoup4 库解析网页数据

BeautifulSoup 是一个可以从 HTML 或 XML 文件中提取数据的 Python 库。它能够通过用户喜欢的转换器实现惯用的文档导航、查找、修改文档的方式。BeautifulSoup 会帮用户节省数小时甚至数天的工作时间。

beautifulsoup4 库，也称为 BeautifulSoup 库或 bs4 库，用于解析和处理 HTML 和 XML，它的最大优点是能根据 HTML 和 XML 语法建立解析树，进而高效解析其中的内容。HTML 建立的 Web 页面一般非常复杂，除了有用的内容信息外，还包括大量用于页面格式的元素，直接解析一个 Web 网页需要深入了解 HTML 语法，而且比较复杂。beautifulsoup4 库将专业的 Web 页面格式解析部分封装成函数，提供了若干有用且便捷的处理函数。beautifulsoup4 库采用面向对象思想实现，简单来说，它把每个页面当作一个对象，通过〈a〉.〈b〉的方式调用对象的属性，或者通过〈a〉.〈b〉()的方式调用方法(即处理函数)。

在使用 beautifulsoup4 模块前需要进行导入，其语法格式如下。

```
from bs4 import BeautifulSoup
```

BeautifulSoup 提供一些简单的、Python 式的函数用来处理导航、搜索、修改分析树等功能。它是一个工具箱，通过解析文档为用户提供需要抓取的数据，因为简单，所以不需要多少代码就可以写出一个完整的应用程序。

BeautifulSoup 自动将输入文档转换为 Unicode 编码，将输出文档转换为 utf-8 编码。用户不需要考虑编码方式，除非文档没有指定一个编码方式，这时，BeautifulSoup 就不能自动识别编码方式了。然后，用户仅仅需要说明一下原始编码方式就可以了。

Beautiful Soup 已成为和 lxml、html6lib 一样出色的 Python 解释器，为用户灵活地提供不同的解析策略或强劲的速度。

使用 bs4 解析网页数据的一般流程如图 11.5 所示。

从流程图可以看出需要先将 HTML 文档传入 BeautifulSoup，通过的其构造方法，就能得到一个文档的对象，可以传入一段字符串或一个文件对象。其代码如下。

```
from bs4 import BeautifulSoup
    soup=BeautifulSoup(open("index.html"))
    soup=BeautifulSoup("<html>data</html>")
```

BeautifulSoup 将复杂 HTML 文档转换成一个复杂的树形结构，每个节点都是 Python 对象，所有对象可以归纳为以下四种：Tag，NavigableString，BeautifulSoup 和 Comment。

(1) bs4.element.Tag 类：表示 HTML 中的标签，最基本的信息组织单元。它有两个非常重要的属性，分别为表示标签名字的 name 属性和表示标签属性的 attrs 属性。

(2) bs4.element.NavigableString 类：表示 HTML 中的文本(非属性字符串)。

◀使用 beautifulsoup4 库解析网页数据

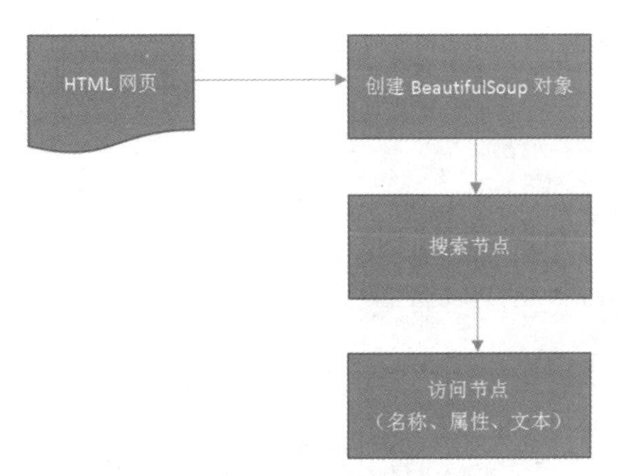

图 11.5　bs4 解析网页数据流程图

（3）bs4.BeautifulSoup 类：表示 HTML DOM 中的全部内容

（4）bs4.element.Comment 类：表示标签内字符串的注释部分，是一种特殊的 NavigableString 对象。

beautifulsoup4 库中最主要的是 BeautifulSoup 类，其对象相当于一个页面，可以将 requests 获取的 Response 对象通过其 text 属性构造一个 BeautifulSoup 对象，其代码如下。

```
from bs4 import  BeautifulSoup
r=requests.get("http://www.baidu.com")  # 通过 get 请求获取一个 Response 对象
r.encoding="utf-8"
soup=BeautifulSoup(r.text,"lxml") # 创建一个 BeautifulSoup 对象
print(type(soup))
```

运行结果如下。

```
<class 'bs4.BeautifulSoup'>
```

创建的 BeautifulSoup 对象是一个树形结构，它包含 HTML 页面中的每一个标签元素（Tag），如〈head〉、〈body〉等。具体来说，HTML 中的主要结构都是 BeautifulSoup 的一个属性，可以直接用〈a〉.〈b〉的形式使用。BeautifulSoup 的常用属性如表 11.5 所示。

表 11.5　BeautifulSoup 的常用属性

属　性	说　明
head	HTML 页面的〈head〉内容
title	HTML 页面标题标签
body	HTML 页面〈body〉标签
p	HTML 页面第一个 p 标签
strings	标签的字符串内容
stripped_strings	页面上的非空格字符串

下面我们通过代码演示这些对象的使用。

（1）在和 Python 同一个文件夹下面创建一个简单的测试网页，代码如下。

```
<! DOCTYPEhtml>
<html lang="en">
<head>
    <meta charset="UTF-8">
```

```
    <title>解析网页</title>
</head>
<body>
    <div>
        <a href="class.html">类介绍</a>
        <a href="attr.html">属性介绍</a>
        <a href="method.html">方法介绍</a>
    </div>
  <! --这是一个段落-->
    <p>
       BeautifulSoup将复杂HTML文档转换成一个复杂的树形结构
    </p>
    <! --这是一个内容列表-->
    <div>
        <ul>
            <li>1.获取网页内容</li>
            <li>2.解析网页内容</li>
            <li>3.获取有用信息</li>
        </ul>
    </div>
</body>
</html>
```

（2）解析网页数据，代码如下。

```
from bs4 import BeautifulSoup
import re
doc=open("index.html",encoding='utf-8')
print(doc.encoding)
soup=BeautifulSoup(doc,"lxml") # 创建BeautifulSoup对象
print(type(soup.title))
print(soup.title)     # 获取title标签
print(soup.title.string)  # 获取title标签中的文本内容
print(soup.p)       # 获取第一个p标签
a_all=soup.find_all('a');  # 查所有的a标签
print(a_all)
a_html=soup.find_all('a',{'href':re.compile('html')})
print("a标签中的href属性内有html的元素:")
print(a_html)
print(a_all[0].name)  # 输出数组中的第一个a标签的名称
print(a_all[0].attrs)  # 输出数组中的第一个a标签的所有属性
print(soup.find_all("div")[1].contents) # 获取第二个div中的所有内容
```

程序的运行结果如下。

```
utf-8
<class 'bs4.element.Tag'>
```

```
<title>解析网页</title>
解析网页
<p>
      BeautifulSoup将复杂HTML文档转换成一个复杂的树形结构
    </p>
[<a href="class.html">类介绍</a>,<a href="attr.html">属性介绍</a>,<a href="method.
html">方法介绍</a>]
a标签中的href属性内有html的元素:
[<a href="class.html">类介绍</a>,<a href="attr.html">属性介绍</a>,<a href="method.
html">方法介绍</a>]
a
{'href': 'class.html'}
['\n',<ul>
<li>1.获取网页内容</li>
<li>2.解析网页内容</li>
<li>3.获取有用信息</li>
</ul>,'\n']
```

BeatifulSoup属性与HTML的标签名称相同,除了表11.5中列出的属性之外还有很多其他的属性,可以根据HTML的语法去理解,每一个Tag标签在beautifulsoup4库中也是一个对象,称为Tag对象。上例中,title是一个标签对象。每个标签对象在HTML中都有类似的结构。例如:

```
<a href="class.html">类介绍</a>
```

其中,标签"a"是name,"href"是attrs,标签中的内容"类介绍"是string。因此,可以通过Tag对象的name、attrs、string属性获得对应的内容,Tag对象的属性如表11.6所示。

表11.6　标签对象的常用属性

属　　性	描　　述
name	字符串类型,标签的名字,如div,a,p
attrs	字典类型,包含了标签的所有属性,如href、class等
contents	列表类型,标签下所有子标签的内容
string	字符串类型,标签所包围的文本,网页中真实的文字

由于HTML语法可以在标签中嵌套其他标签,所以,string属性的返回值遵循如下原则。

(1) 如果标签内部没有其他标签,string属性返回其中的内容。

(2) 如果标签内部只有一个标签,string属性返回最里面标签的内容。

(3) 如果标签内部有超过一层嵌套的标签,string属性返回None(空字符串)。

当需要列出标签对应的所有内容或者找到非第一个标签时,需要用到BeautifulSoup的find()和find_all()方法。这两个方法会遍历整个HTML文档,按照条件返回标签内容。例如,find_all()的语法格式如下。

```
find_all(name,attrs,recursive,string,limit)
```

 **作用:**

根据参数找到对应标签,返回列表类型。

其中：参数 name 表示安装标签名字检索；attrs 表示按照标签属性值检索，需要列出属性名称和值，采用 JSON 格式；recursive 表示设置检索的层次，如查找当前标签下一层时使用 recursive=False；string 表示按照关键字检索 string 属性内容，采用 string=开始；limit 表示结果的个数，默认返回全部结果。

示例中 BeautifulSoup 的 find_all()方法可以根据标签名字、标签属性和内容检索并返回标签列表。通过片段字符串检索时需要使用正则表达式 re 函数库，re 是 Python 标准库，直接通过 import re 即可使用。采用 re. compile('html')实现对片段字符串的检索，当对标签的属性进行检索时采用 JSON 格式，例如：'href'：re. compile('html')。其中，键值对中的值可以是字符串或正则表达式。

除了 find_all()方法，bs4 中还有 find()方法，二者的区别在于前者返回全部的结果，后者返回找到的第一个结果。由于 find_all()函数可能返回更多结果，故其类型为列表。find()返回单个结果，其类型为字符串。find()函数的语法格式如下。

```
find(name,attrs,recursive,string)
```

作用：

根据参数找到对应标签，采用字符串返回找到的第一个值。

11.3.4 beautifulsoup4 的应用

华中科技大学是国家教育部直属的综合性研究型全国重点大学，由原华中理工大学、同济医科大学、武汉城市建设学院于 2000 年 5 月 26 日合并成立，是国家“211 工程”和“985 工程”建设高校之一，是首批“双一流”建设高校。该高校有很多二级学院，如图 11.6 所示。

图 11.6 华中科技大学的院系设置网页

本节我们采用爬虫技术获取华中科技大学网址中院系设置页面下的所有学院名称和其网址，然后将学院名称和其学院网址存储到 Excel 表格中。

院系设置的网址为：http://www.hust.edu.cn/yxsz.htm，通过浏览器查看网页源代码，如图 11.7 所示。

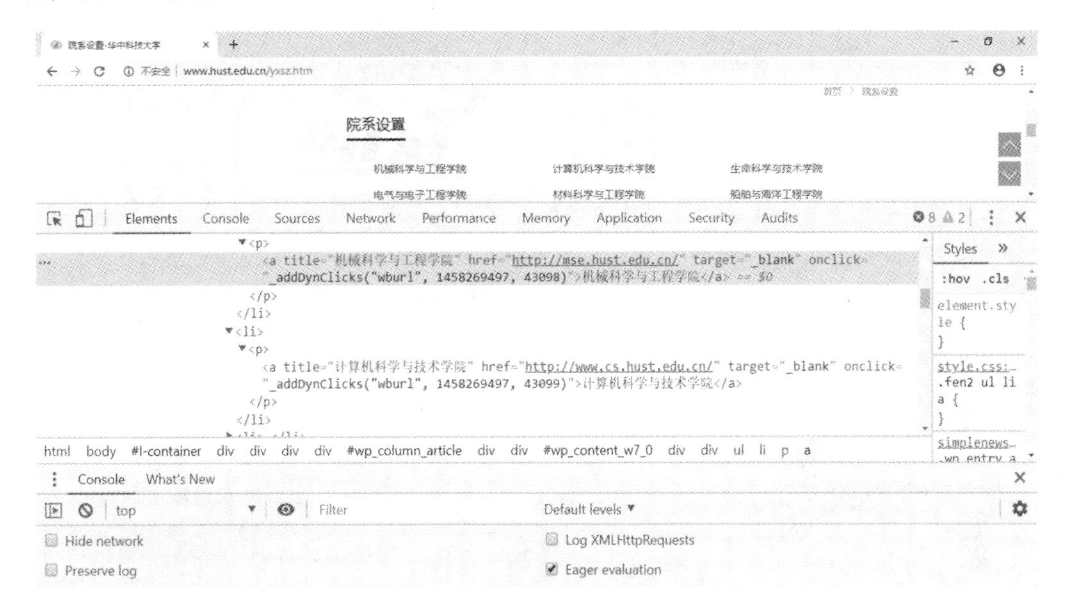

图 11.7　院系设置网页的 HTML 代码

下面我们通过以下步骤完成该网页内容的爬取和存储。

（1）获取网页的内容。

开发爬虫项目的第一步是利用 requests 模块抓取整个网页的源代码，此操作需要向目标网站发送请求，如 get 请求，得到响应对象，设置响应对象编码“utf-8”。将抓取网页的代码封装到 get_html()函数中，具体代码如下。

```
from bs4 import BeautifulSoup
import re
import requests
import pandas as pd
# 从网页加载源代码  "http://www.hust.edu.cn/yxsz.htm"
def get_html(url):
    try:
        resp=requests.get(url,timeout=30)
        resp.encoding='utf-8'
        return resp.text
    except:
        print('error......')
        return ''
```

（2）分析网页结构，提取所需信息。

在浏览器中打开网页，查看源代码，或者使用元素检查工具，直接查看要获取的网页元素的结构，通过其结构可以看出学院信息在如下标签中。

```
<ul class="list-paddingleft-2">
<LI>
<P>
<A title="机械科学与工程学院" href="http://mse.hust.edu.cn/" target="_blank" onclick="_
addDynClicks(&# 34;wburl&# 34;,1458269497,43098)">机械科学与工程学院</A>
</P>
</LI>
<LI>
<P><A title="计算机科学与技术学院" href="http://www.cs.hust.edu.cn/" target="_blank"
onclick="_addDynClicks(&# 34;wburl&# 34;,1458269497,43099)">计算机科学与技术学院</A></
P>
</LI>
<LI>
<P><A title="生命科学与技术学院" href="http://life.hust.edu.cn/" target="_blank"
onclick="_addDynClicks(&# 34;wburl&# 34;,1458269497,43100)">生命科学与技术学院</A></P
>
</LI>
……
</ul>
```

对学院信息所在的标签结构进行分析，我们需要先找到“〈ul class="list-paddingleft-2"〉”，然后找到 ul 下面的所有 a 标签，将 a 标签的内容和 href 属性值放入字典数据类型中，然后将所有的学院信息放入列表中。将以上解析网页数据获取所需信息的代码封装到 parse_html()函数中，该函数的定义如下。

```
# 分析网页源码结构，获取相关信息
def parse_html(html):
    soup=BeautifulSoup(html,'lxml')
    uls=soup.find_all('ul',{'class':re.compile('\d* list-paddingleft-2')})
    # print(uls)
    colleges=[]
    for xyul in uls:
        list_a=xyul.find_all("a")
        for a in list_a:
            college={}   # 创建字典类型保存学院名称和网址
            college['cname']=a.string      # 保存学院名称
            college['url']=a.attrs['href']  # 保存学院网址
            colleges.append(college)  # 添加到学院列表中
    for c in colleges:
        print(c['cname']+","+c['url'])
    return colleges
```

(3)使用 Excel 文件保存获取的数据。

为了方便用户查看解析后的数据，这里使用 pandas 模块将这些数据写入到 Excel 文件中，保存解析数据的代码封装到 saveToExcel()函数中，其代码如下。

```
# 保存到 Excel 中
def saveToExcel(dic):
    df=pd.DataFrame(dic,columns={"cname","url"})
    df.to_excel(r'colleges-info.xlsx')
    print("保存成功!")
```

将以上三步的程序在 main()中调用,依次调用抓取→解析→保存,最后执行 main()函数。具体代码如下。

```
defmain():
    # 加载网页数据
    html=get_html("http://www.hust.edu.cn/yxsz.htm")
    # 解析网页数据获取信息
    dic_college=parse_html(html)
    # 保存到 Excel
    saveToExcel(dic_college)
# 调用 main 函数,执行抓取->解析->保存
main()
```

完成后,在源程序同一个文件夹中可以看到多了一个“colleges-info. xlsx”文件,打开可以看到如图 11.8 的结果。

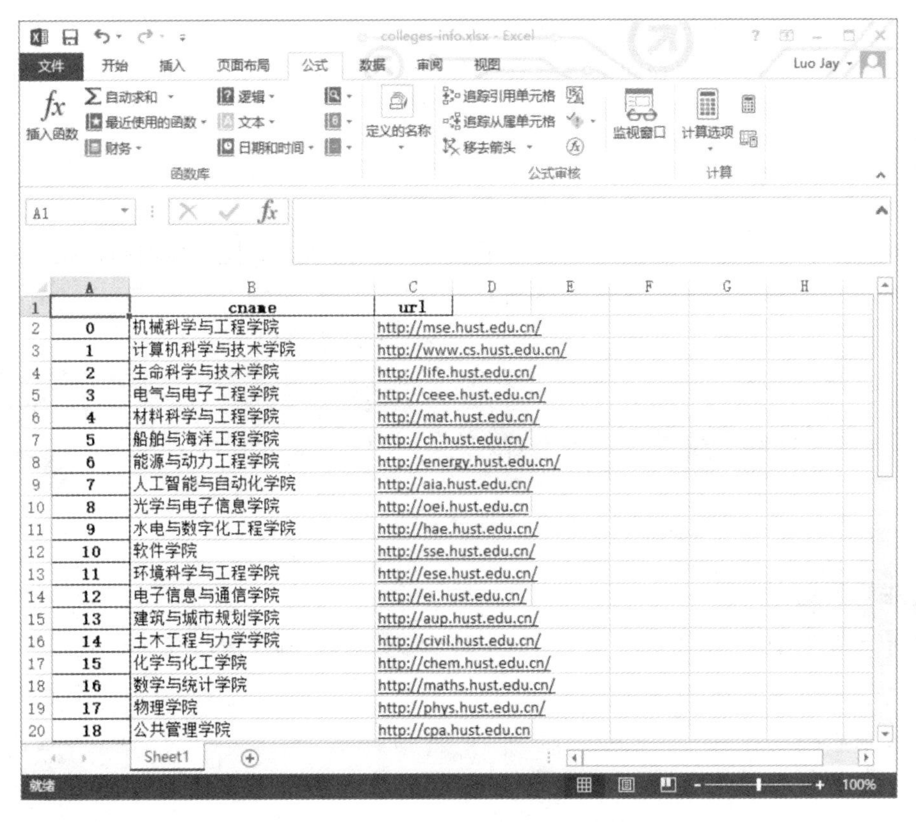

	A	B	C
1		cname	url
2	0	机械科学与工程学院	http://mse.hust.edu.cn/
3	1	计算机科学与技术学院	http://www.cs.hust.edu.cn/
4	2	生命科学与技术学院	http://life.hust.edu.cn/
5	3	电气与电子工程学院	http://ceee.hust.edu.cn/
6	4	材料科学与工程学院	http://mat.hust.edu.cn/
7	5	船舶与海洋工程学院	http://ch.hust.edu.cn/
8	6	能源与动力工程学院	http://energy.hust.edu.cn/
9	7	人工智能与自动化学院	http://aia.hust.edu.cn/
10	8	光学与电子信息学院	http://oei.hust.edu.cn
11	9	水电与数字化工程学院	http://hae.hust.edu.cn/
12	10	软件学院	http://sse.hust.edu.cn/
13	11	环境科学与工程学院	http://ese.hust.edu.cn/
14	12	电子信息与通信学院	http://ei.hust.edu.cn/
15	13	建筑与城市规划学院	http://aup.hust.edu.cn/
16	14	土木工程与力学学院	http://civil.hust.edu.cn/
17	15	化学与化工学院	http://chem.hust.edu.cn/
18	16	数学与统计学院	http://maths.hust.edu.cn/
19	17	物理学院	http://phys.hust.edu.cn/
20	18	公共管理学院	http://cpa.hust.edu.cn

图 11.8　保存到 Excel 中的数据

通过以上步骤就完成了获取华中科技大学网站下院系信息的操作。

11.4 项目实践

11.4.1 爬取豆瓣电影排行榜的电影名称和评分信息

任务需求

输入网址“https://www.douban.com/”，打开豆瓣网，选择“电影”→“排行榜”，在“分类排行榜”栏目中选择“喜剧”类型的电影，通过 requests 和 bs4 模块爬取豆瓣喜剧类型电影下前十名的电影名称和评分信息，然后保存到 Excel 表格中。

实现思路

(1) 使用 requests 模块获取要爬取的网页源码。

(2) 分析源码，使用 bs4 模块获取所需信息，然后封装到列表中。

(3) 使用 pandas 模块将列表中的信息保存到 Excel 表格中。

11.4.2 爬取当当网的图书排行总榜的信息

任务需求

输入网址“http://bang.dangdang.com/books/”，打开当当网中图书排行榜页面，通过 requests 和 bs4 模块爬取排在前六名的图书信息，具体信息包括图书名称、价格、作者、出版社、出版时间、评论条数，然后保存到 Excel 表格中。

实现思路

(1) 使用 requests 模块获取要爬取的网页源码。

(2) 分析源码，使用 bs4 模块获取所需图书信息及其图书详情页面的超链接，然后继续进入商品详情栏目，获取所需信息，封装到列表中。

(3) 使用 pandas 模块将列表中的信息保存到 Excel 表格中。

> **注意：**
> 需要从排行列表页面进入图书详情页面。

11.4.3 新冠肺炎疫情数据的可视化处理

任务需求

从腾讯新闻网中获取新冠肺炎疫情的实时动态数据，绘制疫情曲线并显示出来，最终效果如图 11.9 所示。

实现思路

(1) 安装所需要的库文件。

(2) 抓取新冠肺炎疫情的实时动态数据。

(3) 抓取行政区域确诊分布数据。

(4) 根据每日确诊和死亡数据绘制曲线。

(5) 根据行政区域确诊分布数据绘制曲线。

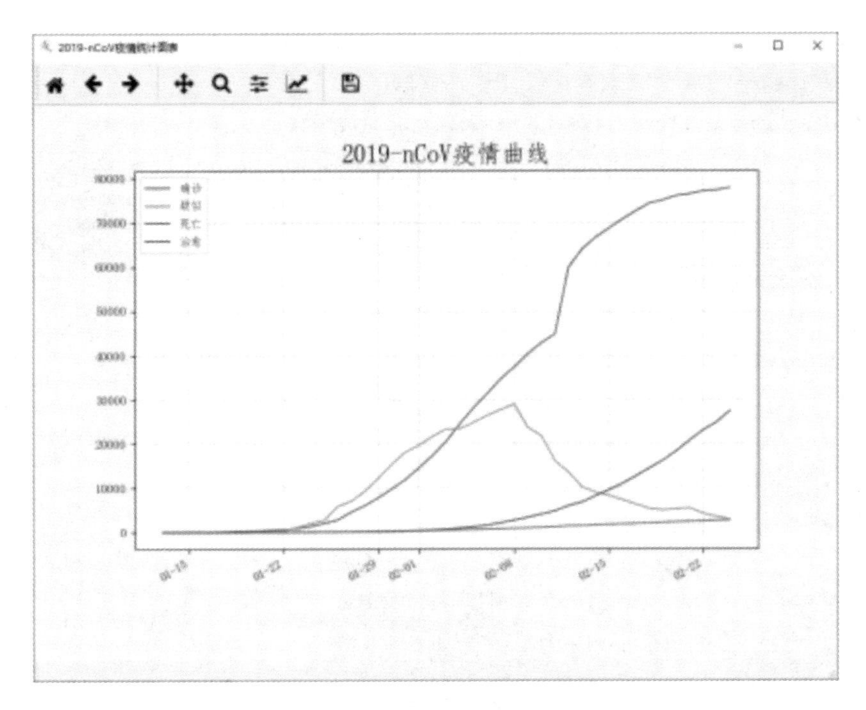

图 11.9　新冠肺炎疫情数据曲线图

参考代码

```
import time
import json
import requests
from datetime import datetime
import numpy as np
import matplotlib
import matplotlib.figure
from matplotlib.font_manager import FontProperties
from matplotlib.backends.backend_agg import FigureCanvasAgg
from matplotlib.patches import Polygon
from mpl_toolkits.basemap import Basemap
import matplotlib.pyplot as plt
import matplotlib.dates as mdates

plt.rcParams['font.sans-serif']=['FangSong']   # 设置默认字体
plt.rcParams['axes.unicode_minus']=False   # 解决保存图像时'-'显示为方块的问题


def catch_daily():
    """抓取每日确诊和死亡数据"""
```

```
    url = ' https: // view. inews. qq. com/g2/getOnsInfo? name = wuwei _ ww _ cn _ day _
counts&callback=&_=%d'% int(time.time()*1000)
    data=json.loads(requests.get(url=url).json()['data'])
    data.sort(key=lambda x: x['date'])

    date_list=list()  # 日期
    confirm_list=list()  # 确诊
    suspect_list=list()  # 疑似
    dead_list=list()  # 死亡
    heal_list=list()  # 治愈
    for item in data:
        month,day=item['date'].split('/')
        date_list.append(datetime.strptime('2020-%s-%s' %(month,day),'%Y-%m-%d'))
        confirm_list.append(int(item['confirm']))
        suspect_list.append(int(item['suspect']))
        dead_list.append(int(item['dead']))
        heal_list.append(int(item['heal']))

    return date_list,confirm_list,suspect_list,dead_list,heal_list


def catch_distribution():
    """抓取行政区域确诊分布数据"""

    data1={}
    url='https://view.inews.qq.com/g2/getOnsInfo? name=disease_h5&&callback=&_=%d' %
int(time.time()*1000)
    data=json.loads(requests.get(url=url).json()['data'])
    lis=[]

    for m in range(len(data['areaTree'][0]['children'])):
        for n in range(len(data['areaTree'][0]['children'][m]['children'])):
            info={}
            info['country']=data['areaTree'][0]['name']  # 国家
            info['pronvice']=data['areaTree'][0]['children'][m]['name']  # 省份
            info['city']=data['areaTree'][0]['children'][m]['children'][n]['name']
            # 城市  len(data['areaTree'][0]['children'][0]['children'])
            info['total_confirm']=data['areaTree'][0]['children'][m]['children'][n]['
total']['confirm']
            info['total_suspect']=data['areaTree'][0]['children'][m]['children'][n]['
total']['suspect']
```

```
            info['total_dead']=data['areaTree'][0]['children'][m]['children'][n]['
total']['dead']
            info['total_heal']=data['areaTree'][0]['children'][m]['children'][n]['
total']['heal']
            info['today_confirm']=data['areaTree'][0]['children'][m]['children'][n]['
today']['confirm']
            info['today_suspect']=data['areaTree'][0]['children'][m]['children'][n]['
today']['suspect']
            info['today_dead']=data['areaTree'][0]['children'][m]['children'][n]['
today']['dead']
            info['today_heal']=data['areaTree'][0]['children'][m]['children'][n]['
today']['heal']
            lis.append(info)

    for item in lis:

        if item['pronvice'] not in data1:
            data1.update({item['pronvice']: 0})
        data1[item['pronvice']] +=int(item['total_confirm'])

    return data1


def plot_daily():
    """绘制每日确诊和死亡数据"""

    date_list,confirm_list,suspect_list,dead_list,heal_list=catch_daily()  # 获取
数据

    plt.figure('2019-nCoV疫情统计图表',facecolor='#f4f4f4',figsize=(10,8))
    plt.title('2019-nCoV疫情曲线',fontsize=20)

    plt.plot(date_list,confirm_list,label='确诊')
    plt.plot(date_list,suspect_list,label='疑似')
    plt.plot(date_list,dead_list,label='死亡')
    plt.plot(date_list,heal_list,label='治愈')

    plt.gca().xaxis.set_major_formatter(mdates.DateFormatter('%m-%d'))  # 格式化时间
轴标注
    plt.gcf().autofmt_xdate()  # 优化标注(自动倾斜)
    plt.grid(linestyle=':')  # 显示网格
    plt.legend(loc='best')  # 显示图例
    # plt.savefig('2019-nCoV疫情曲线.png') # 保存为文件
```

```
    plt.show()


def plot_distribution():
    """绘制行政区域确诊分布数据"""

    data=catch_distribution()

    font=FontProperties(fname='china-shapefiles/simsun.ttf',size=14)
    font_11=FontProperties(fname='china-shapefiles/simsun.ttf',size=11)
    lat_min=0
    lat_max=60
    lon_min=70
    lon_max=140

    handles=[
        matplotlib.patches.Patch(color='# ffaa85',alpha=1,linewidth=0),
        matplotlib.patches.Patch(color='# ff7b69',alpha=1,linewidth=0),
        matplotlib.patches.Patch(color='# bf2121',alpha=1,linewidth=0),
        matplotlib.patches.Patch(color='# 7f1818',alpha=1,linewidth=0),
    ]
    labels=['1-9 人','10-99 人','100-999 人','>1000 人']

    provincePos={
        "辽宁省": [121.7,40.9],
        "吉林省": [124.5,43.5],
        "黑龙江省": [125.6,46.5],
        "北京市": [116.0,39.9],
        "天津市": [117.0,38.7],
        "内蒙古自治区": [110.0,41.5],
        "宁夏回族自治区": [105.2,37.0],
        "山西省": [111.0,37.0],
        "河北省": [114.0,37.8],
        "山东省": [116.5,36.0],
        "河南省": [111.8,33.5],
        "陕西省": [107.5,33.5],
        "湖北省": [111.0,30.5],
        "江苏省": [119.2,32.5],
        "安徽省": [115.5,31.8],
        "上海市": [121.0,31.0],
        "湖南省": [110.3,27.0],
        "江西省": [114.0,27.0],
        "浙江省": [118.8,28.5],
```

```
        "福建省": [116.2,25.5],
        "广东省": [113.2,23.1],
        "台湾省": [120.5,23.5],
        "海南省": [108.0,19.0],
        "广西壮族自治区": [107.3,23.0],
        "重庆市": [106.5,29.5],
        "云南省": [101.0,24.0],
        "贵州省": [106.0,26.5],
        "四川省": [102.0,30.5],
        "甘肃省": [103.0,35.0],
        "青海省": [95.0,35.0],
        "新疆维吾尔自治区": [85.5,42.5],
        "西藏自治区": [85.0,31.5],
        "香港特别行政区": [115.1,21.2],
        "澳门特别行政区": [112.5,21.2]
    }

    fig=matplotlib.figure.Figure()
    fig.set_size_inches(10,8)  # 设置绘图板尺寸
    axes=fig.add_axes((0.1,0.12,0.8,0.8))  # rect=l,b,w,h

    # 圆柱投影
    # m=Basemap(llcrnrlon=lon_min,urcrnrlon=lon_max,llcrnrlat=lat_min,urcrnrlat=lat_
max,resolution='l',ax=axes)

    # 兰勃特投影
    # m=Basemap(projection='lcc',width=5000000,height=5000000,lat_0=36,lon_0=102,
resolution='l',ax=axes)

    # 正射投影
    m=Basemap(projection='ortho',lat_0=30,lon_0=105,resolution='l',ax=axes)

    m.readshapefile('./china-shapefiles/china','province',drawbounds=True)
    m.readshapefile('./china-shapefiles/china_nine_dotted_line','section',drawbounds=
True)
    m.drawcoastlines(color='black')  # 洲际线
    m.drawcountries(color='black')  # 国界线
    m.drawparallels(np.arange(lat_min,lat_max,10),labels=[1,0,0,0])  # 画经度线
    m.drawmeridians(np.arange(lon_min,lon_max,10),labels=[0,0,0,1])  # 画纬度线

    pset=set()
    for info,shape in zip(m.province_info,m.province):
        pname=info['OWNER'].strip('\x00')
```

```
        fcname=info['FCNAME'].strip('\x00')
        if pname ! =fcname:  # 不绘制海岛
            continue

        for key in data.keys():
            if key in pname:
                if data[key]==0:
                    color='# f0f0f0'
                    poly=Polygon(shape,facecolor=color,edgecolor=color)
                    axes.add_patch(poly)
                elif data[key]<10:
                    color='# ffaa85'
                    poly=Polygon(shape,facecolor=color,edgecolor=color)
                    axes.add_patch(poly)
                elif data[key]<100:
                    color='# ff7b69'
                    poly=Polygon(shape,facecolor=color,edgecolor=color)
                    axes.add_patch(poly)
                elif data[key]<1000:
                    color='# bf2121'
                    poly=Polygon(shape,facecolor=color,edgecolor=color)
                    axes.add_patch(poly)
                else:
                    color='# 7f1818'
                    poly=Polygon(shape,facecolor=color,edgecolor=color)
                    axes.add_patch(poly)
                break

        pos=provincePos[pname]
        text=pname.replace('自治区','').replace('特别行政区','').replace('壮族','').
replace('维吾尔','').replace('回族','').replace("省","").replace("市","")
        if text not in pset:
            x,y=m(pos[0],pos[1])
            axes.text(x,y,text,fontproperties=font_11,color='# 00FFFF')
            pset.add(text)

    axes.legend(handles,labels,bbox_to_anchor=(0.5,-0.11),loc='lower center',ncol=4,
prop=font)
    axes.set_title("2019-nCoV 疫情地图",fontproperties=font)
    FigureCanvasAgg(fig)
    fig.savefig('2019-nCoV 疫情地图.png')
    fig.set_visible(b=True)
```

```
if __name__=='__main__':
    plot_daily()
    plot_distribution()
```

本章总结

1. 网络爬虫是一个自动提取网页的程序，它为搜索引擎从万维网上下载网页，是搜索引擎的重要组成部分。

2. 在浏览网页的过程中，浏览器首先会向服务器发起 HTTP 请求，然后会接收到服务器返回的 HTTP 响应。

3. requests 模块是一个简洁的用于处理 HTTP 请求的第三方库，它的最大优点是其程序编写过程更接近正常 URL 访问过程。

4. BeautifulSoup 是一个可以从 HTML 或 XML 文件中提取数据的 Python 库。

本章作业

一、简答题

1. 说明网络爬虫的分类及其区别。

2. 简述网络爬虫爬取网页的流程。

3. 简述 HTTP 协议的请求与响应过程及其特点。

二、编程题

使用 requests 和 bs4 模块爬取学生所在学院的新闻信息标题、发布日期、点击浏览量，并保存到 Excel 中。

第12章 多线程编程

本章简介

本章主要介绍多线程编程相关的技术。其中:首先介绍了进程与线程的基本概念,以及多线程的特点;然后介绍了使用 Python 语言来创建和启动线程,以及操作线程的一些方法;最后介绍了如何使线程同步的方法。

本章目标

(1) 理解进程与线程的概念。

(2) 掌握创建和启动线程的方法。

(3) 掌握线程同步的方法。

实践任务

(1) 模拟多个客户买票。

(2) 模拟龟兔赛跑。

12.1 进程和线程

常用的操作系统如Mac OS X,UNIX,Linux,Windows等,都是支持"多任务"的操作系统。

"多任务"操作系统可以同时运行多个任务。打个比方,用户一边用浏览器上网,一边在听MP3,同时还在使用Word,这就是多任务。此时,至少同时有三个任务正在运行,还有很多任务悄悄地在后台同时运行着,只是桌面上没有显示而已。

现在,多核CPU已经普及,但即使是过去的单核CPU,也可以执行多任务。由于CPU执行代码都是顺序执行的,单核CPU通过时间片的划分来执行多个任务。例如,操作系统轮流让各个任务交替执行,任务1执行0.01秒,切换到任务2,任务2执行0.01秒,再切换到任务3,执行0.01秒……这样反复执行下去。表面上看,每个任务都是交替执行的,但是,由于CPU的执行速度实在是太快了,让我们感觉就像所有任务都在同时执行一样。

真正的并行执行多任务只能在多核CPU上实现,但是,由于任务数量远远多于CPU的核心数量,所以操作系统也会自动把很多任务轮流调度到每个核心上执行。

对于操作系统来说,一个任务就是一个进程(process),比如打开一个浏览器就是启动一个浏览器进程,打开一个记事本就启动了一个记事本进程,打开两个记事本就启动了两个记事本进程,打开一个Word就启动了一个Word进程。

有些进程还不止同时干一件事,比如Word,它可以同时进行打字、拼写检查、打印等操作。在一个进程内部,要同时干多件事,就需要同时运行多个"子任务",我们把进程内的这些"子任务"称为线程(thread)。

由于每个进程至少要干一件事,所以,一个进程至少有一个线程。当然,像Word这种复杂的进程可以有多个线程,多个线程可以同时执行,多线程的执行方式和多进程是一样的,也是由操作系统在多个线程之间快速切换,让每个线程都短暂地交替运行,看起来就像同时执行一样。当然,真正的同时执行多线程需要多核CPU才可能实现。

12.1.1 进程与线程

进程(process)是计算机中的程序关于某数据集合上的一次运行活动,是系统进行资源分配和调度的基本单位,是操作系统结构的基础。在面向线程设计的计算机结构中,进程是线程的容器。程序是指令、数据及其组织形式的描述,进程是程序的实体,它是计算机中的程序关于某数据集合上的一次运行活动,是系统进行资源分配和调度的基本单位,是操作系统结构的基础。

线程(thread)是操作系统能够进行运算调度的最小单位,它被包含在进程之中,是进程中的实际运作单位。一条线程指的是进程中一个单一顺序的控制流,一个进程中可以并发多个线程,每条线程并行执行不同的任务。

线程是程序执行时的最小单位,它是进程的一个执行流,是CPU调度和分派的基本单位,一个进程可以由很多个线程组成,线程间共享进程的所有资源,每个线程有自己的堆栈和局部变量。线程由CPU独立调度执行,在多CPU环境下就允许多个线程同时运行。同样,多线程也可以实现并发操作,每个请求分配一个线程来处理。

线程和进程的区别有以下几点。

(1) 进程是资源分配的最小单位，线程是程序执行的最小单位。

(2) 进程有自己独立的地址空间，每启动一个进程，系统就会为它分配地址空间，建立数据表来维护代码段、堆栈段和数据段，这种操作需要占用大量的系统资源。而线程是共享进程中的数据的，使用相同的地址空间，因此 CPU 切换一个线程的花费远比进程要小很多，同时创建一个线程的开销也比进程要小很多。

(3) 线程之间的通信更方便，同一进程下的线程共享全局变量、静态变量等数据，而进程之间的通信需要以通信的方式(IPC)进行。不过如何处理好同步与互斥是编写多线程程序的难点。

相比而言，多进程程序更健壮，多线程程序只要有一个线程崩溃，整个进程也崩溃了，而一个进程的崩溃并不会对另外一个进程造成影响，因为进程有自己独立的地址空间。

12.1.2 线程的特点

线程在程序中是独立的、并发的执行流。与分隔的进程相比，进程中线程之间的隔离程度要小一些，它们共享内存、文件句柄和其他进程应有的状态。

因为线程的划分尺度小于进程，使得多线程程序的并发性较高。进程在执行过程中拥有独立的内存单元，而多个线程共享内存，从而极大地提高了程序的运行效率。

线程比进程具有更高的性能，这是由于同一个进程中的线程都有共性——多个线程共享同一个进程的虚拟空间。线程共享的环境包括进程代码段、进程的公有数据等，利用这些共享的数据，线程之间很容易实现通信。

操作系统在创建进程时，必须为该进程分配独立的内存空间，并分配大量的相关资源，但创建线程则简单得多。因此，使用多线程来实现并发执行比使用多进程实现并发执行的性能要高得多。

使用多线程编程具有如下几个优点。

(1) 进程之间不能共享内存，但线程之间共享内存非常容易。

(2) 操作系统在创建进程时，需要为该进程重新分配系统资源，但创建线程的代价则小得多。因此，使用多线程来实现多任务并发执行比使用多进程的效率高。

(3) Python 语言内置了支持多线程功能的模块，而不是单纯地作为底层操作系统的调度方式，从而简化了 Python 的多线程编程方法。

12.2 创建和启动多线程

Python 的标准库提供了两个模块：_thread 和 threading，_thread 是低级模块。其中，threading 是高级模块，它对_thread 进行了封装。绝大多数情况下，只需要使用 threading 这个高级模块。

12.2.1 使用_thread 模块创建线程

调用 _thread 模块中的 start_new_thread()函数来产生新线程。其语法格式如下。

```
_thread.start_new_thread( function,args[,kwargs] )
```

其中，各参数分别介绍如下。

(1) function 为线程函数。

(2) args 为传递给线程函数的参数,它必须是 tuple 类型。

(3) kwargs 为可选参数。

示例 12.1 创建和使用线程。

```
import _thread
import time

# 为线程定义一个函数
def print_time(threadName,delay):
   count=0
   while count<5:
       time.sleep(delay)
       count+=1
       print("% s:% s" % (threadName,time.ctime(time.time())))

# 创建两个线程
try:
   _thread.start_new_thread(print_time,("Thread-1",2,))
   _thread.start_new_thread(print_time,("Thread-2",4,))
except:
   print("Error:无法启动线程")

while 1:
   pass
```

程序的运行结果如图 12.1 所示。

```
C:\Anaconda3\python.exe D:/PycharmProjects/pyproject1/ch12/thread_demo1.py
Thread-1: Tue Feb 25 12:47:00 2020
Thread-2: Tue Feb 25 12:47:02 2020Thread-1: Tue Feb 25 12:47:02 2020

Thread-1: Tue Feb 25 12:47:04 2020
Thread-1: Tue Feb 25 12:47:06 2020
Thread-2: Tue Feb 25 12:47:06 2020
Thread-1: Tue Feb 25 12:47:08 2020
Thread-2: Tue Feb 25 12:47:10 2020
Thread-2: Tue Feb 25 12:47:14 2020
Thread-2: Tue Feb 25 12:47:18 2020
```

图 12.1 _thread 模块创建和使用线程

12.2.2 threading 模块

_thread 提供了低级别的、原始的线程以及一个简单的锁,其功能相对于 threading 模块的功能来说还是比较有限的。

通过 Thread 的对象,创建线程的语法格式如下。

```
Thread(target=None,name=None,args=(),kwargs={ })  # 构造函数
```

其中,target 是线程运行的函数,name 是线程的名称,args 和 kwargs 是传递给 target 的参数元组和命名参数字典。

threading 模块除了包含 _thread 模块中的所有方法外，还提供了其他方法，分别介绍如下。

（1）threading.currentThread()：返回当前的线程变量。

（2）threading.enumerate()：返回一个包含正在运行的线程的 list。正在运行是指线程启动后、结束前，不包括启动前和终止后的线程。

（3）threading.activeCount()：返回正在运行的线程数量，与 len(threading.enumerate())有相同的结果。

除了使用方法外，线程模块同样提供了 Thread 类来处理线程，Thread 类提供了以下方法。

（1）run()：用于表示线程活动的方法。

（2）start()：启动线程活动。

（3）join([time])：等待至线程中止。将阻塞调用线程直至线程的 join()方法被调用中止，即正常退出或者抛出未处理的异常，又或者是可选的超时发生。

（4）isAlive()：返回的线程是否是活动的。

（5）getName()：返回线程名。

（6）setName()：设置线程名。

示例 12.2 直接使用 Thread 创建和启动线程。

```
import time,threading

# 新线程执行的代码
def loop():
    print('thread % s is running...' % threading.current_thread().name)
    n=0
    while n<5:
        n=n+1
        print('thread %s>>>%s' %(threading.current_thread().name,n))
        time.sleep(1)
    print('thread %s ended.' %threading.current_thread().name)

print('thread %s is running...' %threading.current_thread().name)
t=threading.Thread(target=loop,name='LoopThread')
t.start()
t.join()
print('thread % s ended.' % threading.current_thread().name)
```

程序的运行结果如下。

```
thread MainThread is running...
thread LoopThread is running...
thread LoopThread>>>1
thread LoopThread>>>2
thread LoopThread>>>3
thread LoopThread>>>4
```

```
thread LoopThread>>>5
thread LoopThread ended.
thread MainThread ended.
```

如果需要自定义 Thread 的子类来创建对象，可以继承 Thread 后重写 run 方法，然后创建其对象，当调用该对象的 start 方法后，线程启动，并自动执行 run 方法。

继承 threading 模块的 Thread 类，创建线程。

```
import threading
import time

exitFlag=0

class MyThread(threading.Thread):
    def __init__(self,threadID,name,counter):
        threading.Thread.__init__(self)
        self.threadID=threadID
        self.name=name
        self.counter=counter
    def run(self):
        print("开始线程:"+self.name)
        print_time(self.name,self.counter,5)
        print("退出线程:"+self.name)

def print_time(threadName,delay,counter):
    while counter:
        if exitFlag:
            threadName.exit()
        time.sleep(delay)
        print("%s:%s" % (threadName,time.ctime(time.time())))
        counter-=1

# 创建新线程
thread1=MyThread(1,"Thread-1",1)
thread2=MyThread(2,"Thread-2",2)

# 开启新线程
thread1.start()
thread2.start()
thread1.join()
thread2.join()
print("退出主线程")
```

程序的运行结果如下。

```
开始线程:Thread-1
开始线程:Thread-2
Thread-1: Tue Feb 25 12:53:54 2020
Thread-2: Tue Feb 25 12:53:55 2020Thread-1: Tue Feb 25 12:53:55 2020

Thread-1: Tue Feb 25 12:53:56 2020
Thread-2: Tue Feb 25 12:53:57 2020Thread-1: Tue Feb 25 12:53:57 2020

Thread-1: Tue Feb 25 12:53:58 2020
退出线程:Thread-1
Thread-2: Tue Feb 25 12:53:59 2020
Thread-2: Tue Feb 25 12:54:01 2020
Thread-2: Tue Feb 25 12:54:03 2020
退出线程:Thread-2
退出主线程
```

12.2.3 用户线程和 daemon 线程

使用 setDaemon(True)可以将所有的子线程都变成主线程的守护线程，因此当主进程结束后，子线程也会随之结束。而当主线程结束后，整个程序就退出了。

示例 12.4 设置线程为 daemon 线程。

```
import threading
import time


def run(n):
    print("task",n)
    time.sleep(1)  # 此时子线程停 1s
    print('3')
    time.sleep(1)
    print('2')
    time.sleep(1)
    print('1')


if __name__=='__main__':
    t=threading.Thread(target=run,args=("t1",))
    t.setDaemon(True)  # 把子进程设置为守护线程,必须在 start()之前设置
    t.start()
    print("end")
```

我们可以发现，设置守护线程之后，当主线程结束时，子线程也将立即结束，不再执行。程序的运行结果如下。

```
taskend
t1
```

为了让守护线程执行结束之后，主线程再结束，我们可以使用 join 方法，让主线程等待子线程执行。具体程序如下。

```
import threading
import time


def run(n):
    print("task",n)
    time.sleep(1)        # 此时子线程停 1s
    print('3')
    time.sleep(1)
    print('2')
    time.sleep(1)
    print('1')


if __name__ = = '__main__':
    t=threading.Thread(target= run,args= ("t1",))
    t.setDaemon(True)   # 把子进程设置为守护线程,必须在 start()之前设置
    t.start()
    t.join()  # 设置主线程等待子线程结束
    print("end")
```

程序的运行结果如下。

```
task t1
3
2
1
end
```

12.3 ThreadLocal 变量

在多线程环境下，每一个线程均可以使用所属进程的全局变量。如果一个线程对全局变量进行了修改，将会影响到其他所有的线程。为了避免多个线程同时对变量进行修改，程序设计人员引入了线程同步机制，通过互斥锁、条件变量或者读写锁来控制对全局变量的访问。

只用全局变量并不能满足多线程环境的需求，很多时候线程还需要拥有自己的私有数据，这些数据对于其他线程来说不可见。因此线程中也可以使用局部变量，局部变量只有线程自身可以访问，同一个进程下的其他线程不可访问。

在多线程的程序中使用局部变量不太方便，因此 Python 还提供了 ThreadLocal 变量，它本身是一个全局变量，但是每个线程却可以利用它来保存属于自己的私有数据，这些私有数据对其他线程也是不可见的。线程中这几种变量的存在情况如图 12.2 所示。

一个 ThreadLocal 变量虽然是全局变量，但每个线程都只能读写自己线程的独立副本，

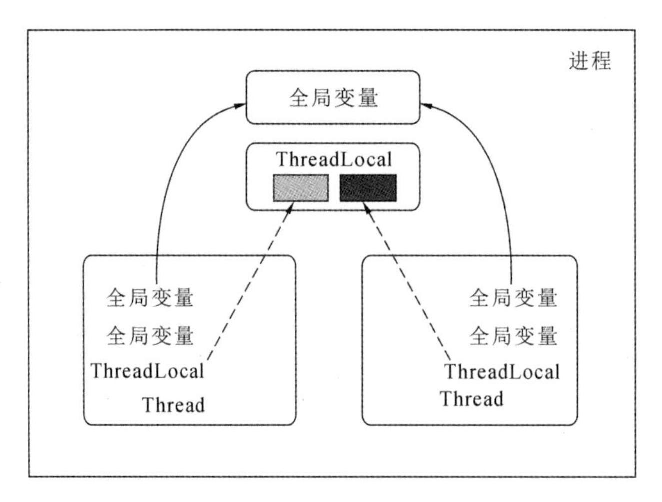

图 12.2　线程变量

互不干扰。ThreadLocal 变量解决了参数在一个线程中各个函数之间互相传递的问题。

ThreadLocal 的使用。

```
import threading

# 创建全局 ThreadLocal 对象：
local_school=threading.local()


def process_student():
    # 获取当前线程关联的 student：
    std=local_school.student
    print('Hello,%s(in %s)'% (std,threading.current_thread().name))


def process_thread(name):
    # 绑定 ThreadLocal 的 student：
    local_school.student=name
    process_student()


t1=threading.Thread(target=process_thread,args=('Bill',),name='Thread-A')
t2=threading.Thread(target=process_thread,args=('Lucy',),name='Thread-B')
t1.start()
t2.start()
t1.join()
t2.join()
```

程序的运行结果如下。

```
Hello,Bill (in Thread-A)
Hello,Lucy (in Thread-B)
```

在示例 12.5 中，全局变量 local_school 就是一个 ThreadLocal 对象，每个 Thread 对它都可以读写 student 属性，但互不影响。用户可以将 local_school 看成全局变量，但每个属性如 local_school. student 都是线程的局部变量，可以任意读写而互不干扰，也不用管理锁的问题，ThreadLocal 内部会处理。

可以认为全局变量 local_school 是一个 dict，不但可以用 local_school. student，还可以绑定其他变量，如 local_school. teacher 等。

ThreadLocal 最常用的地方就是为每个线程绑定一个数据库连接、HTTP 请求、用户身份信息等，这样一个线程的所有调用到的处理函数都可以非常方便地访问这些资源。

12.4 线程同步

当多个线程调用单个对象的属性和方法时，一个线程可能会中断另一个线程正在执行的任务，使得该对象处于一种无效状态，因此必须对这些调用进行同步处理。

12.4.1 基于 Lock /RLock 对象的简单同步

为了解决多个线程修改同一数据而发生数据覆盖或丢失的问题，Python 提供了 Lock 对象来保证数据的安全。线程调用 Lock 对象的 acquire 方法来获取锁对象（如果其他线程已经获得该锁对象，则当前线程需等待锁对象被释放），待资源访问完后，再调用 release 方法释放锁。

一般将需要实现线程同步的关键代码放置在 acquire()和 release()方法之间，其基本语法结构如下。

```
import threading
lock=threading.Lock()
lock.acquire()
…
lock.release()
```

Lock 对象支持 with 语句：

```
with some_lock:
    # do something…
```

以上代码等价于：

```
some_lock.acquire()
try:
   # do something…
finally:
   some_lock.release()
```

下面我们来看看 Lock 的使用案例。

示例 12.6　互斥锁 Lock 的使用。

```
import threading
import time

class myThread(threading.Thread):
    def __init__(self,threadID,name,counter):
        threading.Thread.__init__(self)
        self.threadID=threadID
        self.name=name
        self.counter=counter
    def run(self):
        print("开启线程:"+self.name)
        # 获取锁,用于线程同步
        threadLock.acquire()
        print_time(self.name,self.counter,3)
        # 释放锁,开启下一个线程
        threadLock.release()

def print_time(threadName,delay,counter):
    while counter:
        time.sleep(delay)
        print("%s:%s" % (threadName,time.ctime(time.time())))
        counter-=1

threadLock=threading.Lock()
threads=[]

# 创建新线程
thread1=myThread(1,"Thread-1",1)
thread2=myThread(2,"Thread-2",2)

# 开启新线程
thread1.start()
thread2.start()

# 添加线程到线程列表
threads.append(thread1)
threads.append(thread2)

# 等待所有线程完成
for t in threads:
    t.join()
print("退出主线程")
```

程序的运行结果如下。

```
开启线程：Thread-1
开启线程：Thread-2
Thread-1: Tue Feb 25 13:45:20 2020
Thread-1: Tue Feb 25 13:45:21 2020
Thread-1: Tue Feb 25 13:45:22 2020
Thread-2: Tue Feb 25 13:45:24 2020
Thread-2: Tue Feb 25 13:45:26 2020
Thread-2: Tue Feb 25 13:45:28 2020
退出主线程
```

Lock 对象有 acquire()和 release()方法，这两个方法必须是成对出现的，acquire()后面必须有 release()后才能再接 acquire()，否则会造成死锁。鉴于 Lock 可能会造成死锁的情况，RLock(可重入锁)对 Lock 进行了改进，RLock 可以在同一个线程中连续调用多次 acquire()，但必须再执行相同次数的 release()，例如以下代码：

```
from threading import RLock
lock=RLock()
lock.acquire()
lock.acquire()
lock.release()
lock.release()
```

12.4.2 信号量

信号量(semaphore)也提供 acquire 方法和 release 方法，每当调用 acquire 方法的时候，如果内部计数器大于 0，则将其减 1，如果内部计数器等于 0，则会阻塞该线程，直到有线程调用了 release 方法将内部计数器更新到大于 1 位置。

信号量是计算机科学史上最古老的同步指令之一。Semaphore 管理一个内置的计数器，每当调用 acquire()时减 1，调用 release()时加 1。计数器不能小于 0；当计数器为 0 时，acquire()将阻塞线程至同步锁定状态，直到其他线程调用 release()。基于这个特点，Semaphore 经常用来同步一些有“访客上限”的对象，比如连接池。

BoundedSemaphore 与 Semaphore 的唯一区别在于前者将在调用 release()时检查计数器的值是否超过了计数器的初始值，如果超过了将抛出一个异常。

信号量的使用。

```
import time
import threading


def get_thread_a(semaphore,i):
    time.sleep(1)
    print("get thread:{}".format(i))
    semaphore.release()
```

```
def get_thread_b(semaphore):
    for i in range(10):
        semaphore.acquire()
        thread_a=threading.Thread(target=get_thread_a,args=(semaphore,i))
        thread_a.start()

if __name__=="__main__":
    semaphore=threading.Semaphore(2)
    thread_b=threading.Thread(target=get_thread_b,args=(semaphore,))
    thread_b.start()
```

程序的运行结果如下。

```
get thread:0
get thread:1
get thread:2get thread:3

get thread:4
get thread:5
get thread:7get thread:6

get thread:8get thread:9
```

12.4.3 条件判断

所谓条件判断，是指在满足了特定的条件后，线程才可以访问相关的数据。它使用 Condition 类来完成，它不仅可以像锁机制那样使用，有 acquire 方法和 release 方法，而且它还有 wait、notify、notifyAll 方法。

示例 12.8 实现简单的生产者和消费者模型。

```
"""
一个简单的生产消费者模型，通过条件变量控制产品数量的增减，调用一次生产者产品就是+1，调用一次消费者产品就会-1.
"""

import threading
import queue,time,random

class Goods:# 产品类
    def __init__(self):
        self.count=0
    def add(self,num=1):
        self.count+=num
    def sub(self):
        if self.count>=0:
```

```
            self.count-=1
    def empty(self):
        return self.count<=0

class Producer(threading.Thread):# 生产者类
    def __init__(self,condition,goods,sleeptime=1):# sleeptime=1
        threading.Thread.__init__(self)
        self.cond=condition
        self.goods=goods
        self.sleeptime=sleeptime
    def run(self):
        cond=self.cond
        goods=self.goods
        while True:
            cond.acquire()# 锁住资源
            goods.add()
            print("产品数量:",goods.count,"生产者线程")
            cond.notifyAll()# 唤醒所有等待的线程其实就是唤醒消费者进程
            cond.release()# 解锁资源
            time.sleep(self.sleeptime)

class Consumer(threading.Thread):# 消费者类
    def __init__(self,condition,goods,sleeptime=2):# sleeptime=2
        threading.Thread.__init__(self)
        self.cond=condition
        self.goods=goods
        self.sleeptime=sleeptime
    def run(self):
        cond=self.cond
        goods=self.goods
        while True:
            time.sleep(self.sleeptime)
            cond.acquire()# 锁住资源
            while goods.empty():# 如无产品则让线程等待
                cond.wait()
            goods.sub()
            print("产品数量:",goods.count,"消费者线程")
            cond.release()# 解锁资源

g=Goods()
c=threading.Condition()

pro=Producer(c,g)
```

```
pro.start()

con=Consumer(c,g)
con.start()
```

程序的运行结果如下。

```
产品数量:1 生产者线程
产品数量:2 生产者线程
产品数量:3 生产者线程
产品数量:2 消费者线程
产品数量:3 生产者线程
产品数量:2 消费者线程
产品数量:3 生产者线程
产品数量:4 生产者线程
产品数量:5 生产者线程
产品数量:4 消费者线程
产品数量:5 生产者线程
产品数量:4 消费者线程
产品数量:5 生产者线程

Process finished with exit code-1
```

Condition 内部有一把锁,默认是 RLock,在调用 wait()和 notify()之前必须先调用 acquire()获取这个锁,才能继续执行;当 wait()和 notify()执行完后,需调用 release()释放这个锁。在执行 with condition 时,会先执行 acquire(),with 结束时,执行 release()。因此,Condition 有两层锁,最底层锁在调用 wait()时会释放,同时会加一把锁到等待队列,等待 notify()唤醒释放锁。

12.4.4 通用的条件变量(event)

Python 提供的用于线程间通信的信号标志,一个线程标识了一个事件,其他线程处于等待状态,直到事件发生后,所有线程都会被激活。

Event 对象实现了简单的线程通信机制,提供了设置信号、清除信号、等待等用于线程间通信,其包含下述四个可供调用的方法。

(1)is_set():判断内部标志是否为真。

(2)set():设置信号标志为真。

(3)clear():清除 Event 对象内部的信号标志(设置为 False)。

(4)wait(timeout=None):使线程一直处于堵塞状态,直到标志变为 True。

示例 12.9 通用的条件变量 Event 使用示例。

```
# 通用的条件变量 Event 使用示例
import threading
import time
import random
class CarThread(threading.Thread):
    def __init__(self,event):
```

```
        threading.Thread.__init__(self)
        self.threadEvent=event
    def run(self):
        # 休眠模拟汽车先后到达路口时间
        time.sleep(random.randrange(1,10))
        print("汽车-"+self.name+"-到达路口...")
        self.threadEvent.wait()
        print("汽车-"+self.name+"-通过路口...")

if __name__=='__main__':
    light_event=threading.Event()
    # 假设有 20 台汽车
    for i in range(20):
        car=CarThread(event=light_event)
        car.start()
    while threading.active_count()>1:
        light_event.clear()
        print("红灯等待...")
        time.sleep(3)
        print("绿灯通行...")
        light_event.set()
        time.sleep(2)
```

程序的运行结果如下。

```
红灯等待...
汽车-Thread-2-到达路口...
汽车-Thread-1-到达路口...
汽车-Thread-17-到达路口...
汽车-Thread-18-到达路口...
汽车-Thread-5-到达路口...
汽车-Thread-4-到达路口...
汽车-Thread-14-到达路口...
绿灯通行...
汽车-Thread-2-通过路口...
汽车-Thread-1-通过路口...
汽车-Thread-17-通过路口...
汽车-Thread-18-通过路口...
汽车-Thread-5-通过路口...
汽车-Thread-4-通过路口...
汽车-Thread-14-通过路口...
汽车-Thread-19-到达路口...
汽车-Thread-19-通过路口...
汽车-Thread-3-到达路口...
```

```
汽车-Thread-3-通过路口...
汽车-Thread-6-到达路口...
汽车-Thread-6-通过路口...
汽车-Thread-10-到达路口...
汽车-Thread-10-通过路口...
汽车-Thread-8-到达路口...
汽车-Thread-8-通过路口...
汽车-Thread-13-到达路口...
汽车-Thread-11-到达路口...
汽车-Thread-11-通过路口...
汽车-Thread-13-通过路口...
汽车-Thread-20-到达路口...
汽车-Thread-20-通过路口...
汽车-Thread-12-到达路口...
汽车-Thread-12-通过路口...
汽车-Thread-15-到达路口...
汽车-Thread-15-通过路口...
红灯等待...
汽车-Thread-7-到达路口...
绿灯通行...
汽车-Thread-7-通过路口...
汽车-Thread-9-到达路口...
汽车-Thread-9-通过路口...
汽车-Thread-16-到达路口...
汽车-Thread-16-通过路口...
```

12.5 项目实践

12.5.1 任务 1——模拟三个客户购买火车票

需求

使用多线程实现多个客户购买火车票。

分析：

(1) 编写多线程执行的购买方法。

(2) 创建线程。

(3) 启动线程。

12.5.2 任务 2——龟兔赛跑

需求

使用多线程描述龟兔赛跑。

(1) 龟兔赛跑的规则。

龟兔同时起步，每 10 毫秒跑 1 米，终点为 100 米，兔子跑步的能力强，乌龟跑步的能力弱。

(2)途中要求如下：

① 兔子跑到 10 米的时候，等待乌龟一下，然后接着跑；

② 兔子跑到 50 米的时候，再等待乌龟 1 毫秒，然后接着跑；

③ 兔子跑到 80 米的时候，睡了 50 毫秒，接着跑。

本章总结

1. 线程是最小的执行单元，而进程由至少一个线程组成。如何调度进程和线程，完全由操作系统决定，程序自己不能决定二者什么时候执行，执行多长时间。

2. 一个 ThreadLocal 变量虽然是全局变量，但每个线程都只能读写自己线程的独立副本，互不干扰。ThreadLocal 解决了参数在一个线程中各个函数之间互相传递的问题。

3. 线程的同步可以使用 Lock 对象、信号量机制和条件判断等方法。

本章作业

一、编程题

1. 编写一个有两个线程的程序，第一个线程用来计算 2～100000 之间的素数的个数，第二个线程用来计算 100000～200000 之间的素数的个数，最后输出结果。

2. 使用多线程实现多个文件同步复制功能，并在控制台显示复制的进度，进度以百分比表示。例如：将文件 A 复制到 D 盘某文件夹下，在控制台上显示“×××文件已复制 10%”“×××文件已复制 20%”……“×××文件已复制 100%”“×××复制完成!”

3. 设计 4 个线程，其中两个线程每次对 j 增加 1，另外两个线程对 j 每次减少 1。

第13章

Python网络编程

本章简介

本章主要介绍了：网络编程的相关知识，包括计算机网络的基本概念、TCP/IP协议等；使用Python进行网络程序设计，使用socket来编写基于TCP和UDP的网络程序；使用Tkinter库实现Python GUI编程等内容。

本章目标

(1) 了解网络的基本概念。

(2) 掌握socket编程。

(3) 了解Tkinter。

实践任务

实现简易的聊天程序。

13.1 网络编程的基本概念

13.1.1 计算机网络基础知识

计算机网络是指将地理位置不同的具有独立功能的多台计算机及其外部设备，通过通信线路连接起来，在网络操作系统、网络管理软件及网络通信协议的管理和协调下，实现资源共享和信息传递的计算机系统。

计算机网络通俗地讲就是由多台计算机（或其他计算机网络设备）通过传输介质和软件物理（或逻辑）连接在一起组成的。总的来说计算机网络的组成基本上包括：计算机、网络操作系统、传输介质（可以是有形的，也可以是无形的，如无线网络的传输介质就是空间）以及相应的应用软件等四部分。

计算机网络的主要功能有以下几个方向。

1. 数据通信

数据通信是计算机网络的最主要的功能之一。数据通信是依照一定的通信协议，利用数据传输技术在两个终端之间传递数据信息的一种通信方式和通信业务。它可以实现计算机和计算机、计算机和终端以及终端与终端之间的数据信息传递，是继电报、电话业务之后的第三种最大的通信业务。数据通信中传递的信息均以二进制数据形式来表现，数据通信的另一个特点是其总是与远程信息处理相联系，是包括科学计算、过程控制、信息检索等内容的广义的信息处理。

2. 资源共享

资源共享是人们建立计算机网络的主要目的之一。计算机资源包括硬件资源、软件资源和数据资源。硬件资源的共享可以提高设备的利用率，避免设备的重复投资，如利用计算机网络建立网络打印机；软件资源和数据资源的共享可以充分利用已有的信息资源，减少软件开发过程中的劳动，避免大型数据库的重复建设。

3. 集中管理

计算机网络技术的发展和应用，已使得现代的办公手段、经营管理等发生了较大的变化。目前，已经出现了许多管理信息系统、办公自动化系统等，通过这些系统可以实现日常工作的集中管理，提高工作效率，增加经济效益。

4. 实现分布式处理

网络技术的发展，使得分布式计算成为可能。对于大型的课题，可以分为许许多多的小题目，由不同的计算机分别完成，然后再集中起来，解决问题。

5. 负荷均衡

负荷均衡是指工作被均匀地分配给网络上的各台计算机系统。网络控制中心负责分配和检测，当某台计算机负荷过重时，系统会自动转移负荷到负荷较轻的计算机系统去处理。

由此可见，计算机网络可以大大扩展计算机系统的功能，扩大其应用范围，提高其可靠性，为用户提供方便，同时也减少了费用，提高了性价比。

13.1.2 网络协议

两台计算机之间要进行通信，必须采用相同的信息交换规则。在计算机网络中，用于规定信息的格式以及如何发送和接收信息的一套规则、标准或约定称为网络协议(network protocol)。目前使用最广泛的网络协议是 Internet 上所用的 TCP/IP。网络编程就是通过网络协议与其他计算机进行通信。

TCP/IP 传输协议，即传输控制/网络协议，也称为网络通信协议，它是在网络的使用中的最基本的通信协议。TCP/IP 传输协议对互联网中各部分进行通信的标准和方法进行了规定。并且，TCP/IP 传输协议是保证网络数据信息及时、完整传输的两个重要的协议。TCP/IP 传输协议是严格来说是一个四层的体系结构，其包含应用层、传输层、网络层和数据链路层等。TCP/IF 层次结构如图 13.1 所示。

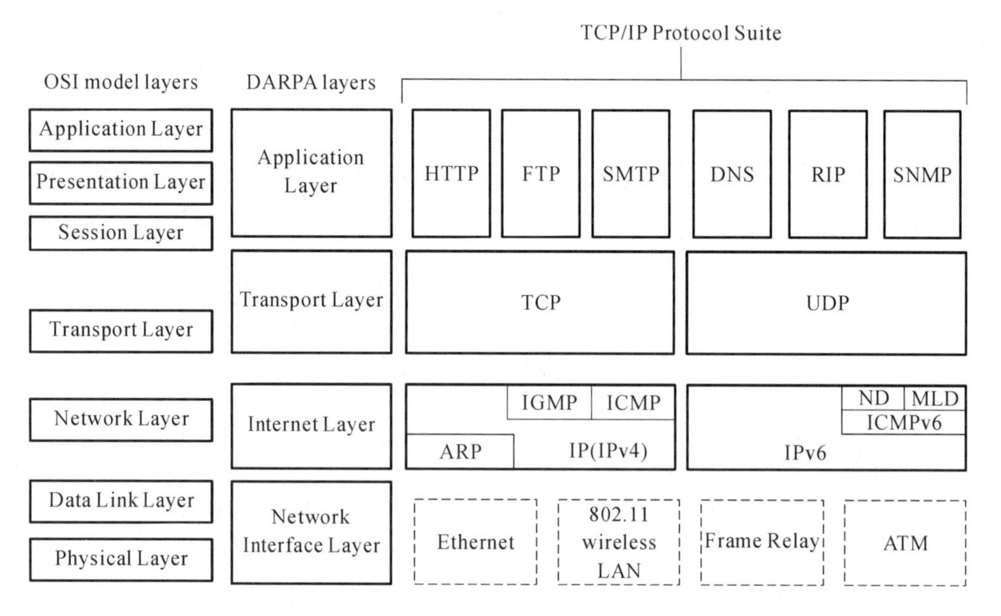

图 13.1 TCP/IP 层次结构图

下面分别介绍 TCP/IP 协议中的四个层次。

(1)应用层：是 TCP/IP 协议的第一层，其直接为应用进程提供服务的。

(2)运输层：作为 TCP/IP 协议的第二层，运输层在整个 TCP/IP 协议中起到了中流砥柱的作用。并且在运输层中，TCP 和 UDP 也同样起到了中流砥柱的作用。

(3)网络层：在 TCP/IP 协议中的位于第三层。在 TCP/IP 协议中网络层可以进行网络连接的建立和终止以及 IP 地址的寻找等功能。

(4)网络接口层：在 TCP/IP 协议中，网络接口层位于第四层。由于网络接口层兼并了物理层和数据链路层，所以网络接口层既是传输数据的物理媒介，也可以为网络层提供一条准确无误的线路。

13.1.3 IP 地址和域名

在通信的时候，双方必须知道对方的标识，好比发邮件必须知道对方的邮件地址。互联网上每个计算机的唯一标识就是 IP 地址，例如 102.168.1.12。如果一台计算机同时接入到两个或更多的网络，比如路由器，它就会有两个或多个 IP 地址，所以，IP 地址对应的实际上是计算机的网络接口，通常是网卡。

IP 协议负责把数据从一台计算机通过网络发送到另一台计算机。数据被分割成一小块一小块，然后通过 IP 包发送出去。由于互联网链路复杂，两台计算机之间经常有多条线路，因此，路由器就负责决定如何把一个 IP 包转发出去。IP 包的特点是按块发送，途径多个路由，但不保证能到达，也不保证顺序到达。

1. IP 地址

IP 是 Internet Protocol（网际互联协议）的缩写，是 TCP/IP 体系中的网络层协议。设计 IP 协议的目的是为了提高网络的可扩展性：一是解决互联网问题，实现大规模、异构网络的互联互通；二是分割顶层网络应用和底层网络技术之间的耦合关系，以利于二者的独立发展。根据端到端的设计原则，IP 只为主机提供一种无连接、不可靠的、尽力而为的数据报传输服务。

IPv4 地址可以写成任何表示一个 32 位整数值的形式，但为了方便人类阅读和分析，通常将其写成点分十进制的形式，即四个字节被分开用十进制写出，中间用点分隔。IP 地址是分配给 IP 网络每台机器的数字标识符，它指出了设备在网络中的具体位置，用于在本地网络中寻找主机。IP 地址的表示方法如下。

- IP 地址的二进制表示，例如：01110101 10010101 00011101 11101010。
- IP 地址的十进制表示，例如：129.11.11.39。

在 IPv4 中，IP 地址被分为 A、B、C、D、E，一共有 5 类 IP 地址。

2. 域名系统

域名系统（domain name system，DNS）是 Internet 上解决网上机器命名的一种系统。就像拜访朋友要先知道别人家怎么走一样，Internet 上当一台主机要访问另外一台主机时，必须首先知道其地址。TCP/IP 中的 IP 地址是由四段以“.”分开的数字组成的，其记起来总是不如名字那么方便，因此，研究人员就采用了域名系统来管理名字和 IP 的对应关系。

虽然 Internet 上的节点都可以用 IP 地址唯一标识，并且可以通过 IP 地址被访问，但即使是将 32 位的二进制 IP 地址写成 4 个 0～255 的十位数形式，也依然太长、太难记。因此，人们发明了域名（domain name），域名可将一个 IP 地址关联到一组有意义的字符上去。用户访问一个网站的时候，既可以输入该网站的 IP 地址，也可以输入其域名，对访问操作而言，二者是等价的。例如：百度公司的 Web 服务器的 IP 地址是 183.232.231.174，其对应的域名是 www.baidu.com，不论用户在浏览器中输入的是 183.232.231.174 还是 www.baidu.com，都可以访问其 Web 网站。

当应用过程需要将一个主机域名映射为 IP 地址时，就调用域名解析函数，解析函数将待转换的域名放在 DNS 请求中，以 UDP 报文的方式发给本地域名服务器。本地的域名服务器查到域名后，将对应的 IP 地址放在应答报文中返回。同时域名服务器还必须具有连向其他服务器的信息以支持不能解析时的转发。若域名服务器不能回答该请求，则此域名服务器就暂时成为 DNS 中的另一个客户，向根域名服务器发出解析请求，根域名服务器一定能找到下面的所有二级域名的域名服务器，依此类推，一直向下解析，查询到所请求的域名才会停止。

在两台计算机通信时，仅知道其 IP 地址是不够的，因为同一台计算机上运行着多个网络程序。一个 TCP 报文来了之后，到底是交给浏览器还是 QQ，就需要使用端口号来进行区分。每个网络程序都向操作系统申请唯一的端口号，这样，两个进程在两台计算机之间建立网络连接就需要各自的 IP 地址和各自的端口号。一个进程也可能同时与多个计算机建立连接，因此它会申请很多端口。

13.2 Socket 网络编程

Python 提供了两个级别的网络服务。其中：低级别的网络服务支持基本的 Socket，它提供了标准的 BSD Sockets API，可以访问底层操作系统 Socket 接口的全部方法；高级别的网络服务模块（SocketServer）提供了服务器中心类，可以简化网络服务器的开发。

Socket 又称“套接字”，应用程序通常通过“套接字”向网络发出请求或者应答网络请求，使主机间或者一台计算机上的进程间可以通信。

13.2.1 基于 TCP 的程序设计

大多数连接都是可靠的 TCP 连接。创建 TCP 连接时，主动发起连接的称为客户端，被动响应连接的称为服务器。

例如，当我们在浏览器中访问百度网站时，我们自己的计算机就是客户端，浏览器会主动向百度的服务器发起连接。如果一切顺利，百度的服务器接受了我们的连接，一个 TCP 连接就建立起来的，后面的通信就是发送网页内容了。

Python 中，我们用 socket()函数来创建套接字，其语法格式如下。

```
socket.socket([family[,type[,proto]]])
```

参数说明如下。

- family：代表套接字家族（地址家族），比较常用的为 AF_UNIX 或者 AF_INET。
- type：代表套接字类型，可以根据是面向连接还是面向非连接分为 SOCK_STREAM 或 SOCK_DGRAM。
- protocol：一般不填，默认为 0。

在 Python 网络编程中 Socket 对象的常用方法如表 13.1 所示。

表 13.1 Socket 对象的常用方法

方法名	描述
s.bind()	绑定地址（host，port）到套接字，在 AF_INET 下，以元组（host，port）的形式表示地址
s.listen()	开始 TCP 监听。backlog 指定在拒绝连接之前，操作系统可以挂起的最大连接数量。该值至少为 1，大部分应用程序设为 5 就可以了
s.accept()	被动接受 TCP 客户端的连接，（阻塞式）等待连接的到来
s.connect()	主动初始化 TCP 服务器连接。一般 address 的格式为元组（hostname，port），如果连接出错，返回 socket.error 错误
s.connect_ex()	connect()函数的扩展版本，出错时返回出错码，而不是抛出异常
s.recv()	接收 TCP 数据，数据以字符串的形式返回。其中：bufsize 用于指定要接收的最大数据量；flag 用于提供有关消息的其他信息，通常可以忽略
s.send()	发送 TCP 数据，将 string 中的数据发送到连接的套接字。其返回值是要发送的字节数量，该数量可能小于 string 的字节大小

续表

方 法 名	描 述
s. sendall()	完整发送 TCP 数据。将 string 中的数据发送到连接的套接字,但在返回之前会尝试发送所有数据。发送成功返回 None,发送失败则抛出异常
s. recvfrom()	接收 UDP 数据,与 recv()类似,但其返回值是(data,address)。其中,data 是包含接收数据的字符串,address 是发送数据的套接字地址
s. sendto()	发送 UDP 数据,将数据发送到套接字,address 是形式为(ipaddr,port)的元组,用于指定远程地址。其返回值是发送的字节数
s. close()	关闭套接字
s. getpeername()	返回连接套接字的远程地址。其返回值通常是元组(ipaddr,port)
s. getsockname()	返回套接字自己的地址,通常是一个元组(ipaddr,port)
s. settimeout(timeout)	设置套接字操作的超时期,timeout 是一个浮点数,单位是秒。当值为 None 时表示没有超时期。一般超时期应该在刚创建套接字时设置,因为它们可能用于连接的操作(如 connect())
s. gettimeout()	返回当前超时期的值,单位是秒,如果没有设置超时期,则返回 None

基于 TCP 的编程流程如图 13.2 所示。

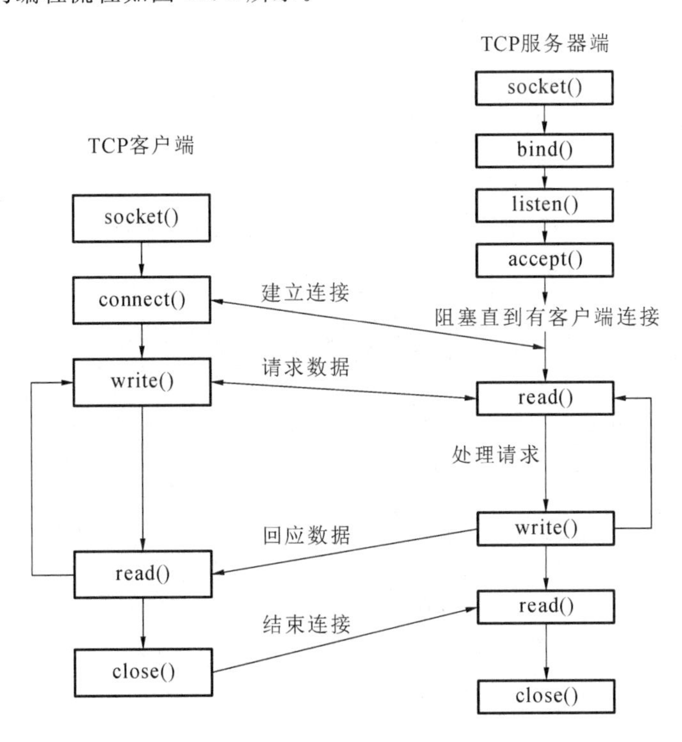

图 13.2 TCP 编程的流程

在编程中,服务器端先初始化 Socket,然后与端口绑定(bind),对端口进行监听(listen),调用 accept 阻塞,等待客户端连接。在这时若有一个客户端初始化一个 Socket,然后连接服务器(connect),如果连接成功了,这时客户端与服务器端的连接就建立了。客户端发送数据请求,服务器端接收请求并处理请求,然后把回应数据发送给客户端,客户端读取数据,最后关闭连接,这样一次交互过程就结束了。

示例 13.1 基于 TCP 的网络编程。

(1)服务端程序。

```
import socket

# 明确配置变量
ip_port=('127.0.0.1',9999)
back_log=5
buffer_size=1024
# 创建一个 TCP 套接字
ser=socket.socket(socket.AF_INET,socket.SOCK_STREAM)
# 套接字类型 AF_INET,socket.SOCK_STREAM 流式协议就是 tcp 协议
ser.setsockopt(socket.SOL_SOCKET,socket.SO_REUSEADDR,1)
# 对 socket 进行配置,重用 ip 和端口号
# 绑定端口号
ser.bind(ip_port)  # 写哪个 ip 就要运行在哪台机器上
print("服务器启动,等待客户端...")
# 设置半连接池
ser.listen(back_log)  # 最多可以连接多少个客户端

while 1:
    # 阻塞等待,创建连接
    con,address=ser.accept()  # 在这个位置进行等待,监听端口号
    while 1:
        try:
            # 接受套接字的大小,怎么发就怎么收
            msg=con.recv(buffer_size)
            if msg.decode('utf-8')=='1':
                # 断开连接
                con.close()
            print('服务器收到消息是:',msg.decode('utf-8'))
        except Exception as e:
            break
# 关闭服务器
ser.close()
```

(2)客户端程序。

```
import socket

p=socket.socket(socket.AF_INET,socket.SOCK_STREAM)
p.connect(('127.0.0.1',9999))
while 1:
    msg=input('please input:')
    # 防止输入空消息
```

```
        if not msg:
            continue
        p.send(msg.encode('utf-8'))  # 收发消息一定要使用二进制,并记得编码
        if msg=='1':
            break
    p.close()
```

先启动服务器端,显示如下。

```
服务器启动,等待客户端...
```

客户端启动,输入内容如图 13.3 所示。

```
C:\Anaconda3\python.exe D:/PycharmProjects/pyproject1/ch13/tcp_client.py
please input: hello
please input: how are you
please input: 你好
please input: 
```

图 13.3　客户端控制台

服务端收到信息后,在控制台显示的内容如图 13.4 所示。

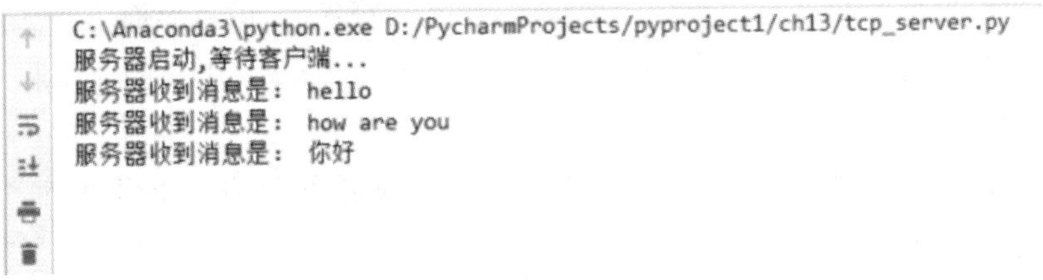

```
C:\Anaconda3\python.exe D:/PycharmProjects/pyproject1/ch13/tcp_server.py
服务器启动,等待客户端...
服务器收到消息是:  hello
服务器收到消息是:  how are you
服务器收到消息是:  你好
```

图 13.4　服务端控制台

13.2.2　基于 UDP 的程序设计

TCP 是建立可靠连接,并且通信双方都可以以流的形式发送数据的协议。相对于 TCP 来说,UDP 则是面向无连接的协议。使用 UDP 时,不需要建立连接,只需要知道对方的 IP 地址和端口号,就可以直接发数据包。但是,能不能到达就不知道了。

虽然用 UDP 传输数据不可靠,但它的优点是与 TCP 比,其速度更快,对于不要求可靠到达的数据,就可以使用 UDP。UDP 传输数据与 TCP 类似,使用 UDP 的通信双方也分为客户端和服务器。服务器首先需要绑定端口,其代码如下。

```
s= socket.socket(socket.AF_INET,socket.SOCK_DGRAM)
# 绑定端口
s.bind(('127.0.0.1',9999))
```

创建 Socket 时,SOCK_DGRAM 指定了这个 Socket 的类型是 UDP。其绑定端口的方法和 TCP 相同,但是不需要调用 listen()方法,而是直接接收来自任何客户端的数据。其代码如下。

```
print('Bind UDP on 9999...')
while True:
    # 接收数据
    data,addr=s.recvfrom(1024)
```

```
    print('Received from %s:%s.' %addr)
    s.sendto(b'Hello,%s!'%data,addr)
```

recvfrom()方法返回数据和客户端的地址与端口，这样，服务器收到数据后，直接调用 sendto()就可以把数据用 UDP 发给客户端。

客户端使用 UDP 时，首先仍然创建基于 UDP 的 Socket，然后，不需要调用 connect()，直接通过 sendto()给服务器发送数据，其代码如下。

```
s=socket.socket(socket.AF_INET,socket.SOCK_DGRAM)
for data in [b'apple',b'orange',b'banana']:
    # 发送数据
    s.sendto(data,('127.0.0.1',9999))
    # 接收数据
    print(s.recv(1024).decode('utf-8'))
s.close()
```

从服务器接收数据仍然调用 recv()方法。

13.3 Python GUI 编程

上一节编写的网络程序是控制台应用程序，都是字符界面，用户界面不是太美观。如果要开发类似 QQ 这样的图形化用户界面(graphic user interface,GUI)的应用程序则需要使用 GUI 相关的库。

Python 提供了一些用于图形开发界面的库，下面简单介绍一下几个常用的 Python GUI 库。

(1) Tkinter。Tkinter 模块(Tk 接口)是 Python 的标准 Tk GUI 工具包的接口。Tk 和 Tkinter 可以在大多数的 Unix 平台下使用，同样可以应用在 Windows 和 Macintosh 操作系统中。Tk 8.0 的后续版本可以实现本地窗口风格，并良好地运行在绝大多数平台中。

(2) wxPython。wxPython 是一款开源软件，是 Python 语言的一套优秀的 GUI 图形库，允许 Python 程序员能够很方便地创建完整的、功能健全的 GUI 用户界面。

(3) Jython。Jython 程序可以与 Java 无缝集成。除了一些标准模块，Jython 使用 Java 的模块。Jython 几乎拥有标准的 Python 中不依赖于 C 语言的全部模块。比如，Jython 的用户界面使用 Swing、AWT 或者 SWT。Jython 可以被动态或静态地编译成 Java 字节码。

13.3.1 Tkinter

Tkinter 是 Python 的标准 GUI 库。Python 使用 Tkinter 可以快速地创建 GUI 应用程序。由于 Tkinter 内置于 Python 的安装包中，因此安装完 Python 之后就能导入 Tkinter 库。并且由于 IDLE 也是使用 Tkinter 编写而成，故对于简单的图形界面来说，Tkinter 还是能应付自如的。

注意：

Python 3.x 版本使用的库名为 tkinter，即首字母 T 为小写。

Tkinter 封装了访问 Tk 的接口，Tk 是一个图形库，支持多个操作系统，使用 TCL 语言开发。Tk 会调用操作系统提供的本地 GUI 接口来完成最终的 GUI，因此，编写代码时只需要调用 Tkinter 提供的接口就可以了。

使用 Tkinter 十分简单，下面我们来编写一个 GUI 版本的“Hello，world!”。具体步骤如下。

第 1 步 导入 Tkinter 包的所有内容。

```
from tkinter import *
```

第 2 步 从 Frame 派生一个 Application 类，它是所有 Widget 的父容器。

```
class Application(Frame):
    def __init__(self,master=None):
        Frame.__init__(self,master)
        self.pack()
        self.createWidgets()
    def createWidgets(self):
        self.helloLabel=Label(self,text='Hello,world! ')
        self.helloLabel.pack()
        self.quitButton=Button(self,text='Quit',command=self.quit)
        self.quitButton.pack()
```

在 GUI 中，每个 Button、Label、输入框等，都是一个 Widget。Frame 则是可以容纳其他 Widget 的 Widget，所有的 Widget 组合起来就是一棵树。

pack()方法把 Widget 加入到父容器中，并实现布局。pack()是最简单的布局，grid()可以实现更复杂的布局。

在 createWidgets()方法中，我们创建一个 Label 和一个 Button，当 Button 被点击时，触发 self. quit()使程序退出。

第 3 步 实例化 Application，并启动消息循环。

```
app=Application()
# 设置窗口标题
app.master.title('Hello World')
# 主消息循环
app.mainloop()
```

GUI 程序的主线程负责监听来自操作系统的消息，并依次处理每一条消息。因此，如果消息处理非常耗时，就需要在新线程中处理。运行上面的 GUI 程序，将出现如图 13.5 所示的窗口。

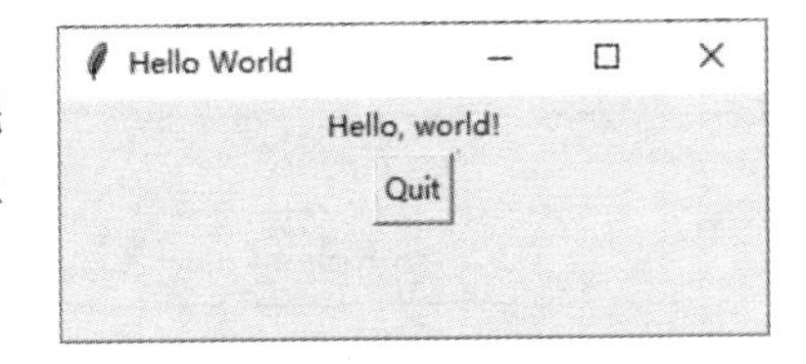

图 13.5 程序窗体的界面

13.3.2 Tkinter 组件

Tkinter 提供各种控件，如按钮、标签和文本框等，在 GUI 应用程序中使用。这些控件通常也称为组件。目前有十几种 Tkinter 控件，表 13.2 分别对其功能进行了简单介绍。

表 13.2 Tkinter 控件的功能简介

控 件	描 述
Button	按钮控件,用于在程序中显示按钮
Canvas	画布控件,用于显示图形元素,如线条或文本等
Checkbutton	多选框控件,用于在程序中提供多项选择框
Entry	输入控件,用于显示简单的文本内容
Frame	框架控件,用于在屏幕上显示一个矩形区域,多用来作为容器
Label	标签控件,用于显示文本和位图
Listbox	列表框控件,在 Listbox 窗口中的小部件,用于显示一个字符串列表给用户
Menubutton	菜单按钮控件,用于显示菜单项
Menu	菜单控件,用于显示菜单栏,包括下拉菜单和弹出菜单
Message	消息控件,用于显示多行文本,与 Label 相似
Radiobutton	单选按钮控件,用于显示一个单选的按钮状态
Scale	范围控件,用于显示一个数值刻度,为输出限定范围的数字区间
Scrollbar	滚动条控件,当内容超过可视化区域时使用,如列表框
Text	文本控件,用于显示多行文本
Toplevel	容器控件,用于提供一个单独的对话框,与 Frame 类似
Spinbox	输入控件,与 Entry 类似,但是可以指定输入范围值
PanedWindow	窗口布局管理的插件,可以包含一个或多个子控件
LabelFrame	简单的容器控件,常用于复杂的窗口布局
tkMessageBox	用于显示应用程序的消息框

控件的特征称为属性,控件的标准属性也就是所有控件的共同属性,如大小、字体和颜色等。控件的常用属性如表 13.3 所示。

表 13.3 控件的常用属性

属 性	描 述
Dimension	控件大小
Color	控件颜色
Font	控件字体
Anchor	锚点
Relief	控件样式
Bitmap	位图
Cursor	光标

Tkinter 控件有特定的几何布局管理方法,Tkinter 几何布局管理器用于组织和管理在父控件中子配件的布局方式。Tkinter 提供了三种不同的几何布局管理类:pack、grid 和 place。其功能描述如表 13.4 所示。

表 13.4 几何布局管理类的功能

几何方法	功能描述
pack()	包装
grid()	网格
place()	位置

示例 13.2 设计一个用户登录窗口。编写一个用户登录界面:用户可以登录账户信息,如果账户已经存在,可以直接登录,登录名或者登录密码输入错误会提示;如果账户不存在,提示用户注册,点击注册进入注册页面,输入注册信息,确定后便可以返回登录界面进行登录。

```
import tkinter as tk  # 使用 Tkinter 前需要先导入
import tkinter.messagebox
import pickle

# 第 1 步,实例化 object,建立窗口 window
window=tk.Tk()

# 第 2 步,给窗口起名字
window.title('My Login Frame')

# 第 3 步,设定窗口的大小(长* 宽)
window.geometry('400x300')  # 这里的乘号用 x 代替

# 第 4 步,加载 welcome image
canvas=tk.Canvas(window,width=400,height=135,bg='gray')
canvas.pack(side='top')
tk.Label(window,text='WELCOME',font=('Arial',16)).pack()

# 第 5 步,用户信息
tk.Label(window,text='User name:',font=('Arial',14)).place(x=10,y=170)
tk.Label(window,text='Password:',font=('Arial',14)).place(x=10,y=210)

# 第 6 步,用户登录输入框 entry
# 用户名
var_usr_name=tk.StringVar()
var_usr_name.set('100000')
entry_usr_name=tk.Entry(window,textvariable=var_usr_name,font=('Arial',14))
entry_usr_name.place(x=120,y=175)
# 用户密码
var_usr_pwd=tk.StringVar()
entry_usr_pwd=tk.Entry(window,textvariable=var_usr_pwd,font=('Arial',14),show='*')
entry_usr_pwd.place(x=120,y=215)
```

```
# 第 7 步,login and sign up 按钮
btn_login=tk.Button(window,text='Login',command=usr_login)
btn_login.place(x=120,y=240)
btn_sign_up=tk.Button(window,text='Sign up',command=usr_sign_up)
btn_sign_up.place(x=200,y=240)

# 第 8 步,定义用户登录功能
def usr_login():
    # 下面两行代码用于获取用户输入的 usr_name 和 usr_pwd
    usr_name=var_usr_name.get()
    usr_pwd=var_usr_pwd.get()

    # 下面设置异常捕获功能,当我们第一次访问用户信息文件时是不存在的,所以此处设置异常捕获
功能
    # 中间的两行用于信息匹配,即程序将输入的信息和文件中的信息进行匹配
    try:
        with open('usrs_info.pickle','rb')as usr_file:
            usrs_info=pickle.load(usr_file)
    except FileNotFoundError:
    # 这里就是当没有读取到`usr_file`的时候,程序会创建一个`usr_file`文件,并将管理员的用
户和密码写入,即用户名为`admin`密码为`admin`。
        with open('usrs_info.pickle','wb')as usr_file:
            usrs_info={'admin':'admin'}
            pickle.dump(usrs_info,usr_file)
            usr_file.close()
    # 必须先关闭,否则 pickle.load()会出现 EOFError:Ran out of input

    # 如果用户名和密码与文件中的匹配成功,则会登录成功,并出现弹窗 how are you? 并在其后加
上用户名
    if usr_name in usrs_info:
        if usr_pwd==usrs_info[usr_name]:
            tkinter.messagebox.showinfo(title='Welcome',message='How are you? '+usr_
name)
    # 如果用户名匹配成功,而密码输入错误,则会弹出'Error,your password is wrong,try
again.'
        else:
            tkinter.messagebox.showerror(message='Error,your password is wrong,try
again.')
    else:  # 如果发现用户名不存在
        is_sign_up=tkinter.messagebox.askyesno('Welcome! ','You have not sign up yet.
Sign up now? ')
        # 提示需不需要注册新用户
        if is_sign_up:
```

```
            usr_sign_up()

#  第 9 步,定义用户注册功能
def usr_sign_up():
    def sign_to_app():
        #  以下三行就是获取我们注册时所输入的信息
        np=new_pwd.get()
        npf=new_pwd_confirm.get()
        nn=new_name.get()

        #  打开我们记录数据的文件,将注册信息读出
        with open('usrs_info.pickle','rb')as usr_file:
            exist_usr_info=pickle.load(usr_file)
        #  判断密码是否正确,如果两次密码输入不一致,则提示 Error,Password and confirm
password must be the same!
        if np!=npf:
            tkinter.messagebox.showerror('Error','Password and confirm password must
be the same! ')

        #  如果用户名已经在我们的数据文件中,则提示 Error,The user has already signed up!
        elif nn in exist_usr_info:
            tkinter.messagebox.showerror('Error','The user has already signed up! ')

        #  最后,如果输入无以上错误,则将注册输入的信息记录到文件当中,并提示注册成功
Welcome!,You have successfully signed up!,然后销毁窗口
        else:
            exist_usr_info[nn]=np
            with open('usrs_info.pickle','wb')as usr_file:
                pickle.dump(exist_usr_info,usr_file)
            tkinter.messagebox.showinfo('Welcome','You have successfully signed up! ')
            #  销毁窗口
            window_sign_up.destroy()

    #  定义在窗口上的窗口
    window_sign_up=tk.Toplevel(window)
    window_sign_up.geometry('300x200')
    window_sign_up.title('Sign up window')

    new_name=tk.StringVar()  #  将输入的注册名赋值给变量
    new_name.set('lj@ python.com')  #  将最初显示定为'lj@ python.com'
    tk.Label(window_sign_up,text='User name:').place(x=10,y=10)  #  将`User name:`放置
于坐标(10,10)
```

```
    entry_new_name=tk.Entry(window_sign_up,textvariable=new_name)  # 创建一个注册名`
entry`,变量为`new_name`
    entry_new_name.place(x=130,y=10)  #  'entry'放置于坐标(150,10)
    new_pwd=tk.StringVar()
    tk.Label(window_sign_up,text='Password:').place(x=10,y=50)
    entry_usr_pwd=tk.Entry(window_sign_up,textvariable=new_pwd,show='*')
    entry_usr_pwd.place(x=130,y=50)

    new_pwd_confirm=tk.StringVar()
    tk.Label(window_sign_up,text='Confirm password:').place(x=10,y=90)
    entry_usr_pwd_confirm=tk.Entry(window_sign_up,textvariable=new_pwd_confirm,show='* ')
    entry_usr_pwd_confirm.place(x=130,y=90)

    # 下面的 sign_to_Hongwei_Website
    btn_comfirm_sign_up=tk.Button(window_sign_up,text='Sign up',command=sign_to_app)
    btn_comfirm_sign_up.place(x=180,y=120)

# 第 10 步,主窗口循环显示
window.mainloop()
```

输入用户名和密码后,程序运行结果如图 13.6 所示。

点击【sign up】按钮,弹出如图 13.7 所示的窗口。

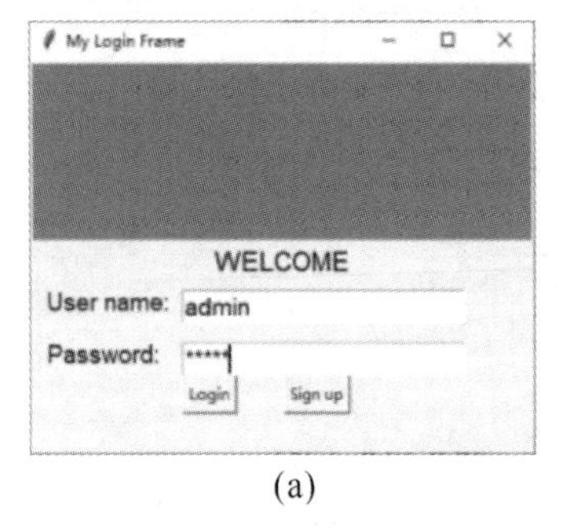

(a)

(b)

图 13.6 登录程序的运行结果

图 13.7 注册界面

注册成功后,点击【Login】按钮即可登录。

13.4 项目实践——简易的聊天程序

需求

使用 Tkinter 创建服务器端和客户端的 GUI,在窗口中可以设置 IP 和端口,可以输入发送的信息,显示接收的信息。

分析:

(1) 创建服务端窗口,设置端口。

(2) 创建客户端窗口,设置 IP 和端口。

(3) 服务端与客户端相互发送消息。

本章总结

1. 网络中的计算机按照通信协议进行信息交换，通过 IP 地址找到计算机。
2. TCP 是面向连接的，UDP 是面向无连接的。
3. 使用 Tkinter 可以创建图形化用户界面程序。

本章作业

一、简答题

1. TCP 和 UDP 的区别是什么？
2. 简要介绍三次握手和四次挥手。
3. 什么是粘包？socket 中造成粘包的原因是什么？哪些情况会发生粘包现象？
4. 基于 TCP 的网络编程的步骤有哪些。
5. 基于 UDP 的网络编程的步骤有哪些。

二、编程题

使用 TCP 网络编程实现服务器端通过多线程方式来处理多个客户端的请求。

附录 A　ASCII 码对照表

<table>
<tr><th>ASCII 值</th><th>控制字符</th><th>ASCII 值</th><th>控制字符</th><th>ASCII 值</th><th>控制字符</th><th>ASCII 值</th><th>控制字符</th></tr>
<tr><td>0</td><td>NUL 空</td><td>32</td><td>(space)</td><td>64</td><td>@</td><td>96</td><td>、</td></tr>
<tr><td>1</td><td>SOH 标题开始</td><td>33</td><td>!</td><td>65</td><td>A</td><td>97</td><td>a</td></tr>
<tr><td>2</td><td>STX 正文开始</td><td>34</td><td>”</td><td>66</td><td>B</td><td>98</td><td>b</td></tr>
<tr><td>3</td><td>ETX 正文结束</td><td>35</td><td>#</td><td>67</td><td>C</td><td>99</td><td>c</td></tr>
<tr><td>4</td><td>EOY 传输结束</td><td>36</td><td>$</td><td>68</td><td>D</td><td>100</td><td>d</td></tr>
<tr><td>5</td><td>ENQ 查询</td><td>37</td><td>%</td><td>69</td><td>E</td><td>101</td><td>e</td></tr>
<tr><td>6</td><td>ACK 确认</td><td>38</td><td>&</td><td>70</td><td>F</td><td>102</td><td>f</td></tr>
<tr><td>7</td><td>BEL 报警</td><td>39</td><td>,</td><td>71</td><td>G</td><td>103</td><td>g</td></tr>
<tr><td>8</td><td>BS 退一格</td><td>40</td><td>(</td><td>72</td><td>H</td><td>104</td><td>h</td></tr>
<tr><td>9</td><td>HT 水平制表符</td><td>41</td><td>)</td><td>73</td><td>I</td><td>105</td><td>i</td></tr>
<tr><td>10</td><td>LF 换行/新行</td><td>42</td><td>*</td><td>74</td><td>J</td><td>106</td><td>j</td></tr>
<tr><td>11</td><td>VT 垂直制表符</td><td>43</td><td>+</td><td>75</td><td>K</td><td>107</td><td>k</td></tr>
<tr><td>12</td><td>FF 换页/新页</td><td>44</td><td>,</td><td>76</td><td>L</td><td>108</td><td>l</td></tr>
<tr><td>13</td><td>CR 回车键</td><td>45</td><td>—</td><td>77</td><td>M</td><td>109</td><td>m</td></tr>
<tr><td>14</td><td>SO 移位输出</td><td>46</td><td>.</td><td>78</td><td>N</td><td>110</td><td>n</td></tr>
<tr><td>15</td><td>SI 移位输入</td><td>47</td><td>/</td><td>79</td><td>O</td><td>111</td><td>o</td></tr>
<tr><td>16</td><td>DLE 数据链路转义</td><td>48</td><td>0</td><td>80</td><td>P</td><td>112</td><td>p</td></tr>
<tr><td>17</td><td>DC1 设备控制 1</td><td>49</td><td>1</td><td>81</td><td>Q</td><td>113</td><td>q</td></tr>
<tr><td>18</td><td>DC2 设备控制 2</td><td>50</td><td>2</td><td>82</td><td>R</td><td>114</td><td>r</td></tr>
<tr><td>19</td><td>DC3 设备控制 3</td><td>51</td><td>3</td><td>83</td><td>S</td><td>115</td><td>s</td></tr>
<tr><td>20</td><td>DC4 设备控制 4</td><td>52</td><td>4</td><td>84</td><td>T</td><td>116</td><td>t</td></tr>
<tr><td>21</td><td>NAK 否定</td><td>53</td><td>5</td><td>85</td><td>U</td><td>117</td><td>u</td></tr>
<tr><td>22</td><td>SYN 空转同步</td><td>54</td><td>6</td><td>86</td><td>V</td><td>118</td><td>v</td></tr>
<tr><td>23</td><td>TB 传输块结束</td><td>55</td><td>7</td><td>87</td><td>W</td><td>119</td><td>w</td></tr>
<tr><td>24</td><td>CAN 取消</td><td>56</td><td>8</td><td>88</td><td>X</td><td>120</td><td>x</td></tr>
<tr><td>25</td><td>EM 媒体结束</td><td>57</td><td>9</td><td>89</td><td>Y</td><td>121</td><td>y</td></tr>
<tr><td>26</td><td>SUB 替换</td><td>58</td><td>:</td><td>90</td><td>Z</td><td>122</td><td>z</td></tr>
<tr><td>27</td><td>ESC 换码(溢出)</td><td>59</td><td>;</td><td>91</td><td>[</td><td>123</td><td>{</td></tr>
<tr><td>28</td><td>FS 文字分隔符</td><td>60</td><td><</td><td>92</td><td>/</td><td>124</td><td>|</td></tr>
<tr><td>29</td><td>GS 组分隔符</td><td>61</td><td>=</td><td>93</td><td>]</td><td>125</td><td>}</td></tr>
<tr><td>30</td><td>RS 记录分隔符</td><td>62</td><td>></td><td>94</td><td>ˆ</td><td>126</td><td>～</td></tr>
<tr><td>31</td><td>US 单元分隔符</td><td>63</td><td>?</td><td>95</td><td>—</td><td>127</td><td>DEL</td></tr>
</table>